雕刻时光——武汉经典历史建筑群像

王炎松　著

长江出版传媒
湖北人民出版社

图书在版编目(CIP)数据

雕刻时光：武汉经典历史建筑群像/王炎松著.

武汉:湖北人民出版社,2018.6

ISBN 978－7－216－09489－4

Ⅰ.①雕… Ⅱ.①王… Ⅲ.①建筑艺术—武汉—图集

Ⅳ.①TU-881.2

中国版本图书馆CIP数据核字(2018)第162994号

品牌策划：独角兽
责任编辑：于光明
封面设计：董　昀
插图设计：蔡思城　胡乔彬　刘　念
责任校对：范承勇
责任印制：王　超

出版发行:湖北人民出版社	**地址**:武汉市雄楚大道268号
印刷:武汉中远印务有限公司	**邮编**:430070
开本:787毫米×1092毫米 1/16	**印张**:33.5
版次:2019年1月第1版	**印次**:2019年1月第1次印刷
字数:482千字	**插页**:4
书号:ISBN 978－7－216－09489－4	**定价**:68.00元

本社网址：http://www.hbpp.com.cn
本社旗舰店：http://hbrmcbs.tmall.com
读者服务部电话：027-87679656
投诉举报电话：027-87679757
（图书如出现印装质量问题，由本社负责调换）

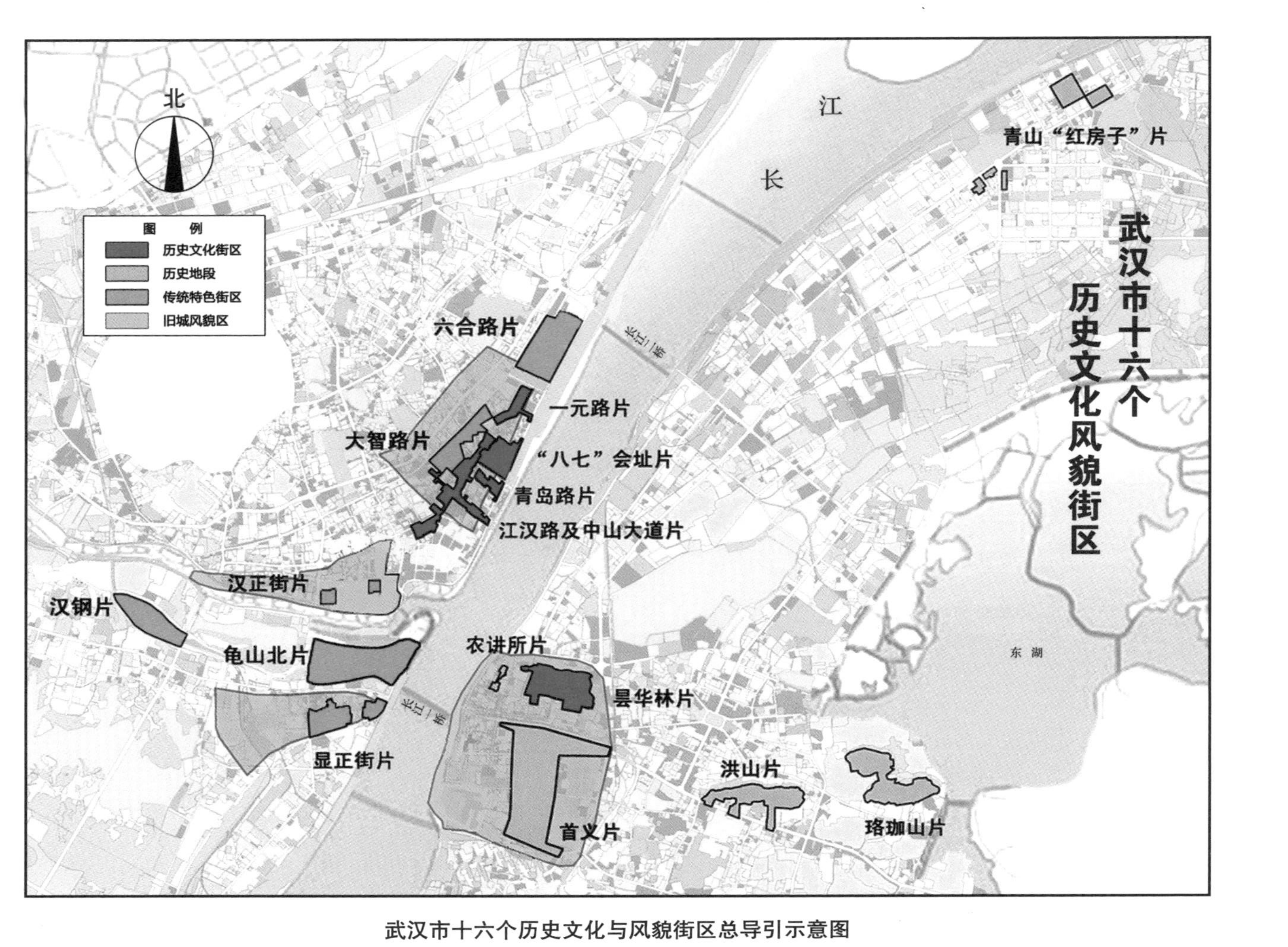

武汉市十六个历史文化与风貌街区总导引示意图

注：上图引自《武汉市主城历史文化与风貌街区体系规划（2013）》之《历史文化风貌街区分级图》。

时间之城与记忆之城——武汉

习惯上，我们总是愿意将武汉的历史建筑，亲切地称为“老房子”。而武汉的老房子分布很广，武昌、汉口、汉阳以及远郊都有遗存。通过看老房子、画老房子，我感觉到，武汉这座中国中部的特大城市，曾经的历史没有得到人们足够的重视与呵护，曾经的“味口”（武汉话所说的味口，是指注重品味、有格调）没有被好好保持，这是为什么呢？

因为担负着老牌工业城市重振经济和老城区更新的双重使命，武汉几乎没有保留一片规模完整的、连续成片的历史街区，有点可惜。但，什么是汉味？什么是楚调？

看看老街、老房子，是不是里面还有一点？那么，保护了老街、老房子，是不是也就意味着留下了一点武汉的“味口”？

1998年，我曾在《长江日报》发表一篇短文，表示“如果说城市是一幅油画，那么老城应该是它的暗面，具有更丰富的色彩”，今天我却要修正这种说法，武汉的老城应该是城市的亮面和“高光”，代表着武汉曾经辉煌的城市建设历史与成就。

说起来，码头城市都有相同的痛，曾经的相聚浓情和繁华市井，终究经不起雨打风吹与江湖冲刷。在这里，岁月不再是刻刀，而是磨石，将原本越来越淡的记忆慢慢磨光。有意思的是，武汉所辖的武昌与汉阳、汉口三地有着截然不同的“味口”。大致上，它们一个属于江北系列，大别山以及汉江文化；一个属于江南系列，幕阜山以及长江文化。看来，一江之隔，还是造成了鲜明的地域风格，这是没有办法的事情。

以往的武汉三镇——武昌、汉阳和汉口，几乎是隔江相望的三座城市，不说经济，不说建筑，不说文化，就说人的性格与“味口”，长期以来，也都不是一个调调。

汉口曾经是闻名于世的中国四大名镇，明清以来得开埠码头之便和商业重镇之利，在三镇之中，财富、名声和建设都独占鳌头。于是，武汉人一提起老房子，说得上来的就是汉口。而且保护老武汉的历史街区、历史建筑（老房子），人们也都不由自主把注意力主要集中到汉口的江汉路和中山大道。这也是一个奇怪的现象。

难道武昌、汉阳，没有老街老房子？或者说，武昌、汉阳的老房子是次一等的？看来，武汉人心目中，武汉这座城市的底片中，最有影响力、最值得骄傲的、色彩最重的还是“洋派”文化，大家最瞩目的还是溯江带上来的海派、洋派的东西，对本地原生的历史文化与乡土渊源不够重视，至少现在留下的，是这么个状况。

但是近几十年来，武汉的城市发展经历了一段马鞍形的滞缓期，使它陷入内陆城市的尴尬境地，于是人们对老房子（即使是对老汉口的那些洋房子）的态度似乎也就显得隔阂与淡漠，当年在那里生活、工作、居住的最早一批人都走了，当年的“东方芝加哥”，似乎再也没找回原来的派头。

反过来回溯历史，唐朝时的武昌，最富诗情画意。李白在这里留下了：“黄鹤楼中吹玉笛，江城五月落梅花。”（《与史郎中钦听黄鹤楼上吹笛》）和“故人西辞黄鹤楼，烟花三月下扬州。孤帆远影碧空尽，唯见长江天际流。”（《黄鹤楼送孟浩然之广陵》）等动人诗篇。崔颢在这里写下“昔人已乘黄鹤去，此地空余黄鹤楼。黄鹤一去不复返，白云千载空悠悠。”（《黄鹤楼》）

的千古绝唱。

武昌，元代始为一方省会治所。从 1371 年（明洪武四年）江夏侯周德兴包山入城，确定武昌城格局，到 1928 年拆除了南北跨度六里、东西宽度五里的古城墙，结束其存在了 557 年的历史。武昌在元明清三代一直是湖北省治之所在，因此还出现了总督、巡抚、知府、知县四级治所同城的情况。武昌府在明末领七县，即江夏（附郭）、咸宁、嘉鱼、蒲圻、崇阳、通城、武昌；一州，即兴国（领大冶、通山二县）。旧时武昌府大致为今天鄂东南咸宁市和黄石市所辖范围（当然包括今天的武昌区、洪山区、江夏区），但是仍然是长江以南的区域。

每个时代，新建筑都会覆盖之前的，留给前代建筑的空间和场所总是狭窄总是有限，我有幸找到其中一些，还不时坐下来细细打量，因为要画画、要描摹。面对无声的建筑，感觉到的是宁静，是天地人神思的交集。

两江隔三镇，风情分南北，是武汉城市文化的重要特色。武汉这样一个近代开埠通商口岸和工业重镇，江湖交集，承北接南，汇通东西，混合着本地的乡土气息、欧美的海派洋风和聚散如潮的码头风云，有兼收南北的包容性，也有弥散大江大湖的疏阔气。

汉口码头辐射范围能有多远呢？2010 年，我去著名的湘西古代商城洪江，当地一位八十岁高龄的老乡告诉我，洪江当年之所以繁华，是因为它把贵州的物资（木材、桐油、银圆等）沿清水江顺流运下来，在洪江中转，再经沅江北上运至洞庭湖，最后抵达汉口，是一个重要的物资交换集散地。我当时就想，这一路下汉口的旅程，经过沅江边上的那些集镇聚落，是多么浪漫又多么需要耐心啊，论时间少说怕是也得个把月吧。

于是，我以为，这大概是那个依赖水运的时代，汉口码头的角色定位。它吸引了无数乡土财主和出门谋生活的商人，但又并非真正吸引他们上岸的归属地。正是因为码头城市汉口这个交通和经济中心的迅速崛起，使武昌这个督抚城市地位逐渐沉陷并被边缘化。反过来说，也正是崛起的汉口，挽救了武汉的城市地位。

武昌城在近代承载和见证了多次战乱与兵燹，太平天国火烧武昌城、辛亥武昌首义、北伐攻克武昌城，都给这座城市留下难以磨灭的印记。晚清民国时，黄鹤楼、长春观被烧毁，古城墙和九座城门被拆除，城内古建筑日益败坏不修。

到如今，偌大的武昌城，不仅督抚衙门、文庙、城隍庙等古代大型公共建筑杳无踪迹，其他府、县各个级别的历史建筑多已不存，甚至几乎没有一条完整的老街，没有一片完整的民居院落组团，空留下一些威严或者美丽的名字，例如：司门口、粮道街、大成路、胭脂路、云架桥、积玉桥、涵三宫、棋盘街、得胜桥、昙华林、青龙巷，而且最终随着时代的更迭和城市的迅速扩张，如今的老街坊渐渐失去了它的原住民，换句话说，与老房子日夜相伴的人或者逝去，或者搬离。

这使得我们很难从现实去认知那个古老的武昌城池的格局；或者去串联旧日武昌城中市井生活的记忆；抑或去寻找过去的人们对这座城市的情愫与寄托。或许，这也正是天下必争之地的武昌，在大变革时代的宿命。

举例来说，即便如今武汉市的城市建设，已经远远超越周围自然山水的尺度，但我仍然是对将黄鹤楼建筑在蛇山之巅持保留意见的，龟山电视塔尚可认作是现代建筑的凸起，黄鹤楼本身是江边亲水亲民的历史建筑，它已经毁掉了，你当然可以恢复它，又何至于以它来压住蛇山之脉呢？我们可以解释说是长江大桥占了原来的基址，但也完全可以挪开大桥桥基一个地段，或者还可以倚靠山脚，这样既不抢山的轮廓，在江边开辟文化广场让人容易到达和亲近，还可以平望大江巨波起伏、流水远去！为什么让它高高在上？

有一次乘坐学校的汽车出差，开车的老师傅是一位老武汉，和我说起他入伍参军的时候，曾到过一座汉江边的县城，江边高崖上黑压压的老街，给他留下难忘的记忆，根据他描述的情景，分明是安康的石泉县，是啊，那是我数次路过而没有机会停下来一游的地方。他还说，他是老武汉了，江汉关大钟响起《维斯敏斯特》的旋律，声犹在耳——谁说人没有感情？谁说人没有记忆？所以，我们并不能轻易去改变它的轮廓，甚至是它的声音。

认识和解读一座城市，有意义吗？

也许，在今天这个日新月异、一日千里的时代，这的确是没有什么意义的。

但是，在武汉——这座时间之城，捡拾时光碎片，筑起一座记忆之城，保存几代人之间情感和记忆的纽带，有时候，的确也是不需要什么意义的。

2016 年 12 月 24 日
炎松于武大工学部

目录

引言——武汉建筑与城市的历史

汉口——江汉之魂，现代之门

汉阳——山南水北，缔造汉阳

武昌——风云际会，武胜文昌

引言——武汉建筑与城市的历史

武汉这座城市，地处中国大陆版图的中央，长江和它的第一大支流汉水在这里交汇，形成了武昌、汉口、汉阳三镇并立的格局，市内河道纵横、湖泊众多，构成了武汉滨江、滨湖的亲水生态环境，因此这里又被称为江城、千湖之城。

武汉是国家历史文化名城，其境内分布的盘龙城遗址（距今 3500 年），表明武汉至少有三千五百年的文明史。春秋战国时期，这里属楚文化圈。三国黄初元年（220），吴王孙权取“以武而昌”之义，改鄂县为武昌，在此称帝建都。元代实行行省制，至元十一年（1274）置湖广行省，至元十八年（1281）迁省治到鄂州，治所武昌（今武汉市武昌区），大德五年（1301）鄂州路改为武昌路，至正二十四年（1364）朱元璋改为武昌府，武昌正式成为这里的地名。明洪武四年（1371），这里开始有了带城墙的武昌城，并大致定型。在历史上武昌、汉阳、汉口长期并存，到 1927 年 4 月合而为一成立武汉市政府，后来又几经反复，直到 1949 年 5 月 24 日武汉市最终正式作为一个整体被固定在中国的版图上。

汉口、武昌、汉阳因地缘格局和社会历史原因，呈现出了各具特色的历史轨迹，在功能分区上各自担当不同的角色，也分别产生了不同的城市文化和建筑文化。

城市文化上，它们分别有近代通商城、都府政治中心城、近代工业城的注解，还有码头城市、开埠城市、山水城市、通衢城市、文教城市的定位。

时间维度上，这里保留着从明清到民国以及中华人民共和国成立初期的城市格局与建筑；空间维度上，这里吸收了江南幕阜山、江北大别山、江汉平原的民风民俗和建造工艺；文化维度上，它兼收并蓄东西方建筑文化之大成。这些都体现在其城市格局的变化和建筑的类型与风格上。

城市格局上，一方面汉口表现出受市井码头和租界区、里分住宅区拉动的自由伸展，但也依托滨江地形呈明显的带状分布，另一方面武昌和汉阳按照封建城池的营造思想，以形寓意，遵从礼制，保持严整功能分区和格网状路网肌理，基本上是团型分布。

三镇历史遗存方面，汉口的特色有海关、租界、洋行、教堂、里分；武昌则以城门、城墙、书院、寺庙、街坊、教区为特色；汉阳则有码头、古肆、铁厂、寺庙等特色遗存。

建筑类型上，它们又包括城池建筑、坛庙建筑、宗教建筑（既有寺庙、道观，还有教堂）、商业建筑（既有商铺，也有洋行）、住宅建筑（既有街坊，也有公馆、里分，还有集中式的集体宿舍）、办公建筑（既有政府建筑，还有外交使领馆）、交通建筑、工业建筑。

建筑风格上，又分荆楚中古建筑、中西合璧建筑、西洋风格、东欧风格、东洋风格、南洋风格、苏联风格，另外还有官式建筑与民间建筑的区分。

从业主来看，有名人故居、教授公寓、学生公寓、牧师宅、商人宅、工人宅、平民宅。

从建造工艺来看，有木屋、砖屋、石屋、钢筋混凝土建筑，包括各种结构和材料。

从外观颜色来看，有黑瓦、红瓦、绿瓦，红砖、青砖，水刷石，白粉墙、水泥墙，等等。凡此种种，多元杂陈，代表了武汉这座城市的文化个性。

谈起近代武汉的发展和崛起，不能不提到一个人——张之洞。1889—1907 年，他担任湖广总督主政湖北，掀起“湖北新政”，先后创办汉阳铁厂、汉阳兵工厂和（布、纱、丝、麻）纺织四局，主持督办修筑芦汉铁路、粤汉铁路、川汉铁路，创办从幼稚园到小学、中学、大学等一整套近代国民教育及实业教育，并废除科举制、编练新军、成立武昌警察总局、发行彩票、开铸银圆等，开启武汉的近代化之路。在武汉市政建设方面，张之洞先后主持修建武昌南北大堤和汉口后湖长堤（今张公堤）、汉口后城马路（今中山大道）、汉口水塔（既济水电公司）等，这也是武汉市政建设的近代化开端。

武汉，在晚清民国时期，能够成为中国内地首要的经济中心、重要的工业基地、突出的人才科教重镇，全赖于一人之功，是张之洞成就了今天的武汉，我们甚至可以称其为武汉城市之父。

《雕刻时光——武汉经典历史建筑群像》这本书，结合我二十年多来，在武汉三镇的徒步写生和对老房子的欣赏阅读，从四个旧城风貌区及其包含的十六个历史文化风貌街区展开，也可算作对散落各处的武汉城市建筑、历史遗迹碎片的一点记录和梳理。

至于能否借由这雕刻时光的拼图，找回这座城市昨日的风采和神韵？

且行，且看吧！

汉口

——江汉之魂，现代之门

长

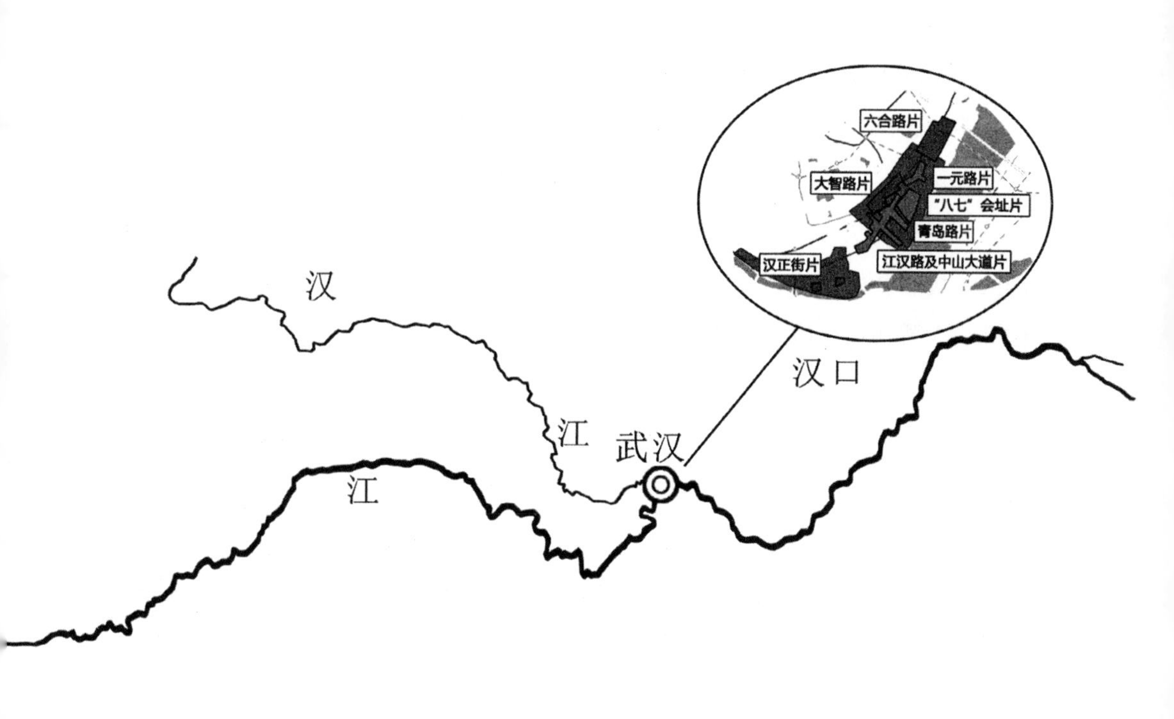
六合路片
大智路片
一元路片
"八七"会址片
青岛路片
汉正街片
江汉路及中山大道片
汉
江
武汉
汉口
江

汉口，在今长江西北、汉江以北，隔长江与武昌相对，隔汉江与汉阳并立。汉口的历史，始于明成化十年（1474），汉水从龟山南麓改道龟山北侧的集家嘴汇入长江，自此汉水以北这片地方因处在汉水注入长江的入口，谓之“汉口”。

汉口，是联通长江、汉水、洞庭湖三大水系的枢纽，水路码头十分兴盛，明代这里是中国四大名镇之首，清代则引为“天下四聚”之一。1861 年汉口开埠，逐渐实现了内陆贸易重镇向国际贸易中心的巨变，巅峰时期成为仅次于上海的中国海关城市、国际化大都市，有“东方芝加哥”的美称。汉口的崛起和沉浮，也是武汉这座城市诞生、发展和演变的一条主线。

历史上，汉口最早为汉阳府内汉阳县属汉口镇。1474 年汉水最后一次改道，从龟山北麓汇入长江之后，形成汉口与汉阳隔江局面。汉口也因水路码头蓬勃而兴盛，开启一段迅速崛起的传奇历史，这一切只有 500 多年，因此，汉口远比汉阳和武昌年轻而有活力。

明初，汉口一带，还是无人居住的水泽荒滩。明宪宗成化十年，汉水主河道在龟山之北形成，并由此入江，这时古汉阳一分为二，被汉水分隔出南北两岸，南岸仍称汉阳，北岸则称汉口。嘉靖年间，汉口人迹渐多，城镇居民区（坊）开始形成，汉水入长江水口处南岸有崇信坊，北岸有居仁、由义、循礼、大智四坊。政府在此设镇，通过汉口巡检司对其加以行政管辖。

汉水改道之后，汉口成为古代中国最重要的水路码头之一，并因商贸而迅速崛起，明末清初，汉口就与河南朱仙镇、广东佛山镇、江西景德镇并立为中国古代四大名镇，清代更成为“天下四聚”之一。

1898 年底，张之洞奏请朝廷设置夏口厅，专门处理汉口行政事务，汉口从此结束了由汉阳管辖的历史，这使得武汉三镇的行政格局开始形成。夏口厅的开设使汉口在各项事务上拥有了自主权，促进了汉口工商业的发繁荣，也奠定了汉口成为内地首要经济中心的基础。

汉口 1923 年曾被民国政府短暂设立为第一个直辖市——汉口市，与近代武昌市、汉阳市并立，武汉的三镇格局初具雏形。1949 年 5 月，武汉解放，同月24日汉口与武昌、汉阳合并为今日之武汉。

汉口开埠后，列强纷纷涌入。1861年3月21日，英国参赞巴夏礼与湖北布政使唐训方签订《汉口租界条款》，划定汉口英租界。继英租界之后，俄、法、德、日四国租界沿长江在汉口自西向东一字排开，自此12个外国领事馆和近30家外资金融机构来到汉口。汉口一时间成为殖民者和冒险家们乐而忘返的乐园，并因此有了一段奇异的繁荣史。因为汉口的繁荣，造就了武汉在近代历史上国际化大城市的地位，这在封闭的内陆地区的发展历程中算是一段奇遇，也简直是个另类。

开埠通商，大步迈向开放性国际化大都市的历史进程中，汉口几乎集中了武汉近代西方殖民时期的公共建筑与私人公馆建筑，堪称西方建筑博览会。这里还有众多里分住宅和市井商铺，又是武汉近代市井文化的重要组成。它们当然是殖民主义的乐园，代表了近代中国一段屈辱的历史。但是从建筑遗产上看，它们是特定历史文化和历史事件的载体，代表了多国优秀建筑文化，凝聚了很多英才的匠心，是前人留下的一笔丰厚遗产，细细品读，我们会发现，这里的建筑风格有西方古典式、哥特式、折中式，有文艺复兴式、巴洛克式，还有现代风。

这里的建筑背景，可以梳理出近代西方资本家路线、近代民族资本家路线、近代名人活动路线、近代西方宗教传播路线、近代教育发展路线、市井里分人家路线等——汉口的历史建筑留存数量之丰富、风格类型之多样、保存质量之完好、历史价值之深厚一点也不亚于上海。同时，汉口在短短数十年间积累的建筑成就，铸就了后人难以超越的经典和不朽，这也是值得我们思考和借鉴的。但是它几乎瞬间的繁盛，又很快地转入沉寂，也是值得我们反思的。

汉口的城市建设，不仅归功于这些大大小小的银行、洋行代表的近代国外资本和民族资本，还倚仗优秀的设计团队和施工营造商。辛亥革命后，汉口逐渐出现中西混合式、钢筋混凝土建筑的大楼，近代意义上的建筑设计所，由此应运而生。20世纪20—30年代，武汉的近代建筑，主要由外商经营的洋行设计，这些洋行包括英国的景明洋行、三义洋行及比利时的义品洋行等，还有三艾、石格司、义昌等，其中以景明洋行最为著名。上海等地的著名洋行也参加了汉口建筑的设计，例如：江汉关由英国思九生洋行设计，渣打银行（又称麦加利银行）由英国玛礼逊洋行设计，大清银行由英商通和洋行设计等。还有一些建筑师以个人名义设计了汉口的重要建筑，如英国工程师派纳设计了汇丰银行大楼，英国人穆尔设计了汉口水塔。

近代武汉的建设，也自然也少不了中国建筑师的贡献。著名的卢镛标建筑事务所脱身于景明洋行，在汉口独立承担了四明银行大楼、中国实业银行大楼等一系列重要建筑的设计工作。而上海庄俊建筑师事务所的著名中国建筑师庄俊，也在汉口留下了金城银行、大陆银行等重要设计作品。

据统计，当时武汉三镇营造行业非常活跃，共有甲、乙、丙、丁四等营造厂595户。这些营造厂主要包括：浙帮的明锟裕、汉合顺、汉协盛、康生记、钱梅记、叶佐记、汉合兴，广帮的广荣兴、李广记、李丽记，以及本帮的袁瑞泰等。其中规模最大的是浙帮沈祝三于1908年创办的汉协盛营造厂（简称汉协盛），是众多营造厂中最负盛名的一个。

尤其值得一提的是，汉协盛在1930年还承建了武汉大学珞珈山新校舍建设工程，为了支持武汉高等教育事业，汉协盛的老板沈祝三“以比较低廉的标价，担任这个巨大的而且困难的工程”，使得汉协盛负债经营而元气大伤，最终一蹶不振。今日武汉大学的中国最美大学之名，自有汉协盛的一份功劳。

欣赏和阅读汉口的老房子，首先要感谢张之洞令汉口自辖以获得行政自主权的动议和一系列促进和保障汉口发展繁荣的城市经营，也要感谢后续这些设计师和建设者的智慧与创造！

汉口城市格局的形成代表了一个多世纪前古人城市规划的远见卓识，也为我们留下了以江汉关大楼等沿江建筑为代表的城市天际线，沿江大道上古典建筑的轮廓、形状与高度的组织和变化，堪称经典。如果说上海外滩黄浦江西岸的城市天际线是中国近代城市中最具代表性的，那么汉口江滩也不失其特色与瑰丽。

面对如此优秀的近代城市天际线，我们的现代建设却稍显尴尬。武汉当然需要营造新的城市轮廓线。但是旧的轮廓线是历史形成的，并非一日之功。二者互相对照，更应有所呼应。

将汉口的城市天际线传承好并呈现出来，虽然一直是世人的期待，但同时也是留给当代人的巨大困惑和挑战。

2017 年 12 月，武汉市政府拿出《长江主轴远景规划》蓝图，计划以“沿江建筑、码头滩涂、江滩公园、堤防道路、长江水体与桥梁”——五级递进，长江左岸、右岸大道——双线布局，打造世界级城市中轴文明景观，交通轴、经济轴、文化轴、生态轴、景观轴——五轴一体，建设这座尽得长江之魂的历史之城、当代之城与未来之城——武汉。

站在新时代的关口上，武汉城市顶层设计，如何继承历史遗产、立足当下时局、迈向远大前程？

这一切都要从头说起……

江汉路及中山大道片

——码头、商埠、洋行的蒙太奇

（1）江汉关大楼旧址
（2）日清洋行汉口分行旧址
（3）台湾银行汉口分行旧址
（4）中国实业银行汉口分行旧址
（5）江汉村
（6）交通银行汉口分行旧址
（7）上海路天主堂
（8）四明银行汉口分行旧址
（9）中南银行汉口分行旧址
（10）上海银行汉口分行旧址
（11）江汉路时代钟表店
（12）浙江兴业银行汉口分行旧址
（13）中国银行汉口分行旧址
（14）邹协兴金号旧址
（15）璇宫饭店
（16）聚兴诚银行汉口分行旧址
（17）国货商场旧址
（18）邹协和金号旧址
（19）江汉路自治街街口建筑
（20）民国日报社旧址
（21）汉口慈善会旧址
（22）北洋饭店旧址
（23）积庆里
（24）甲子大旅馆（饭店）旧址
（25）武汉国民政府旧址
（26）圣若瑟女子中学旧址
（27）民众乐园
（28）长江饭店旧址
（29）宁波会馆和江苏会馆旧址
（30）汉口水塔旧址
（31）中央信托局汉口分局旧址
（32）广东银行汉口分行旧址
（33）浙江实业银行汉口分行旧址
（34）中孚里
（35）大陆坊
（36）中孚银行汉口分行旧址
（37）保元里
（38）大孚银行旧址
（39）南京路居民住宅
（40）汉口商业银行旧址
（41）金城银行汉口分行旧址
（42）崇正里
（43）盐业银行汉口分行旧址
（44）西门子洋行（汉口电报局）旧址
（45）汉口电话局旧址
（46）邹协和伟英里分号
（47）汉口法租界消防队旧址
（48）英商和利冰厂旧址
（49）萧耀南公馆旧址
（50）邹紫光阁老毛笔店旧址
（51）邹协盛金号旧址
（52）统一街街口建筑
（53）福建街街口
（54）花楼街街景
（55）同安外巷
（56）三民路铜人像
（57）清芬路街口建筑
（58）清芬路汉口业主会旧址

江汉路及中山大道片已绘老房子分布图

江汉路及中山大道片，街区沿泰宁街自西向东至江边，沿中山大道由南向北从前进一路至黄兴路，面积约51公顷，以商贸文化为主要特色，有武汉国民政府旧址、江汉关大楼等文物保护单位及优秀历史建筑32处，属近代租界区，武汉市历史文化街区。

江汉路地处汉口的核心地带，以沿江大道江汉关为起点，自东南向西北联通中山大道和京汉大道，最北到解放大道，全长1600米，街道宽为10—25米，是今日武汉最繁华的百年商业老街。

近代历史上，江汉路这条街也是华界与洋人租界的分界线。江汉路以西的花楼街、黄陂街及与其相邻的大兴路一带是近代民族工商业者创办的商铺、作坊和前店后厂型的食品店等。而江汉路街面上，基本上是西方列强和官僚及民族资本家设立的银行、公司和商店。加之江汉关码头迎来送往的熙攘人流，造就了江汉路一带浓重商业氛围，至今依稀可见。

江汉路沿江大道至花楼街一段，晚清民国时期是英租界内的一条商业街。随着商业繁荣和对外贸易的大发展，沿街兴建了众多的银行大楼，街道也加宽到了12米，其划归英租界后，被改名为太平街。

1906年，“地皮大王”刘歆生最早在太平街以上区域填湖垫塘，逐渐筑成太平街延伸处后花楼街至京汉铁路的一段路基，形成歆生路。辛亥革命之后，民族资本家迅速崛起，建成华界模范区，歆生路一带也成为当时汉口的繁华商业街，与太平街相比也不遑多让。

1927年，国民政府收回汉口英租界将太平街和歆生路合并，改称江汉路。

1907年，张之洞拆除汉口城墙，原来的城基被开辟为后城马路，这是中山大道的前身。中山大道位于一元路以上的一段，是1906年京汉铁路通车时，张之洞命人拆除汉口城垣后形成的。而其歆生路（1927年改称江汉路）以上地段为后城马路。

这条马路偏离汉正街繁华市区，且为碎石土路，因此最初道路两旁房屋矮，居民少。民国初年，晚清时人宦应清在《后城马路竹枝词》中写的“半是荒园半水塘，看他一一起房廊”道出了当时中山大道建设的方兴未艾。就在之后的数十年间，它迅速发展崛起，甚至取代了汉正街，成为汉口最时尚的金融、商业、文化和娱乐中心。这里从三民路（六渡桥）到歆生路一带，商铺林立，当年是武汉最繁华的商业街。至今留下了南洋大楼、民众乐园、汉口水塔、中华总商会、中国银行等一批近代优秀历史建筑。

1927 年，国民政府为纪念孙中山先生，将汉口后城马路（硚口路至江汉路段），改名中山马路。1943 年中山马路延伸至日租界大正街（今芦沟桥路），并分别称作中山西路（硚口至利济路段）、中山中路（利济路至江汉路段）、中山东路（江汉路至芦沟桥路段），1946 年 1 月 1 日将三段合并后更名为中山大道。

现在的中山大道，从硚口路一直延伸至武汉天地附近的永泰路，全长约 8.8 公里，是汉口最重要的主干道之一，文物保护单位和优秀历史建筑众多，文化遗产丰厚。

2015 年 1 月，江汉路及中山大道历史文化街区，入选国家级历史文化风貌街区。2016 年 12 月 28 日，武汉中山大道武胜路至一元路段 4.7 公里核心路段封闭改造两年之后，以全新的面貌开街。

在这里百年商业街的繁华，仍在续写新的篇章……

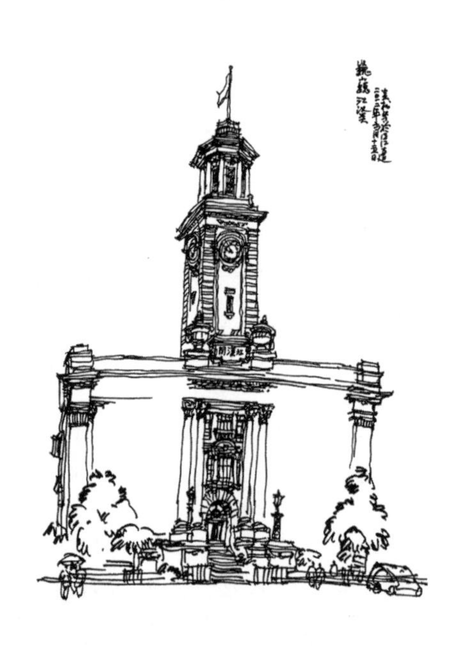

1
江汉关大楼旧址

位于江汉路与沿江大道交会处，沿江大道95号。2001年被公布为全国重点文物保护单位。2016年9月入选“首批中国20世纪建筑遗产”名录。2015年12月28日，江汉关博物馆向公众开放。

江汉关大楼，是武汉市的标志性建筑。

早在1861年汉口开埠以前，武汉就有三个海关，后来都集中在汉口，前身就是在花楼街和交通路的位置。1861年汉口开埠后，海关的业务和收入与日俱增，于是要求兴建一座新的海关大楼，做办公之用。

江汉关迎来建造的最好时机是在20世纪20年代，天时、地利出现了，就是现在的江汉路到江边的一段淤泥积沙把沿江大道推出去了一段位置，古人叫汭（音 ruì，意为河流汇合的地方或河流弯曲的地方）位，是凸出来的，由水流冲刷出来的一块淤地。这个地方是天赐给江汉关的位置。我们现在看到的江汉关就是1922年在这个位置奠基，于1924年落成。

江汉关大楼建成以后，长江上经过的轮船，在很远处就能看到海关大楼并听到其钟声，方便进港靠泊办理船舶入境海关手续和装卸进出口货物，起到了航标和灯塔作用；高耸的钟塔造型使江汉关大楼成为武汉城市特色标志，大钟悠扬婉转的乐曲也给城市生活带来了古典的神韵。

虽然，一个半世纪前，武汉的海关权被西方殖民者垄断，江汉关的建设和经营都代表了一段屈辱的历史。但在翻过这段历史之后，江汉关又回到武汉人自己手中，今天再凝望这座雄伟的建筑，还是可以窥见人间正道沧桑。

江汉关大楼由上海英商思九生洋行设计，上海魏清记营造厂修建。思九生洋行即上海著名英商斯蒂华达生·斯贝司建筑公司，江汉关是其公司建筑师辛浦生（Simpson）设计的。20世纪上半叶，武汉最重要的外资建筑设计机构景明洋行，担任了这项工程的监理。思九生洋行主要作品有上海外滩的欧战纪念碑（已毁）、上海怡和洋行大楼、上海邮政总局大楼以及武汉的江汉关大楼。思九生洋行保留下来的3座经典建筑，均被列为全国重点文物保护单位。

据记载，1920年江汉关完成设计图纸，1922年11月奠基，1924年1月21日正式落成；而上海邮政总局大楼也是1922年底开工，1924年11月竣工。虽然江汉关大楼的规模略小于上海邮政总局大楼，但是两者形象非常相似，堪称姊妹楼，也足以代表当年这两座城市在中国的地位。

江汉关大楼是古典复兴风格。什么叫古典复兴？在西方建筑史上，把古希腊、古罗马建筑称为古典主义风格，文艺复兴就是复兴的古希腊、古罗马风格。在文艺复兴之后还有一个巴洛克风格，更加强调古典主义的端庄、典雅，这一时期就是古典复兴。

江汉关建筑是三段式古典复兴风格，地面上大楼主体分为上中下三段，有一座四层的办公大楼和一座钟楼。钟楼分为两段，是四面体，四面各有表盘，每个表盘的直径是3米，上面还有一座塔楼，塔楼为八边形，钟楼的顶部、中部和下部是一个典型的古典复兴的三段式构图。如果它不是这样，你不会觉得这么优美、这么典雅、这么精致。

这幢大楼的设计运用了很多的建筑元素，都是古希腊、古罗马的，最生动的就是它的柱子。正面有八根柱子，南北两面各有三根柱子，柱子的风格在建筑学中叫科林斯柱式（Corinthian Order），只有古希腊、古罗马才有的风格，它也是汉口巨柱廊式入口的经典建筑。再就是它的窗檐，北面正门入口上方的檐口是希腊山花。古希腊雅典建筑群中有一座帕台农神庙（Parthenon），这个建筑就是一圈柱廊，顶部一个三角形，这就是著名的希腊山花。只要看到有希腊山花的建筑就是古希腊风格，只要看到罗马穹顶就是古罗马风格，把它们结合起来就是古典复兴。

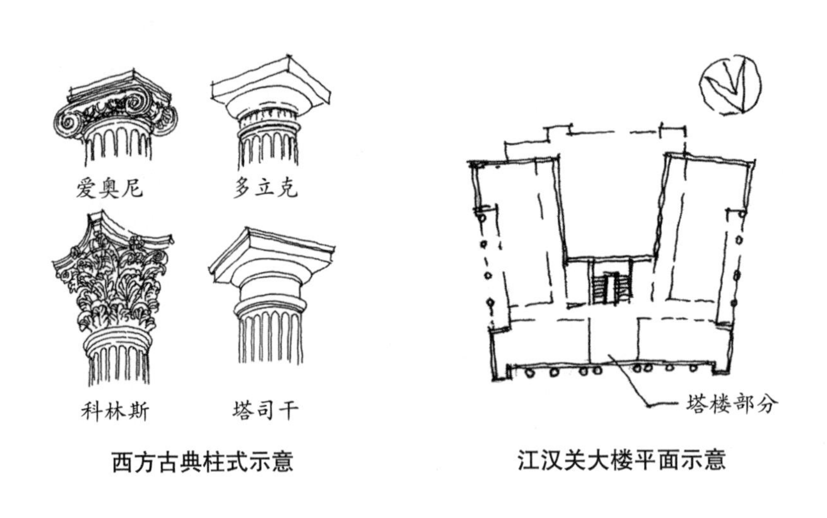

西方古典柱式示意　　江汉关大楼平面示意

这座建筑不仅有着经典的造型，还有着得天独厚的选址。江汉关建筑的选址堪称神来之笔，它是江汉路正对着沿江大道到江边的一个出口，是要害位置。这个位置上是江边一个独立的建筑，两边都没有建筑比它高，突出了它在江边那种君临天下的感觉，往来的舟楫都可感受到它的气势，武汉的味儿武汉的尊严就在那里，这就是江汉关的味道。可惜现在江汉关后面的楼高得吓人，老建筑的尊严已经大打折扣。

它的内部布局是底层为半地下室、主体四层、钟楼四层共八层，总高40.6米，建成后是汉口当时第二高建筑。内外装饰使用了湖南产的花岗岩。江汉关钟楼的钟声采用的是英国威斯敏斯特教堂（又称西敏寺）的主旋律，威斯敏斯特教堂是一座纯粹的哥特式建筑。哥特式建筑不能算作古典，我们用了它的曲子，但是我们的建筑完全比它先进，古典复兴一定是比哥特复兴先进的。江汉关的匾额当时由汉口著名书法家宗彝题写，这是武汉人的骄傲。江汉关是汉口近代经典欧式历史建筑的代表，是NO.1。

比江汉关晚几年建造的上海外滩海关大楼，风格为折中主义，还带有一点装饰艺术派（Art Deco）风格的风味，与江汉关的古典主义风格对比，可谓各具风采。

画这幅画，无法退到江边去描绘它的环境，因为那里已经有了一排建筑和树木遮挡，前面也没有广场，只好在马路对面去画它，虚化建筑主体墙上的细节，是为了突出它中间的钟塔，比例上也有一些夸张，写生，画的是当时的观感。

2
日清洋行汉口分行旧址

位于江岸区沿江大道87号，在江汉路转角处，与江汉关毗邻。1998年被列为武汉市文物保护单位。2010年12月被武汉市政府公布为第五批优秀历史建筑。现为百年好饭店。

1895年签订的《马关条约》，让日本获得了长江流域从上海至重庆的航行权。而日本航运企业在长江流域的船运，即由日本政府主导的日清汽船株式会社（简称日清洋行，初期有中资入股，以图中日友好亲善）负责，总部1907年在东京成立，同年在上海成立驻华分公司总部，汉口为分公司，在中国一度是与怡和、太古、招商局齐名的四大航运公司之一。

该建筑由英商景明洋行主持设计、汉协盛营造厂施工兴建，于1928年落成。整座大楼为钢筋混凝土结构，平顶设置露天花园。大楼为四层，高36米。建筑外观呈三段式构图，庄重严谨，外墙以麻石（花岗石）至顶，装饰玻璃钢窗，属文艺复兴式建筑风格，在沿江大道与江汉路转角位置的二层穹窿塔亭，二层向内收进，形象空透，是这座建筑的重要标志之一。

它虽然是日商建筑，但是却完全照搬西欧建筑风格。对于这一点我也在思考，日本人曾经是如此热烈地学习西方，连在境外展示的形象都不惜抛弃本民族的传统。

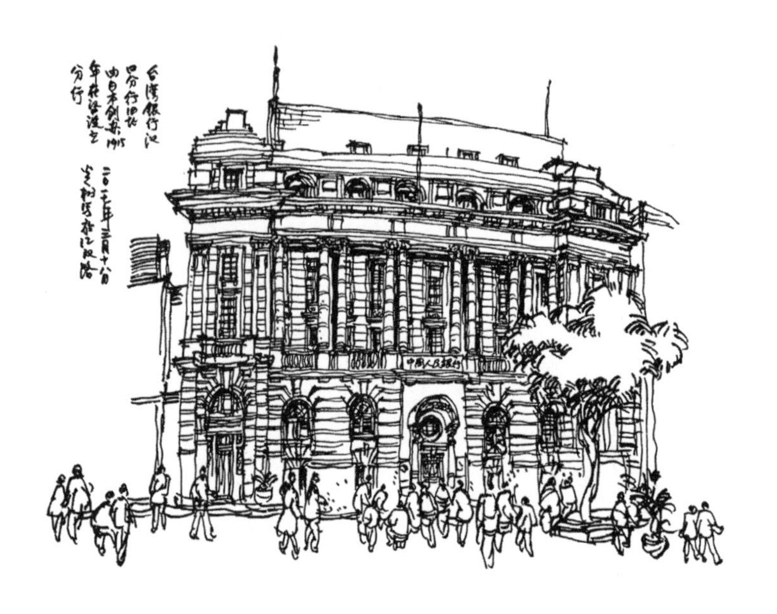

3

台湾银行汉口分行旧址

位于江汉路21号。武汉市优秀历史建筑。2011年被列入武汉市第五批文物保护单位。现为中国人民银行武汉市分行营业部。

日本割占台湾后，于1898年在台湾创办台湾银行，1915年在汉口设立分行。

银行大楼建于1915年，由中国建筑师庄俊设计，汉协盛营造厂施工。建筑为钢筋混凝土结构，地上四层，地下一层，面积3000平方米。

大楼为古典主义风格，立面呈三段式构图，外墙麻石到顶。其一至二层为第一段，中间和两侧的入口均为半圆形拱门，二层的窗户也为半圆形；三至四层为第二段，中部为柱廊阳台，有十根廊柱，两边为单个圆柱，中间为四组圆柱，均为爱奥尼柱式（Ionic Order）；檐部和屋顶券廊为第三段。大楼整体装饰为中西结合式风格。

上海外滩也有一座台湾银行上海分行，是古典复兴风格，为带有日本近代西洋风格的建筑。由于外滩门面金贵的原因，正面只有三开间，高四层，整体规模小于汉口台湾银行。

这栋大楼正立面朝向江汉路，熙来攘往的人群总是行色匆匆，也不时有人跳脱出来驻足打量，试图了解它的身世来历和由它封存的一段城市记忆。

4

中国实业银行汉口分行旧址

位于江汉路步行街南端，江汉路22号。坐落在洞庭街口。武汉市优秀历史建筑。武汉市文物保护单位。现为中信银行江汉路支行。

中国实业银行，由北洋政府财政部于1915年筹建，1919年4月正式成立，总行最早在天津（1932年迁至上海），在汉口、青岛等地设分行。

这栋大楼由中国近代著名建筑师卢镛标设计，李丽记营造厂承建，于1935年建成。建筑为钢筋混凝土结构，面积为4645平方米。建筑中间为九层塔楼，两翼各为六层建筑。大楼底层设有半地下室，入口设在街面转角处。一层为八边形营业大厅，顶棚天花有八边形藻井。

此建筑为典型的装饰艺术派建筑风格，建筑立面简洁，外墙裙用黑色大理石贴面，外墙用红色涂料粉饰，是它突出的特征之一。不同于其他街口建筑在转角部分要升起塔亭，而是运用了逐层收进和退台的处理，为强调入口，上部塔楼逐层收进减缓了对街面的压抑感。

中国实业银行大楼开汉口建筑现代派之新风，对研究武汉市近现代金融业及近现代早期建筑有较高价值。

5

江汉村

位于当年的汉口英租界内，现为江汉路、上海路、洞庭街、鄱阳街合围的区域。武汉市优秀历史建筑。

今天的江汉村，由原来毗邻的江汉村和六也村合并而成，其中江汉村的入口位于汉口洞庭街街口，六也村的入口位于沿江大道。江汉村四面合围，入口处立有石坊，门额上书“江汉村”三字。两村合并后形成一个有二十多栋楼房的居民区。

这二十余栋楼房，为多人投资兴建，分别由卢镛标建筑事务所和景明洋行设计。其中，江汉村由倪裕记等 9 人于 1937 年建成 12 栋楼房，六也村由吴鑫记等 11 人于 1934 年建成 13 栋楼房。两村先后由明巽建筑公司、李丽记、汉昌济、康生记四家营造厂承建，所以建筑风格比较混杂。

晚清民国时期，这里的住户多为富商、军官、政客和各家洋行高级外籍职员。中华人民共和国成立后，市府高级属员入住其内，直到20世纪末迁出。

江汉村内部楼与楼相邻，与咸安坊等墙与墙相邻石库门里弄比较，尺度相对比较宽松。江汉村由一条东西向中间通道形成里弄住宅，两侧为两到三层独立式西式住宅楼，属于老汉口最高级的里弄式住宅。建筑西方古典风格和近现代风格混杂，局部还采用了中式细节。

同属汉口高档住区，西方人建造并居住的珞珈山街住宅区是开放性的，向街道敞开。华人自建的江汉村则采取了自我包围的内心式格局，这多少反映了西方人和东方人性格和居住文化上的差异。

6
交通银行汉口分行旧址

位于胜利街2号。武汉市优秀历史建筑。湖北省文物保护单位。现为建设银行武汉市分行。

1908年，清政府设立交通银行总行，这是中国最早的发钞行之一，其成立后负责借款赎回京汉铁路，后来成为旧中国四大官僚资本银行之一，1909年4月，设立汉口分行。

该大楼由景明洋行设计，建筑师与工程师分别是翰明斯和伯克利，由汉合顺营造厂承建，1920年完成设计，1921年建成。建筑整体为钢筋混凝土结构，四层，晚期古典主义风格，采用包括基座、柱廊、檐部及顶楼的古典三段式构图。

建筑外墙花岗石到顶，中段四根门廊立柱高14米，直径1.3米的古希腊爱奥尼式（Ionic Order）花岗石立柱，直达三层楼顶，楼前10级条石踏步而上，比南京交通银行大楼（1933年建成）门廊的9米立柱还高了5米，很是雄伟。

汉口交通银行旧址，建筑立面尺度宏伟、严谨对称、风格典雅，是武汉20世纪20年代银行大楼的著名案例，也是汉口巨柱廊式入口建筑的经典之一。

7
上海路天主堂

位于汉口江岸区上海路16号。武汉市优秀历史建筑。1998年被列为武汉市文物保护单位。

上海路天主堂，建于1874—1876年，由意大利传教士余作宾仿照罗马耶稣会第二教堂（第一座巴洛克建筑）设计督造，建筑细节较原作简化，但造型如出一辙，一眼可见其传承关系。

教堂旧称“约瑟大堂”，奉圣约瑟为主保，是武汉现存体量最大的天主堂，可容纳1000人同时进行弥撒。其东边的钟楼在1944年12月日本占领期间，被美国空军炸毁。“文革”时闭堂，1980年重新开堂。

该教堂为罗马风巴西利卡式建筑格局，立面是意大利文艺复兴风格，正立面顶部为希腊山花，两肩则用巴洛克式卷涡线条。这座建筑的立面是典型的巴洛克式而非哥特式风格。

我来此写生的时候，正逢流感肆虐，在教堂前的院子里。门房给我们每个人配发他们自己熬制的中药饮剂，那是阳光下难忘的记忆。

8
四明银行汉口分行旧址

位于江汉路45号。武汉市优秀历史建筑，2011年被列为武汉市第五批文物保护单位。

19世纪后半叶，《南京条约》指定的广州、厦门、福州、宁波、上海这五口通商后，宁波商帮迅速崛起，其对金融资本的需求增加，急需现代银行的金融支持。1908年，虞洽卿等宁波商人，在上海宁波路与江西路路口，创办了四明银行。“四明”为“宁波”的别称。1919年，设立四明银行汉口分行。

银行大楼，由卢镛标建筑事务所设计，于1934—1936年建成。这幢四明银行大楼是卢镛标的代表作之一，也是中国建筑师在武汉设计建造的第一栋钢筋混凝土建筑。它的建成后打破了汉口建筑设计由洋人垄断的局面，因此被称为华界商人的“争气楼”。

大楼主入口临江汉路，平面为梯形，中央为营业大厅。中间七层，两翼五层，高39米。其立面采用三段式构图，无檐口装饰，正立面底层麻石砌筑，上部为水刷石子粉面，垂直线条的壁柱贯通顶部，外观挺阔、简洁、明快。

这栋大楼曾于2000年整修。此建筑为典型的装饰艺术派建筑风格，这正是20世纪30年代在国外风行的风格。这座建筑反映出民国时代的中国建筑师们显然也在追赶当时的国际风潮。

9

中南银行汉口分行旧址

位于江汉路110号胜利街入口处。武汉市优秀历史建筑。现为一家体育用品商店。

中南银行，1921年成立，总部在上海，由印尼华侨黄奕住投资创办，是民国著名的“北四行”（其余为盐业银行、金城银行、大陆银行）之一。汉口分行设立于1923年。

该建筑建于20世纪20年代，三层六开间，立面采用三段式构图，属西方古典主义建筑风格。

旧址在胜利街进入江汉路的路口，江汉路那边人声鼎沸，这里尚有一点安静。

10

上海银行汉口分行旧址

位于江汉路60号。2011年被列入武汉市第五批文物保护单位。现为中国工商银行武汉市汉口支行。

上海银行，全称为上海商业储蓄银行，于1915年6月2日，在上海成立，1919年其在汉口设分理处，次年设立分行。1917年，武汉工商世家出身的周苍柏赴美留学归来，就职于上海商业储蓄银行。他回到武汉亲自选址，并主持建造了这栋上海银行汉口分行大楼。

这幢大楼，由三义洋行设计，上海三合兴营造厂承建，1918—1921年建成，三段式构图，四层大楼，为新古典义风格建筑。

目前，大楼前面是江汉路地铁站的进出口广场，视野很开阔。

11
江汉路时代钟表店

位于中山大道中山大道549—559号。武汉市优秀历史建筑。中华老字号。

时代钟表店的创始人陈文生，是宁波镇海人，最早在上海美华利钟表店做学徒工。1910年来到汉口“亨达利”当“跑街”。第一次世界大战期间，即将撤走的德商将钟表店的招牌转让给了陈文生。

1922年，陈文生投资三千两白银，租下汉口浙江兴业银行中山大道铺面，开了亨达利钟表店。店里的师傅王亨亮后来还主持了江汉关钟楼上大钟的机械安装工作，并以精湛的技术和良好的信誉名震江城。1938年陈文生在临去世前，将位于中山大道和江汉路上的两个亨达利店铺传给了他的两个儿子。

20世纪60年代，中山大道店更名“新时代钟表店”，江汉路店更名“新中国钟表店”，至20世纪80年代恢复“亨达利”的招牌。1993年国家贸易部授予这两家老店“中华老字号”称号。

时代钟表店的店面，原是浙江兴业银行汉口分行投资修建的铺面楼。大楼建于 1921 年，由景明洋行设计，康里施营造厂施工。建筑平面呈矩形，沿街面横向展开。钢筋混凝土结构，高三层。建筑属古典复兴风格，正立面由竖向柱式划分开间，檐口与山花处理细腻，局部有精美花饰及线条。

记得二十年多年前，我还在学校读研究生的时候，在这里修过雅西卡的照相机。在这里建筑是个体记忆和城市历史的载体。

12

浙江兴业银行汉口分行旧址

位于江汉路与中山大道交会处，江汉区中山大道561号。现为武汉明牌首饰店。

浙江兴业银行，成立于1907年，总行在杭州，是中国最早的商业银行之一，也是当时浙江帮著名的“南四行”（其余三家是上海银行、浙江实业银行、新华银行）之一。当年，精明干练的浙江商人活跃在“九省通衢”的武汉工商业的各个领域，浙江兴业银行是浙江帮在近代汉口金融领域的代表之一。

1908年，浙江兴业银行汉口分行在汉口黄陂街成立，银行大楼建在今中山大道江汉路口，并在江汉路与中山大道路口转角处西侧建了一排三层铺面楼，出租给当时的老凤祥银楼、亨达利钟表店等商家。浙江兴业银行最早在浙江实业银行所建的大楼内营业，1926年新楼建成后迁到之前租给老凤祥银楼的旧址办公。

浙江兴业银行大楼，为浙帮所建，因此支持了许多浙江帮的民族企业。武汉近代最大的营造厂“汉协盛”的兴盛，就是其中著名的例子。汉协盛营造厂老板沈祝三基于同乡兼好友的关系，通过汉口浙江兴业银行经理王稻平，向该行透支周转资金，增强了汉协盛的市场竞争力，为其完成汇丰银行大楼、璇宫饭店、武汉大学等一大批建筑精品提供了资金保障，使其在近代武汉营造业中独占鳌头。一战期间，浙江兴业银行汉口分行的存款，随着中国的银行业逐渐兴盛大为增加，1941 年又因太平洋战争爆发而被迫停业，抗战胜利后仍于原址复业，中华人民共和国成立后参加社会主义公私合营银行。

该建筑由景明洋行设计，康里施营造厂施工，1925 年建成，占地面积约 1800 平方米。建筑整体为钢筋混凝土结构，高三层，巴洛克建筑风格，立面三段式构图，其在中山大道与江汉路转角的入口处，设置突出的门斗式入口，门斗顶部和两侧分别建有三个塔楼；屋面为红瓦顶并建有气屋一层，气屋的功能是采光与通风，为调节楼内温度而建，成为浙江兴业银行大楼的一处独具风格的标志。墙体用罗马爱奥尼式巨柱装饰，底层以麻石砌筑，上层外墙为假麻石粉面，屋顶为红色坡顶，建筑外观十分醒目。这栋大楼是江汉路上的著名建筑，从转角塔亭的形式看，很像上海浦东饭店那个塔亭，具有强烈的巴洛克风格，是这座建筑的标志。

这座建筑曾历经了被拆毁又重建的悲喜剧，据公开的报道说，1995 年 1 月 17 日因火灾内部结构损毁。1998 年，拆除了旧房，后来又按原建筑式样恢复重建，并在中山大道的上首一侧增加气屋一层。实际上我记得是这座建筑在 20 世纪 90 年代曾被偷偷拆除，后又被政府勒令按照原样重建起来。

这幅画是在拆除前不久的 1995 年画的，这也正是一件巧事。当年稍晚我再次来到这里，站在天桥上，发现这座建筑已经突然消失的时候，那种诧异之感至今还依稀记得。

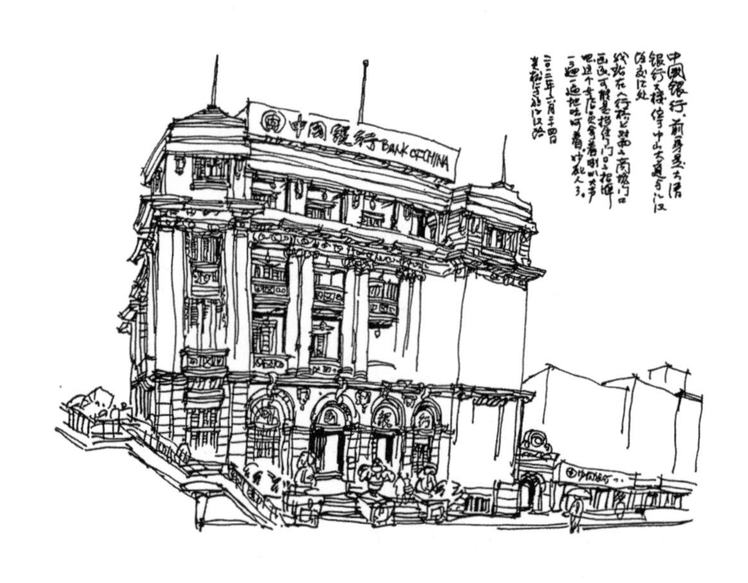

13
中国银行汉口分行旧址

位于江汉区中山大道与江汉路交会处，中山大道1021号。1993年被武汉市政府公布为第一批优秀历史建筑。1998年被列为武汉市文物保护单位。现为中国银行汉口分行。

中国银行的前身，是大清银行。

1865年，英商麦加利银行（渣打银行）进入汉口，为外国资本在汉口开办银行的开端。1897年，中国通商银行入驻汉口成为第一家华商金融机构。

1905年，清政府成立中央银行——户部银行，并在汉口设立分行，这是首家在汉口设立分行的国家银行。1908年，户部银行改称大清银行，因此该建筑又名汉口大清银行大楼。

1913年1月，由大清银行改组的中国银行汉口分行成立，首任行长为龚心湛。其最初是租用今中山大道江汉路口的浙江兴业银行大楼展开经营。后来，龚心湛选中了在辛亥阳夏之战中被焚毁的江汉路口长兴里地块，并将其买下来作为修建银行大楼的基址。

大楼由上海英商通和洋行设计，汉口汉和顺营造公司承建，于1915年破土动工，1917年建成。大楼高39米，地面以上共有四层，底层有地下室。大楼平面呈前宽后窄的“回”字形，中间为一个覆有玻璃瓦的长方形采光天井。一层为营业大厅，三至五层为办公区。

立面以主入口为构图中心，呈对称布局，是典型的纵横三段式构图，两端前凸，中间四开间通廊设计，底层为拱券廊，二至三层分别由中间三组双爱奥尼柱式巨柱和两侧的两根单柱贯通划分开间，顶层换成砖柱。

外墙麻石到顶，门廊的廊柱由麻石拼接而成。其墙面、廊檐、阳台均有精美的雕饰，为欧洲古典主义建筑风格。

这幢大楼自建成后，一直为中国银行汉口分行办公楼。1938年底，侵入武汉的日军汉口宪兵队本部驻扎在此。1949年武汉解放后，其划归中国银行汉口分行。

上海外滩也有一座中国银行大楼，是一座由英商公和洋行和中国著名建筑设计师陆谦受共同设计的、具有中国民族特色的共17层、高76米的高层建筑。不过它于1937年才落成，显然晚于中国银行汉口分行。

14
邹协兴金号旧址

位于江汉路117号，璇宫饭店对面。武汉市优秀历史建筑。现为华康副食。

“邹协和”是江西帮在汉口开办的独资金号，其在武汉经营40余年，从无到有、从小到大一步步成长为近代武汉最大的金号。其老板是江西省丰城县的邹姓（沛之、济之、沅之、澄之、润之）五兄弟。他们最早在汉口其姑父熊长春的熊和兴银匠铺做学徒。

光绪三十四年（1908），邹沛之在汉口租董家巷一间房，以打造金银首饰为生，每日上街叫卖。1909年，他在前花楼街分租了一家店面的半边门面，开设邹协和银匠铺，本金只有37两银子和家属陪嫁的一些首饰，其后因经营有方，不断壮大，1913年又迁至汉正街新街口，仿浙帮银楼排场，改号为“邹协和银楼”。经过长达30余年的经营，增设分店和购置大批房产，先后开设五家金店，其中老大的店叫“邹协盛”、老二和老五的店叫“老邹协和”、老三的店叫“邹协兴”、老四的店叫“邹协和”。

这座建筑是邹家老三邹沅之的金号，建于1917年，占地面积约300平方米，主体四层，塔亭三层，属西方古典主义与现代风格相结合的折中主义风格建筑。大楼转角处的商场门廊两侧，四层门窗旁有贴墙爱奥尼式壁柱，顶部塔亭则饰爱奥尼双圆柱，第二层塔亭有罗马拱券。大楼窗户分矩形和拱形两种，窗户修饰很少，为现代式。大楼转角底层入口两侧爱奥尼式柱子比较粗大，入口上方二至三层有通高爱奥尼巨柱，通过竖向线条和柱子直径的渐变的处理，营造透视效果，突出了大楼的挺拔。

邹氏兄弟在汉口创办和兴建了一个金号建筑群，目前建筑还剩下四座，分别位于江汉路117号、江汉路135号、民权路花楼街口和伟英里黄兴路口。另外一座原位于交通路口的老邹协和银楼，因修建地铁被拆除。现在的江汉路地铁站口建筑，就是仿造原邹协和银楼样式所建。

这些商号基本上属于西式建筑，它们的设计水平和建造品质，一点也不亚于周围的外资建筑，是引领当时城市风尚的佼佼者，是中国的民族资本家学习西方的一个重要例证。或者说，以现存邹协和金号建筑群为例，民族资本家在汉口的建设和外资经营的西方洋行一样，同样是汉口城市建设的一支重要力量。

相比之下，当年同样著名的老凤祥银楼，在汉口也曾有一座漂亮的建筑，民国老照片显示那是装饰艺术派风格的近代楼房，如今却没有留下来（现在的江汉路中心百货设有老凤祥的新店）。这是非常遗憾的。

时过境迁，我尚未找到邹协和金号建筑群相关设计单位的资料。而且如今已经很少有人知道这里以前是什么样一座建筑了，感觉现在的武汉与它曾经的历史之间有着一个大大断层。

15
璇宫饭店

位于江汉一路 121 号。武汉市优秀历史建筑。武汉市文物保护单位。

璇宫饭店，最早由蒋、宋、孔、陈四大家族控制的上海保联水火公司投资创建。20 世纪 30 年代的国货运动中，其一层为汉口国货公司。1946 年国共谈判期间，国民党一方的代表张治中，就在此下榻。1953 年，毛泽东曾下榻璇宫饭店。

大楼由景明洋行仿照上海永安公司布局设计，汉协盛和正兴隆两家营造厂承建，1928 年开始施工，1931 年建成开业。整个饭店为五层钢筋混凝土结构，顶层平台建有标志塔楼。饭店临近繁华的江汉路商业街，处于街道转角，原为四层，后加建 280 平方米的顶层，2000 年经过整修，是武汉最早的欧式古典风格的三星级酒店之一。沿江汉路一侧三层为新华百货公司（今武汉中心百货大楼）；沿江汉一路另一侧一至四层为璇宫饭店；第五层为“凌霄游艺园”（今璇宫舞厅）。

璇宫饭店是晚期西方古典主义风格，又融入了早期现代主义的风格，具体说是折中主义建筑。建筑位于江汉街转角处，平面呈“L”形。主入口设于转角处，转角弧形处理。两翼基本对称，为纵横三段式构图。底层假麻石基座；中部壁柱贯穿三层，到第五层转为爱奥尼柱式双壁柱。顶部设三层八角形空心塔楼，逐层内收，冠尖顶。整个建筑立面处理得凹凸有致，活泼精巧，独具韵味，又颇具现代风格。

这幢建筑外观与上海浦江饭店风格类似，我曾经两度描绘这座建筑。最近在这里写生的时候，一对老夫妇过来观看，老太太催老头快点走，老头调侃老太太道：“催么事，这是艺术，你不懂滴！”这语言里有武汉人特有的幽默。

16

聚兴诚银行汉口分行旧址

位于江汉路116号，璇宫饭店对面。武汉市优秀历史建筑。现为武汉市机械工业协会驻地。

聚兴诚银行，由四川商人杨文光及其族人，于1915年3月16日创办，总行在重庆，是近代中国第一家民族资本经营的商业银行。

聚兴诚银行汉口分行大楼，为景明洋行工程师张境设计，由李丽记营造厂建造，1936年5月动工，抗日战事发生遂停工。

1950年，聚兴诚银行将未竣工的建筑空架出售给中南工业部，中南工业部于1951年春节后动工修复完成。

大楼高39.39米，六层钢筋混凝土结构，造型简洁，三段式构图，顶层中间高耸，檐口仅有简洁的装饰。正立面入口在大楼中部，石材铺就的大台阶直达二楼大厅。四五六层中间为外凸弧形大阳台，顶层大圆拱窗，与两边上下的方窗形成对比。

整栋大楼构图匀称，强调竖向线条，正立面向中心逐渐升高，为典型的装饰艺术派建筑风格。

相比聚兴诚银行重庆总行大楼，这座聚兴诚银行汉口分行大楼的命运十分曲折，如今，归于平静。

17
国货商场旧址

位于江汉一路57号。1993年被列为武汉市优秀历史建筑。现为武汉市中心百货。

1931年“九一八”事变爆发后，日货充斥国内市场，严重冲击了民族工商业。为了抵制日货，上海联保水火公司于1937年底，在汉口投资修建了武汉中国国货公司。第二年，日军占领武汉，商场停业，日本投降后，恢复营业。

中华人民共和国成立后，国货公司归属中南区百货公司。1950年，转由武汉市百货公司管辖，更名武汉市百货公司中心门市部，成为武汉市第一家国营百货商场。2000年，中心百货经全面调整装修，营业面积扩大至2万余平方米。商场旧址整体如初，保存完好。

大楼由景明洋行设计，汉协盛及正兴隆营造厂施工，1931年建成，为西式风格建筑，占地面积约为1800平方米。其坐落在江汉路与江汉一路交界处，建筑主体四层，转角处理成圆柱形，顶层升起两层塔亭，塔亭为圆形穹顶，与对面的邹协和金号彼此呼应。

现在，它面向江汉路一侧的立面，已经被商场大面积的玻璃幕墙遮盖，看不见建筑原来的特征与细节。

18

邹协和金号旧址

位于江汉路135号，武汉中心百货大楼对面。2006年，被列为武汉市优秀历史建筑。现为江汉（水塔）医院。

大楼建于1937年，属西方古典主义与折中主义结合的建筑风格。建筑主体三层，两个主立面分别向江汉路和江汉二路展开，转角处升起两层塔亭。塔亭为典型的巴洛克式风格。整个建筑立面的细节处理细腻、疏密有致、凹凸分明，丰富活泼，是汉口历史建筑中设计感和个性较为突出的一座。

在它对面的国货商场旧址（现中心百货），主体为四层，转角两层塔亭，时间早于它，规模大于它，但是并不让人感觉邹协和金号大楼比国货商场矮。这和大楼丰富的立面设计是不无关系的。

回顾邹协和的发展历程，在当年激烈的市场竞争中，曾经遭遇包括宁波帮在内的浙江商帮银楼金号的联合打压，他们居然绝处逢生，甚至由弱变强，跃居银楼金号业的“汉口第一”。如此说来，邹协和在竞争中能够一反弱势，屹立于浙商的夹击之中，是非常不简单的，在近代中国商业史上堪称奇迹。很重要的因素是其根据实际情况制定经营策略，做到扬长避短、拾遗补阙。比如提高质量、增加花色、降低成本、方便顾客，其中很重要的一点是，老板亲自动手提炼金饰原料和加工饰品，严格把关产品质量，发扬了江西商人信义为本的传统。

因此，这座大楼是邹协和金号家族的代表建筑之一，是武汉民族资本家发展的珍贵见证。

曾几何时，我和大多数人一样，也认为在汉口最有价值和最值得保护的建筑当属外国人留下的租界建筑群，觉得本土的建筑比如民族资本家的商号或者汉正街一带的建筑都很“鳖”（武汉话，鳖脚的意思），我以为这似乎也是导致汉正街一带大面积拆除的一个潜在原因。

实际上汉口华界（区别于租界）建筑大多数受到了西风的熏染，许多都富于设计感和现代艺术感，是中国近代建筑发展史的重要一页。

19

江汉路自治街街口建筑

位于江汉路和自治街交界处。

这栋大楼为西式风格建筑，主体三层，转角有二层塔亭。在江汉路上，几乎每一个街口的建筑都有这种转角塔亭的处理，成为一组独特的风景。

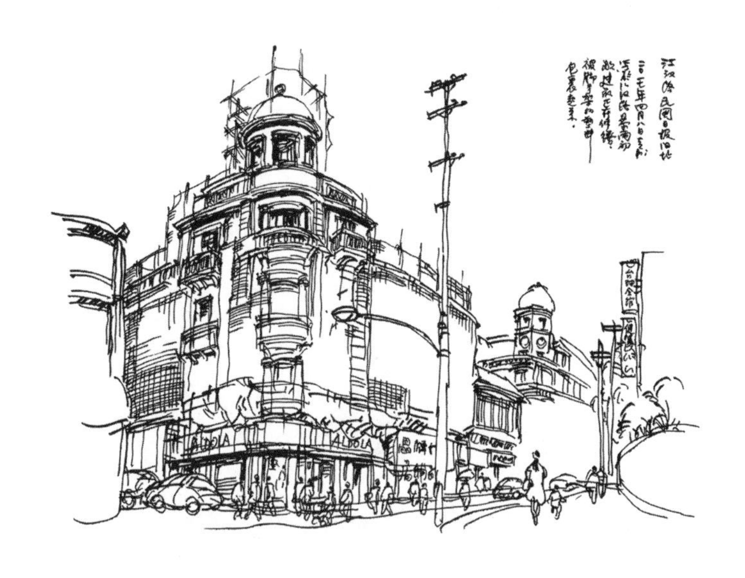

20

民国日报社旧址

位于江岸区泰宁街 2 号。武汉市优秀历史建筑。武汉市文物保护单位。

大楼建于 1922 年，坐东朝西，主体三层，砖混结构，占地面积约 650 平方米，建筑面积 2343.91 平方米，共 92 间房。建筑为西式风格，转角顶部有标志性穹顶塔亭。

1926 年 11 月 25 日，由共产党人主办的湖北省国民党党部机关报《民国日报》创刊后，就曾在这栋建筑内办公。董必武为当时的报社经理，茅盾任总编辑，毛泽民则协助董必武工作。

我赶到这里的时候，发现建筑正在进行整体修缮，整座建筑被脚手架和塑料布罩住了。

21
汉口慈善会旧址

位于中山大道465号。武汉市优秀历史建筑。现为湖北省武警总队驻地。

1910年，汉口各民间善堂第一次联合起来成立“汉口慈善机构善堂联合会”，辛亥革命后更名为“汉口慈善会”。由于原来的会址在辛亥阳夏之战中被毁，汉口慈善会通过募款又于1915—1916年在原址新建汉口慈善会大楼。汉口慈善会在武汉1931年遭遇特大水灾、1937全面抗战爆发等民族危难之际，均发挥了收容、救治、慰问、支援的重要作用。

这座大楼还是历史上最早的武汉市政府诞生的见证。1927年4月16日，就在这栋汉口慈善会大楼中，陈公博、苏兆征、陈友仁、詹大悲等11位武汉市政委员会委员宣誓就职，4月18日武汉市政府正式成立，同时也宣告了汉口、汉阳、武昌三镇在行政区划上首次合为一市，自此武汉正式以一座具有完整面貌和格局的城市出现在中国的版图上。在武汉城市的生成和发展史上，汉口慈善会大楼不经意间成为历史的注脚。

中山大道六渡桥以西地段过去属于华界，这一带西式风格建筑较为少见，于是汉口慈善会大楼就显得格外的鹤立鸡群。

这座大楼，建于1915—1916年，是典型的文艺复兴式建筑，采用三段式结构，左右对称严谨，两层罗马拱券外廊，塔楼中央为四层方形塔楼，其正中间的圆窗与其顶部的穹窿，比例适中，使得大楼整体的立面构图较为均衡，因而显得十分庄重典雅。

这座建筑曾经令我非常疑惑，起因是当时我的画上没有写下它的名称，不能验明正身。

朋友根据画中高耸的四方形塔楼外观，告诉我它可能是武昌第一纱厂办公楼，因为那里正好也有一座高耸的四方形塔楼。然而画的右下角注明是“中山大道，汉口写生”，而且我也明明有印象，是在汉口的一条大街旁，走进去里边还有一个院子。不过这座建筑的确非常像武昌第一纱厂办公楼，难道汉口有一幢与它造型一模一样的建筑？

我问了很多人，都没有给我信服的答案，我很固执，仍然坚持它是汉口的某幢建筑。最近经常浏览汉口老建筑的资料，终于发现原来它是汉口慈善会，这样一件事，经过数年的甄别才得以澄清，应该感谢这岁月的淘洗和积淀。

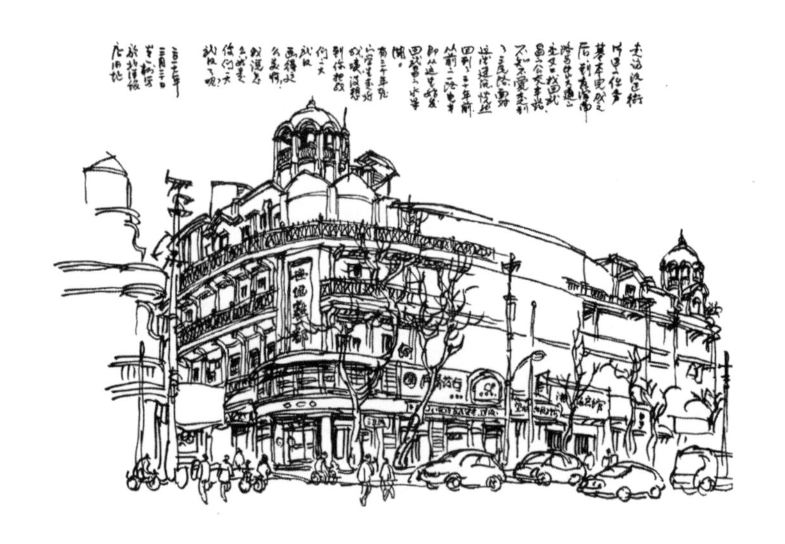

22

北洋饭店旧址

位于江汉区三民路58—62号。武汉市优秀历史建筑。

北洋饭店大楼，由肖良臣设计，永茂隆、袁瑞泰营造厂施工，1924年建成，钢筋混凝土结构，四层，临街的南北拐角街口处顶层各有一座穹顶塔亭，这是当时商业建筑的风尚。

20世纪三四十年代，这里一直是北洋饭店的所在地。

中华人民共和国成立后，建筑一楼开辟了光辉百货店、福星居饮食店等商铺。20世纪80年代，这里又改为汉口小吃城，其后成为清芬鞋市的一部分。2018年旧城改造清芬片改始动工，北洋饭店旧址将被保留下来，成为这一带的坐标。

30 年前，我读大学期间从武昌到汉口，都要坐一路电车到三民路的终点站。下了车，抬头就可以看见这座建筑。

1995 年我还专门去那里画过一次，原来那里开着一家四季春酒店。如今周围环境大多数已经改变，但这座建筑依然得以保存，是一件幸事。

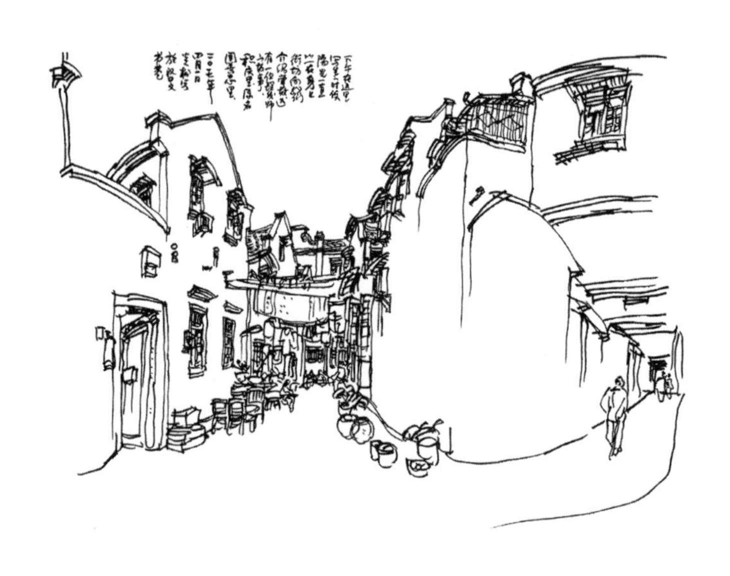

23

积庆里

位于中山大道旁，与南洋大楼相邻，属江汉区统一街辖区。

积庆里，最早是由民国时期首任汉口总商会会长李紫云投资，1919 年兴建的里分式民居建筑群，内部为一纵八横巷道格局，有 118 栋房，最早称同善里。1935 年，同善里被抵押给中南银行，于是改称积庆里。

李紫云经商致富后，积极投身社会公益事业，正所谓“积善之家，心有余庆”（出自《周易》），积庆里的身世和命名，是中国传统“修、齐、治、平”价值观的体现，前人种树，后人乘凉，饮水思源，亦是传承。

1938 年武汉沦陷后，驻汉口日军将这里改为武汉开业最早、设置最集中的一处慰安所，往事不堪回首。

要不是这次专门去汉口调研，我真还不知道那里隐藏着大片的旧日里巷。

下午的阳光射进巷子，几个老人围着我，和我攀谈，向我介绍这里的掌故，对我不知道这里的来历有点不屑。

既然来这里画画，怎么能不了解这里的历史？

24

甲子大旅馆（饭店）旧址

位于中山大道696—714号。武汉市优秀历史建筑。

甲子大饭店，建于20世纪20年代初，民国时代是名流云集的社交场所。中华人民共和国成立后，武汉雄伟服装商店设在饭店旧址一楼，楼上开辟为民众旅社。现一楼仍为商业门店，楼上为旅社及居民用房。

大楼为文艺复兴式建筑，五层砖木结构，建筑平面呈矩形，立面为典型的对称构图，入口设在正中。正中竖立高耸塔楼，两侧另有小塔楼与之呼应。建筑以白色为基调，立柱将立面巧妙分割，与窗子和阳台形成比例完美的块面，细部花饰及线条精美。

它的塔亭造型非常特别，以前在搭建和广告牌的遮盖下，并不引人注目，现在被突显出来，成为中山大道上一道亮丽风景。

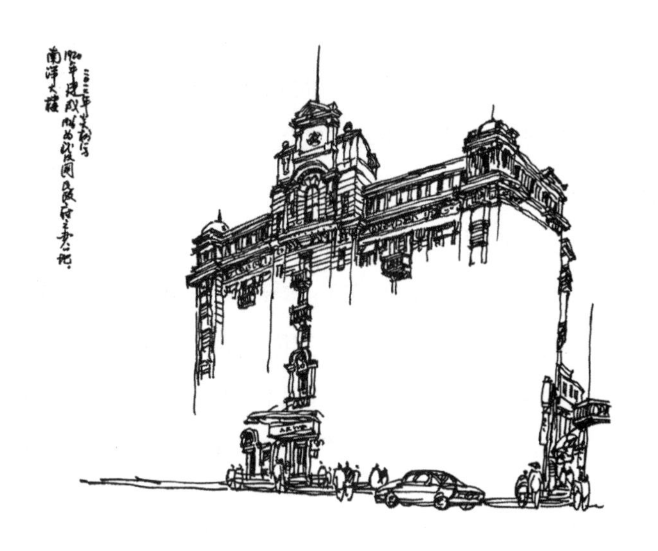

25
武汉国民政府旧址

位于汉口中山大道708号。1996年11月20日被国务院公布为全国重点文物保护单位。2016年9月入选“首批中国20世纪建筑遗产”名录。1997年开放为武汉国民政府旧址纪念馆。

武汉国民政府旧址，原为汉口南洋大楼，是爱国华侨简氏兄弟创办的南洋兄弟烟草有限公司的办公大楼，更是全中国仅存的一处国共合作时期的中央政府旧址。

1926年10月，北伐军占领武汉之后，为继续北上革命，国民党中央果断决定从广州迁都到武汉，简氏兄弟为支持革命主动让出南洋大楼，将其作为武汉国民政府的驻地。1927年1月1日，国民政府正式迁都武汉，直至1927年9月20日武汉国民政府迁都南京之前，这栋建筑作了历时8个多月的国民政府办公大楼。

南洋大楼是一幢具有重要历史意义的文物建筑，它是“烟草大王”简氏兄弟实业报国的见证，也记录下国民大革命时期国共第一次合作的历史，还是收回汉口和九江英租界主权的肇始之地。

大楼建于 1917 年，为钢筋混凝土结构，主体中间五层，两边六层，对称布局。大楼立面造型简洁，外墙以麻石砌筑，顶层坪台上中间有一尖顶，两边各有一圆顶，具有现代派建筑特色，局部又采用了西方古典主义建筑元素。

大楼外观坚固宏伟，富丽堂皇。其内部曾开设舞厅和电影场，还专门设置了当时少有的电梯，使之成为当时汉口为数不多的真正意义的高层建筑，同时也算得上 20 世纪初第一流的豪华建筑，见证了当时民族资本家的创造和贡献。

实际上，我并不习惯描摹一幢单体建筑。我喜欢画空间，尤其是街道空间。

但是汉口一带的优秀历史建筑，需要单独刻画，这给我提出了挑战——汉口现场写生时，一座座洋楼的建筑细节无法一一描绘，这是一个问题，但是，后来想想，写生重在印象，画面上留下空白也许是另一种意境。

于是，这座建筑在我的画里都留下了大片的空白。

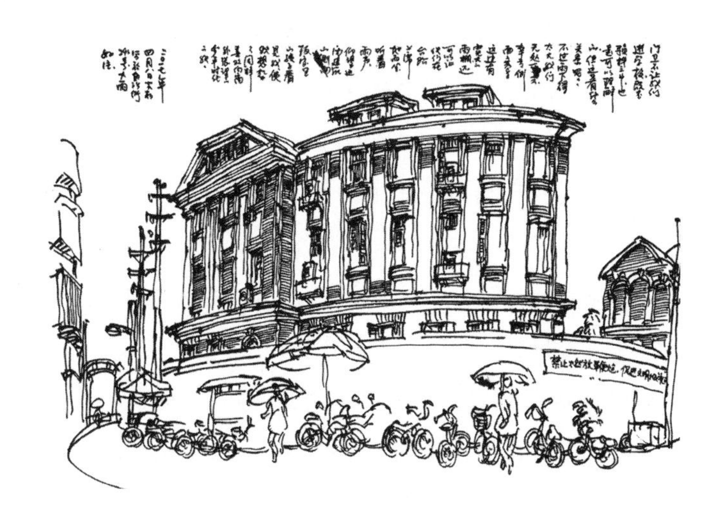

26

圣若瑟女子中学旧址

位于汉口自治街242号。现为武汉市第十九中学。

1911年，意大利加偌撒修女院院长柏博爱修女，受意大利天主教鄂东代牧区主教田瑞玉之邀来汉口办学，学校最早在原汉口特三区鄱阳街21号仁慈堂内（今市二医院住院部，已毁），最初设初级小学、高级小学二部，后增开中学部，并于1925年迁到今文治街新址，定名为圣若瑟女子中学。

1935年7月13日，学校接受汉口市市长吴国桢签署的政府训令，正式备案，全称为“私立汉口圣若瑟女子中学”，“静、敬、净、竟”是其校训。

该建筑由校方聘请著名设计师沙西设计，1923年在汉口府北一路长墩子（今汉口自治街242号处）选定的新校址上开工兴建，耗资银圆19万，历经两年落成。

建筑为五层大楼。文艺复兴式，三段式构图，正立面中间三开间，顶部为希腊山花造型，中部为四根塔司干柱形成的柱廊，底层设门斗兼做二层阳台。大楼背面两侧凸出，与大楼整体构成“凹”字形。两侧凸出部分四层为上收的菱形气屋。三、四层窗形为竖向的窄条形，与一、二层大窗形成对比。教学大楼天花板和楼板之间夹了一个沙灰层，形成夹三层的楼板，利于教室隔音。

整座建筑屋顶为红瓦铺面，墙面为红砖清水墙，窗子上下为粉白色，整体外观形成红白相间的视觉效果，十分醒目。

1952年，学校校董陆德泽、董事周纪良等人，向武汉市人民政府提出接管要求，同年8月正式被接管后，学校更名为“武汉市第四女子中学”。1956年学校改名为武汉市第十九女子中学，1968年男女生合校后，正式改称武汉市第十九中学，沿用至今。

2018年10月29日上午，武汉市第十九中学1991届校友、央视著名主持人撒贝宁重返母校，回归初中校园，获聘“校外辅导员”，跟同学们畅谈当年趣事，还给自己当年所在初一（2）班现在的学生们开了一次班会，告诉他们“管好自己”是人生最大的一节课。

这栋圣若瑟女子中学主楼，于1925年建成，百年名校气度不凡，风采更是不减当年。撒贝宁也曾在这里“恰同学少年”，留下一段青春记忆——从当年的十九中学校广播员，到今天的央视著名主持人，点点滴滴留下岁月的划痕，记录下地既是最初的梦想与命中注定的因缘，更是一段不断追梦成长的人生轨迹。

当我们冒着大雨走街串巷来到这里的时候，正如事先预想的，门卫不让我们入校。正门所在的自治街对面也没有东西可以遮雨，而且建筑的正面被高大的法国梧桐所遮挡，我突发奇想来到它的侧面，那里有一条小巷，巷子一侧建筑的雨棚挑出来很大，于是坐在门前台阶上听着雨声安安静静把它的侧面画了下来。

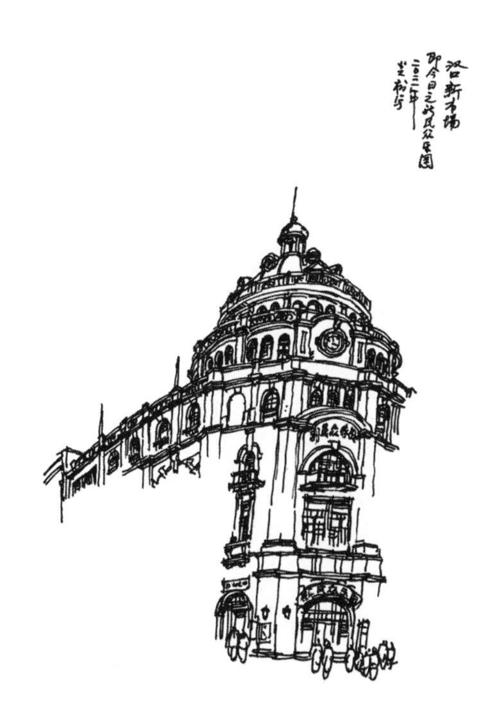

27
民众乐园

位于汉口中山大道608号。武汉市优秀历史建筑。

民众乐园，最早由刘有才等人集资兴建，或商营或官办，几度更易。其最早称“汉口新市场”，后几度更名为血花世界、人民俱乐部、民众乐园、新记与明记新市场等。抗战结束后，定名为武汉民众乐园。民国时期，武汉民众乐园是与天津劝业场、上海大世界齐名的三大娱乐场之一。

该建筑由祝康城设计，汉合顺营造厂施工，并聘请日本技师布置园林。1919年5月年核心区建成开业，1920年整体竣工。其主建筑群是一栋有七层圆顶大厅门楼和两翼三层楼房的临街建筑，建筑平面整体呈“凹”字形格局。另有“雍和厅”（杂技舞台）、大舞台、新舞台以及贤乐巷、协兴里等20多栋附属建筑。1981年，原先的大舞台和新舞台被拆掉改建现代建筑江夏剧院、群众剧院。

岁月荏苒，民众乐园几经易手，20世纪90年代，一家新加坡控股的公司，将其内部大大小小18个剧场全部拆除，改建成一座大型购物中心。

现仅留下了该建筑的部分外壳，作为娱乐设施，如今这里已经缺乏人气，这又是一番世事沧桑。

28

长江饭店旧址

位于汉口江汉区民生路205号。武汉市优秀历史建筑。

长江饭店，最早由江西督军方本仁（1880—1951）出资兴建。辛亥革命以来，北洋政府在各省设立督军，作为武夫治国的代表，他们权力很大，不仅把持地方军政，还投资产业，聚敛财富，垄断大量的社会资源，成为一个时代的象征。1928年国民政府统一中国后，逐渐淡化了督军的职权。但民国年间，各路军阀、政客们仍长期将长江饭店作为经常光顾、聚会的重要场所。中华人民共和国成立后，长江饭店收归为军区第二招待所。

大楼建于1921年，属于近代折中主义建筑风格，五层楼房，正立面呈三段梯形结构，每层楼都有外廊相通。主入口位于转角处，转角楼顶正中建有两层塔楼，第二层为六角塔亭。立面利用壁柱竖向划分，二层以上皆用方窗，风格十分简洁。建筑水平方向伸展开的阳台很特别，在汉口老建筑中独具一格。

这座建筑位于统一街街口，显得不是那么突出。因为当时天一直下着雨，我就打伞到对面，坐在街边一辆旧自行车的后座上写生。

29

宁波会馆和江苏会馆旧址

位于前进五路111—115号。宁波会馆2011年被列入武汉市第五批文物保护单位。江苏会馆1993年被评为武汉市优秀历史建筑，现为江汉区教育局。

据统计，在1865—1931年的66年间，至少有42年汉口的对外贸易额“驾乎津门，直逼沪上”，仅次于上海，位列中国第二，长达近半个世纪之久。这使得上海和汉口成为让中国其他城市群星失色的“双子星”，也使得汉口与上海成为远东国际金融中心，并且达到了进入世界十大城市之列的辉煌程度，被誉为“大上海”“大汉口”。

大汉口是中国近代民族工商业发祥地之一。许多民族资本巨头、银行总部或规模最大的核心多设在汉口。例如，大孚银行及荣氏企业的核心申四、福五厂等。还有很多银行在汉口设立分部，更有全国各地商帮在汉口建立同乡会馆。其中浙江和江苏两地商人非常活跃，宁波会馆和江苏会馆是他们的重要活动场所。

1926年10月10日，湖北省总工会在宁波会馆正式成立。1927年1月21日，工人运动讲习所速成班也在此举办，刘少奇等中共领导曾来此讲学。

宁波会馆，原称四明公所，为在汉宁波商人集资修建，1924年建成。建筑面积约500平方米。建筑为西式风格，体量方正，立面采用三段式对称构图，纵横三段划分。主入口设在正中，入口上方二楼凸出阳台作为雨棚。二三层正中一间两侧设壁柱装饰，三层与四层之间以横向檐口分开，三层中间开罗马拱形窗。

江苏会馆，由江苏旅汉同乡会集资兴建，1924年建成。建筑面积约600平方米，建筑为西式风格，体量方正，立面采用三段式对称构图，纵横三段划分，主入口设在正中，大门上方三层开有拱形窗，大门两侧各立有一根爱奥尼式柱。大门上方的二层外凸阳台，正中一间两侧一对爱奥尼式柱子贯通二三层。二三层中部的窗均有罗马式三角形窗楣，两侧的窗楣为半圆形和拱形。檐口上部装饰细腻的山花。其外墙上刻有奠基铭文：“民国肇兴第一甲子，旅鄂同乡恭集乡梓，江南江北共兹心理，形成精神奠基于此。”

两座建筑虽有细节上的区别，但规模、体量、风格均比较接近，而且毗邻而立，形似双子楼。从建筑风格上看，它们早就不是中国传统风格的会馆建筑，而俨然是一座西式洋行。

抗战胜利后，私立武昌艺术专科学校曾租用宁波会馆办学。宁波帮是著名的浙江商帮，其中近代杰出的民族资本家辈出，也为汉口和上海的城市建设做出了巨大的贡献。宁波会馆的建筑价值非常大，它是宁波帮在汉的重要实物见证。

如今，这两座建筑隐身在僻静的街道上，已经很难让人发现了。

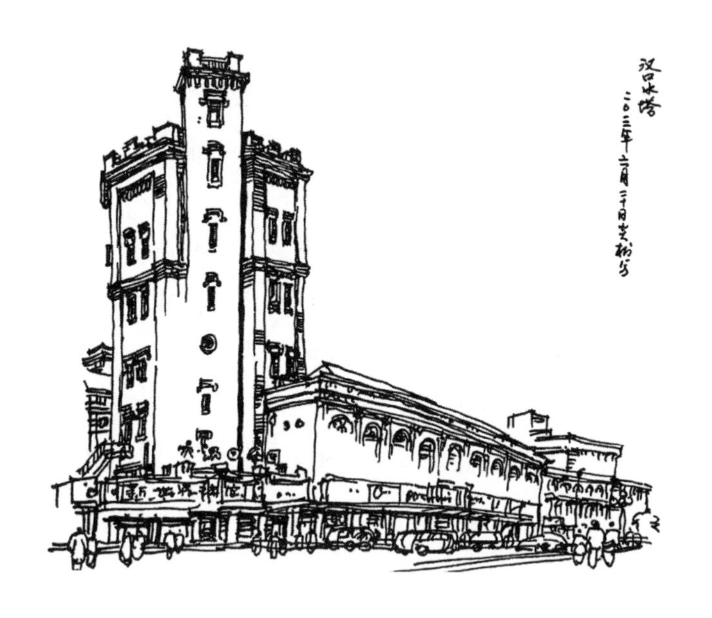

30

汉口水塔旧址

位于江汉区中山大道539号。1987年被公布为武汉市文物保护单位。2006年作为“汉口近代建筑群”之一入选全国重点文物保护单位。2016年9月包括水塔在内的汉口近代建筑群入选“首批中国20世纪建筑遗产”名录。现为汉口水塔博物馆。

汉口水塔，原名既济水电公司汉口水塔，是汉口近代消防标志性建筑物。湖广总督张之洞和浙商宋炜臣两人，对于这座武汉近代“第一高楼”建筑的兴建功不可没。

1906年，宁波商人宋炜臣，邀集在汉口经商的浙江、湖北和江西三大商帮的十位富商，集资筹股，向清政府申请筹办汉口水电业。湖广总督张之洞当即便批准了这份申请，并拨款三十万两支持。不久，时人取《易经》中“水火既济”之义，成立了“商办汉镇既济水电股份有限公司”，开始筹划建设水塔和电厂。

水塔建成后，可供 10 万人日常饮水，武汉成为继上海、广州、天津之后的第四座自来水供水城市。此外，水塔担负了汉口消防给水和瞭望的使命，成为武汉地标建筑。

汉口水塔，由英国工程师穆尔设计并监制，1908 年动工，1909 年竣工。塔身七层，高 41.32 米，是当时武汉市最早高建筑，领跑武汉最高纪录七十余年。建筑地下部分有深达 15 米、用五层花岗岩灌水泥砂浆砌成的塔基。建筑平面为正八角形，西南侧有一正方形楼梯间，内设 200 级木质楼梯，直通塔顶。1949 年以后，水塔仍在发挥供水和消防作用，直至 20 世纪 70 年代末停用。

作为商业城市，武汉的城市建设凝聚着近代商人的智慧和贡献。这栋建筑，是宁波商帮经营和服务汉口的一个重要见证，也是近代民族资本家崛起的丰碑。

31

中央信托局汉口分局旧址

位于中山大道912号。武汉市优秀历史建筑。

1928年，国民政府中央信托局在武汉汉设立汉口分局，用以管理武汉地区房产。

该建筑由卢镛标设计，建于1936年，为六层钢筋混凝土结构。立面构图强调竖向直线，体型挺拔。横向三段，中部耸起，檐部有细腻装饰，属装饰艺术派建筑风格，也带有有新古典主义风格的特征，是早期现代派建筑，这种风格在当年非常的摩登。

20世纪90年代大楼曾经历一场大火，还造成人员伤亡，后经整改，其一层现为商用，租给一家照相馆使用。

三十年前，我在武汉读大学的时候，就来这里为姐姐、姐夫取过结婚照。

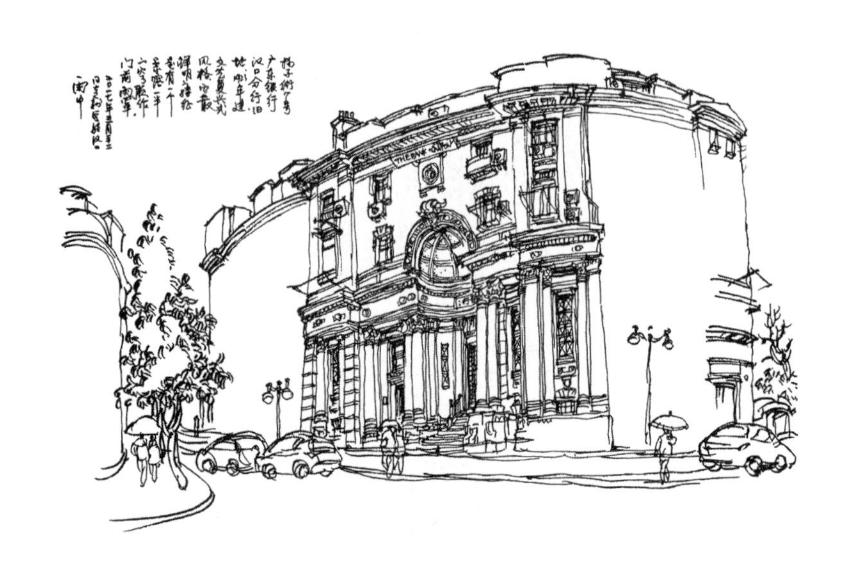

32
广东银行汉口分行旧址

位于扬子街 7 号。武汉市优秀历史建筑。现为武汉市商业服装研究所。

广东银行总行，于 1912 年在香港成立。这幢汉口分行大楼，由景明洋行设计，李丽记营造厂施工，1923 年建成，是一栋四层钢筋混凝土结构的文艺复兴式建筑。

建筑立面构图采用仿帕拉第奥母题式设计，建筑中部向内收进去形成半圆形入口空间，造型别致。它的外形最有特点的地方就是建筑的入口上方，被设计成漂亮精致的敞开式半穹隆顶，实在别具一格。这也是汉口巨柱廊式入口的经典建筑之一。

因为是中山大道的背街，这条路很僻静，很难发现这里坐落着如此精美的一座银行建筑。当时下着小雨，我倚在斜对面的商铺雨棚下面，安静地画画，感觉挺好。

33

浙江实业银行汉口分行旧址

位于中山大道912号。武汉市优秀历史建筑。现为武汉市一轻局。

浙江实业银行，前身为1910年创办的浙江银行，1912年改组为浙江地方实业银行，1923年其上海分行改组为浙江实业银行。1921年，在汉口设立分行。1940年5月，这座大楼被汪伪政府占用成立伪中江实业银行，汉奸石星川任银行总裁，墙面上曾有汪精卫题字："中央储备银行——汪兆铭"（2000年重新发现）。抗战胜利后，更名为浙江第一商业银行，该大楼改称"浙一大楼"。中华人民共和国成立后，大楼归属武汉第一轻工业局。

这栋大楼，由景明洋行设计，汉协盛和李丽记施工，1926年建成。大楼平面呈矩形，四层钢筋混凝土结构，后改为五层。属欧洲新古典主义建筑风格。立面采用纵横三段式构图，底层设花岗岩基座，墙体为假麻石粉面，一层中部凹进增设三开间的门廊，中间一对双柱，两边各一根单柱，共六根高大的单双对称爱奥尼式柱构成柱廊，也是汉口巨柱廊式入口经典建筑之一。

大楼建成四年后，遭遇火灾，红瓦坡屋面屋顶被大伙烧毁。1930 年经过景明洋行重新设计，在原来基础上增建一层，原来顶部檐口被处理为腰线，大楼两侧顶部另加了单层八角形穹窿塔，变成了“四段式”构图。

这座建筑形体高耸，而这一段中山大道路面又比较窄。我要退到这座建筑对面的保成路十多米处，才可以不那么仰视地看清它完整的样子。

因此，我还是感觉重新设计之后的大楼，比例不是那么的协调。

34

中孚里

位于江岸区南京路45号。武汉市优秀历史建筑。

中孚银行，最早由孙多森（中国银行首任总裁）于1916年创办，总行设在天津。这里是原中孚银行职员住宅。

建筑为二层，三合小天井布局，红砖外墙，红瓦屋顶，天井和石库门样式精致。

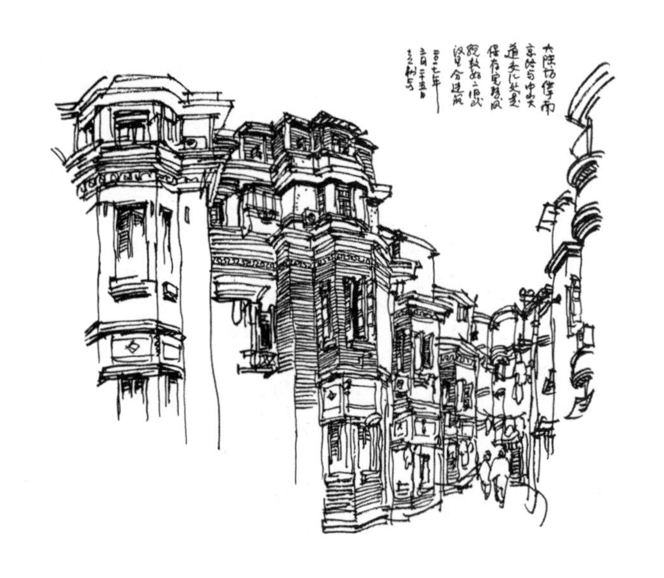

35

大陆坊

在中山大道912号。武汉市优秀历史建筑。

1931年，大陆银行在南京路与中山大道交会处选址，修建一幢东至南京路、西到扬子街的大楼，1934年正式建成，名为大陆坊。

地处汉口黄金地段的大陆坊，是民国时期的高档住宅区，最早多为银行高层职员、军官或商人居住。1938年，武汉失守后，日本宪兵曾在此驻扎。

中国建筑设计师庄俊，按照当时最新的功能对其进行设计，有阳台，餐厅、客厅、卧室、浴室都独立分隔，完全一派西式格局。平面凹凸有致，加上红砖外墙和水泥抹灰的阳台的色彩对比，使建筑看上去有很强的节奏感。

建筑原本为三层，20世纪80年代在原先的基础上加盖了一层，改变了建筑的面貌。

这里与繁忙的中山大道和南京路仅一墙之隔，却仿佛完全隔离了大街上的烟火气。我去那里的时候阳光正好照进居民家的阳台，一片祥和的居家气象。

36

中孚银行汉口分行旧址

位于中山大道南京路47号。武汉市优秀历史建筑。

1916年11月，曾任中国银行总裁的近代银行家、实业家孙多森创办中孚银行，自任总经理。其总行设在天津，在北京、上海、汉口均设有分行。

大楼建于1920年，为四层，三段式构图。两端开间突出，中间五间，三层与一层檐部均有连通的檐线。正中一间底层为主入口，设柱廊式门斗，门前两根塔司干式（Tuscan Order）柱。墙面用扁形壁柱分隔。

建筑整体形象庄重饱满，但是主入口的高度、宽度以及那一对柱子的尺度与主体的体量之间显得不够搭配。

37

保元里

位于中山大道南京路西与汇通路之间，东至保华街，西邻泰安里。武汉市优秀历史建筑。

保元里，由曾任上海道的桑铁珊投资兴建。桑铁珊所建房产，皆以保字命名，因其建于1912年的民国元年，故称保元里。

1947年武汉老报人、地下党员童式一在汉口保元里9号自己家中，开办华中经济通讯社，帮助当时的中共武汉地下市委书记曾惇、宣传部长张文澄等人以通讯社“主笔”身份为掩护，在此开展地下活动。武汉临近解放时，还在童家设立临时指挥部，掌握武汉全境的情况，直至解放军入城。

保元里，主巷道贯通里分，东西走向长约100米、宽4米。建筑内部采用三合天井式布局形式，两层砖木结构，多为双开间户型，形成中西风格交融的建筑组合。因为保华街道路弯曲，所以保元里整体沿街道呈现弧形半岛状布局。在其与汇通路相交处，有一座牌坊式门楼，这是当年保元里的正门。

和大陆坊一样，处于汉口闹市的保元里，里分外面是喧闹的车流和人群，里分内部则演绎着安然从容的居家生活，别有一番天地。

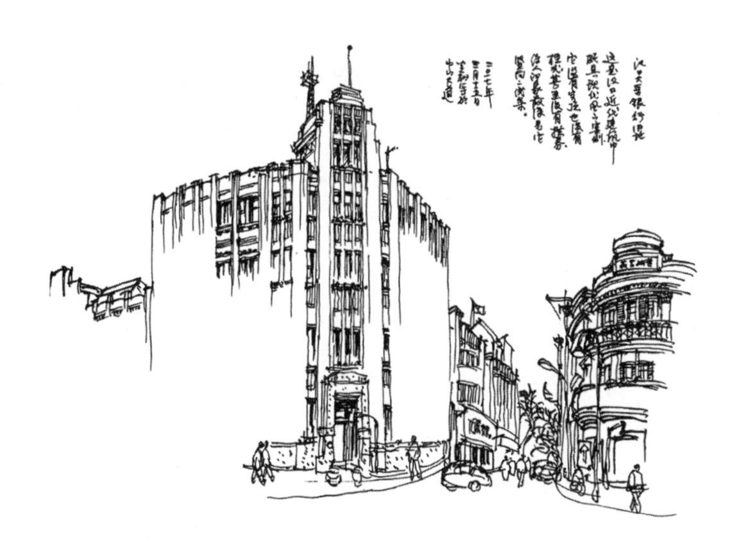

38
大孚银行旧址

位于江汉区中山大道934号，南京路104号（南京路与中山大道交汇处）。武汉市优秀历史建筑。这里曾为武汉市图书馆外借处。靠南京路一侧为武汉市轮渡公司办公地址。2017年4月23日，武汉市图书馆外借处改为物外书店，正式对外开放。

1930年，汉口市商会的会长黄文植，邀集赣商巨贾胡赓堂与江西籍在汉巨商傅南轩、周伯皋、严瑞初、李奇芬等合资创办了汉口大孚银行，黄文植为董事长，徐笙阶任监察员，1935年10月8日正式开业，最早在别处租房经营，至1936年迁至这幢由武汉花纱绅商大户程佛澜及其子程业憬、程子菊兴建的大楼办公。

抗战期间，大孚银行总部迁往重庆。入侵武汉的日本宪兵队占据了大楼。期间，日军为防遭到美国飞机的轰炸，给大楼外墙涂上了绿、黄、白三色伪装，绿色波纹状痕迹至今仍非常醒目。作为当年日军汉口宪兵队的驻扎地，大孚银行记录了侵华日军残害中国抗日志士和百姓的罪行。抗战胜利后，大孚银行大楼为国民政府空军第四地区司令部用房。1949年以后，大孚银行迁回大楼。1950年8月关门停业，业主将大楼出售给了中国人民银行中南区行。

大楼由景明洋行设计，汉口钟恒记营造厂承建，1935年开工，1936年竣工，建筑占地506平方米，建筑面积为1668平方米。建筑整体为钢筋混凝土结构，地上四层，转角五层，地下一层。平面为“L”形。转角处设主入口。

建筑为纵向三段式构图，舍弃了古典主义繁复的细部处理，也没有使用常见的西方古典柱式，只用线条平直的壁柱加强建筑的整体统一性，立面突出竖向划分，在细节上直接用壁柱延伸至女儿墙，与墙身融为一体。

整个大楼均为竖向长形钢窗，大楼立面的壁柱贯穿至顶，出檐呈塔状。由简练的几何图形渐次收进的阶梯塔楼，外墙底层用麻石砌筑，以上水刷石饰面，竖向长形钢窗，窗裙墙有几何纹饰，尤其顶部以简练的中国古典纹饰几何图案代替了古典式穹顶塔楼，使整幢建筑充满了现代主义艺术情调，整体风格简洁明快，当时人称“摩登大楼”。

此建筑为典型的装饰艺术派建筑风格，也是武汉此类建筑风格的代表作。装饰艺术派，最早起源于1925年在巴黎举办的“装饰艺术与现代工业”国际博览会，风行于20世纪30年代的纽约、巴黎、上海等地，在这一风潮的带动下诞生了众多世界地标建筑，因而成为一个时代的精神图腾。

江西宜春高安县人胡赓堂曾是汉口第一盐商，而另一个江西宜春丰城县邹家，也是老汉口巨商，堪称是宜春双雄。

这座建筑也堪称民族资本家在汉口的一座丰碑。

39

南京路居民住宅

位于中山大道南京路72—80号。武汉市优秀历史建筑。

这座临街民国住宅建筑，建于1922年，立面被设计得非常丰富，五段式构图，平面上中间三段做弧线凸出的变化，墙面强调竖向线条。壁柱分隔开间，檐口和栏杆有线脚和细节处理，整体属装饰艺术派建筑的风格。

来到这里已经是正午时分，我是利用一家小吃店的店老板给我下面条的空当，跑出来到马路对面画。

40

汉口商业银行旧址

位于汉口南京路和胜利街交会处的南京路 64 号。武汉市文物保护单位。现为武汉市少年儿童图书馆。

汉口商业银行，由汉口的烟土大王赵曲之创办，上海的陈念慈设计，汉兴昌营造厂承建，1932 年建成。

大楼为钢筋混凝土结构，地上五层，地下一层，西方新古典主义风格建筑，三段式构图，纵横向三段。正立面中部凹进形成外廊，一至二层，中间一对双柱，两边各一根单柱，共六根通高的单双对称爱奥尼式柱构成柱廊。它是汉口巨柱廊式入口的经典建筑之一。三层以 6 根方柱分隔廊道廊。中部升起五层，为一中国传统歇山式屋顶的五开间楼台，体现出典型的中西合璧风格。

它位于南京路和胜利街交叉口，与武汉中心医院对角相望。

我坐在武汉中心医院大门前的广场处画它，并没有看见它中间檐口那个楼台的歇山式屋顶。以后几次经过这里，退到很远处，才看见它的样子，发现居然也是红色机瓦覆盖。后面那个四方攒尖屋顶的亭子，倒是很醒目。

如果不对照正面檐口的歇山屋顶来看，实在觉得有一点不太协调。

41
金城银行汉口分行旧址

位于江汉区中山大道南京路口处的保华街2号。武汉市优秀历史建筑。现在为武汉美术馆。

1917年，“银行奇才”周作民，取“金城汤池、永久坚固”之意，在天津创办金城银行。1918年12月，金城银行汉口分行，在汉口的汉润里设立，1931年12月迁入新建成的金城银行大楼。

1938年10月25日，武汉失守，日军在金城银行大楼设立陆军特务部（1941年迁至汇丰银行大楼），直至1945年抗战胜利后，大楼才由金城银行收回复业。

中华人民共和国成立后，金城银行停业。1952年武汉图书馆租用了大楼，到1957年，在这里开设了武汉少年儿童图书馆。2003年金城银行大楼改为武汉美术馆，沿用至今。

这栋大楼，由中国建筑师庄俊设计，汉协盛营造厂施工，1930 年动工，1931 年落成。其为四层楼的钢筋混凝土结构建筑，正立面采用横三段式，中间设古典柱式门廊，七间八柱，采用爱奥尼柱式巨柱。门廊通高三层，柱高通达三层，柱廊后中间为拱券式大门，两边拱券式长窗。前额枋以上有阁楼层和山花女儿墙。廊柱之上有厚重的檐口和山花装饰。它是汉口巨柱廊式入口经典建筑之一。

这座建筑占据了巨大的面宽，我在大楼正面广场中央水池边上，面对这样一座立面宽大的建筑，只能画出一个斜向的角度。

它所处的位置以及门前预留的广场十分难得，足以使它成为一处重要的城市公共空间，武汉的城市公共生活正在激发它新的活力。

42
崇正里

位于江岸区中山大道南京路。武汉市优秀历史建筑。

这是一处典型的汉口里分，二层，建筑间距比较密。

我为了躲避街上的喧嚣，走进这条偏巷，巷子不但安静，而且建筑也很不错，于是停下来画画。

楼宇之间的偏厦里，不时传来一对老人的对话，老太太说：“哎，今天冇得菜呢！”老头说：“菜还不好说么？你把那点韭菜，加两个鸡蛋，炒了不就得啦！”不一会，弄堂里飘出了韭菜炒鸡蛋的香味。

老住户至今仍居住在那里，生火做饭，演绎着都市中市民生活百年不变的人间烟火。

43
盐业银行汉口分行旧址

位于中山大道与北京路交会处，中山大道988号。武汉市文物保护单位。现为中国工商银行江岸区支行。

1915年3月，盐业银行总部，在北京成立，后在天津、上海、南京、汉口、香港、杭州等地设有分支机构。1922年，盐业银行与金城银行、中南银行及大陆银行组成被称为“北四行”集团的四行储蓄会，在“北四行”中盐业银行的实力居首。1938年武汉失陷前，盐业银行汉口分行迁往重庆。其后，大楼被日军占用，1945年抗战结束之后，该行又回到汉口旧址恢复营业。

大楼由景明洋行设计，1926年动工，1927年竣工，钢筋混凝土结构，高五层。建筑的外墙立面以花岗石贴面到顶。正立面为纵向三段式、横向五段式构图，两侧凸出，中间部分凹进，形成了三开间的柱廊，设有两层通高的六根粗壮的多立克（Doric Order）石柱构成柱廊，其中中间一对双柱，两侧各一单柱，一对双柱间为建筑的主入口。三层之上伸出宽大的出檐，连贯建筑一周，四层檐口也有连贯的装饰线条，强调了建筑的横向线条，檐部以上的女儿墙向内收进，并做倒角处理，装饰细节设计细腻，具有典型的欧洲古典主义建筑风格。

这处盐业银行旧址，是汉口巨柱廊式入口银行大楼的经典建筑之一。

44

西门子洋行（汉口电报局）旧址

位于中山大道1004号，中山大道和天津路相交处。武汉市文物保护单位。主入口大厅现为武汉市电信局营业部。

西门子公司，1847年由发明电机的西门子在德国创立，是世界著名电子电气公司，1872年为中国引进第一台指针式电报机，1904年在上海设立办事机构，1912年设立汉口西门子洋行，19世纪末20世纪初它还引领了武汉的电报及电话等通信设备装机业务，到1908年汉口电报局成为民国电报网的重要接转中心。

天津路汉口电报局，成立于1917年，这栋大楼，由汉协盛承建，1920年落成，主楼为电报局办公营业大厅。后来，西门子洋行曾在大楼中山大道一侧设营业厅，与天津路一侧的汉口电报局共用一栋大楼。

1944 年 2 月，美国空军轰炸盘据在汉口侵华日军时，原楼被炸毁，1946 年由永年营造厂在原址恢复重建。

这是一幢转角四层大楼，折中主义风格，古典三段式构图，青砖外墙，壁柱分隔开间，突出了竖向线条。虽然檐下和窗下运用了很多砖叠装饰，但整体简洁素净。建筑内部采用中庭式布局，顶部设采光天窗，大楼底层地面铺装磨花石，底层外墙上，刻有“汉口西门子洋行旧址”的铭牌。而事实上，也有地图将西门子洋行旧址标注在一元路与胜利街交会处。

对照早期拍摄的民国老照片，我发现这幢建筑面貌改变很大。原来在转角处的顶部有一个穹顶，两侧楼梯间的位置上部还各有一个孟莎式屋顶，如今这三个屋顶都“失踪”了，应该与抗战期间被炸毁后复建有关。

45

汉口电话局旧址

位于中山大道1006号，中山大道合作路口。湖北省文物保护单位。现为商铺和办公楼。

1902年，汉口开始设置电话局，汉口电话局大楼建于1915年，由英商通和洋行的阿特金斯和达拉斯设计，魏清记营造厂施工，四层钢筋混凝土结构，古典主义风格建筑。立面为三段式构图，正面和侧门均采用了古希腊柱式和顶部山花造型，檐口和女儿墙变化丰富，横向线槽的壁柱分隔墙面开间，临街面设有出挑阳台。主入口在大楼临中山大道一侧居中位置，贯通两层，4根多立克式立柱分两组列于大门两侧，但柱式的比例被拉长了。

汉口电话局大楼，是武汉城市通信工业发展史的重要见证，也是汉口走向现代城市的一个重要标志，武汉的信息时代在这里发端。

46

邹协和伟英里分号

位于中山大道黄兴路口，是邹协和金号的分号。现为商铺。

大楼为二层转角商业建筑，红瓦坡顶，立面升起山墙，属装饰艺术派建筑风格。

47

汉口法租界消防队旧址

位于岳飞街19号。武汉市优秀历史建筑。

1914年，汉口法租界巡捕房，成立了武汉最早的一支消防队。到20世纪三四十年代，汉口法租界消防队与上海、天津等地的租界区同行，一同跻身近代中国消防队伍的第一梯队，反映了当时汉口的城市管理水平的进步程度。

法租界消防队旧址，为一栋二层洋房，法式风格。建筑平面呈左右对称的凸形布局，建筑造型为正立面中间突出一个山墙面。其中正立面两侧一二层楼均做外廊，并设计为半圆形连续拱券造型。中间山墙立面窗楣为平弧拱券，山墙面的顶部有一个醒目的三角形山花。

这座建筑门口的道路（岳飞街）很窄，我们就坐在对面一家文具店的门前台阶处，这样就不必一遍遍地抬头仰视它。但是，台阶很矮，只有大约十厘米高，坐下去，就几乎是席地而坐了。

48

英商和利冰厂旧址

位于岳飞街44号。武汉市优秀历史建筑。湖北省文物保护单位。据考证此处实为和利汽水厂旧址，和利冰厂旧址在岳飞街24号（今金源旅馆）。

1891年，英商柯三、克鲁奇共同出资，在汉口法租界创办了近代汉口第一家机器制冰厂，原名为Hankow Ice Works，中译名为“和利冰厂”。1920年，柯三又在冰厂东边买下地皮，开办“和利汽水厂”，生产“和利牌”汽水。“和利冰块”和“和利汽水”成为垄断当时全国冷饮市场的名牌产品。据说当年黎元洪在武昌训练的新军，炎炎夏日也会跑到汉口来买汽水喝。

这栋建筑，原为法国侨民的住宅，始建于1904年，1907年被和利冰厂收购。建筑整体为二层砖木结构，面积约1286平方米，巴洛克式建筑风格，立面布局对称，分横向五段，中间以竖向壁柱分隔，两端设有弧形飘窗，中间部分一共五间，二层阳台连贯挑出，以正中一间最凸出，连接到两翼端部，呈弧线形，这是这座建筑鲜明的特点。入口设在中间，上设门斗挑廊，成为二楼阳台，并与屋顶檐口女儿墙栏杆连为一体。阳台和檐部及女儿墙均有横向线条勾勒，细腻、舒展。

49
萧耀南公馆旧址

位于中山大道1367号(时称后城马路,今江岸区一元路中山大道991号)。武汉市优秀历史建筑。

萧耀南（1875—1926），湖北黄冈人。因萧姓祖籍兰陵，故人称萧兰陵。1921年任湖北督军，1923年晋升为两湖巡阅使，1924年至1926年任湖北省省长，是北洋政府时期的湖北地方行政长官，掌握军政大权。

萧耀南在昌年里一共建有三栋房子，分别是中山大道909号（即现在的湖北省海外旅游公司）、中山大道991号（即萧耀南公馆）以及昌年里萧公馆背后的一栋二层砖木结构住宅楼。此前，萧耀南的寓所设在武昌督署，据传萧耀南住武昌督署，其家眷则常居汉口，于是萧耀南常坐船渡江往来于武昌与汉口之间。1925年3月，萧耀南正式宣布收回汉口俄租界主权，并因其萧姓郡望为兰陵（今山东省临沂市兰陵县），而改原俄租借的列尔宾街为兰陵路，并沿用至今。

萧公馆，由罗万顺营造厂承建，于1925年建成，原为二层砖混结构，拱券门窗，红瓦坡顶，为晚期古典主义建筑。每层檐口都有横向贯通的线脚。正面一二层有拱券通廊，建筑两端突出六边形抹角，设置拱形窗。

20世纪90年代，又在上面加盖了两层，形成了现在的四层格局。相传，当年萧公馆的门前还有一个庭院，公馆主入口在大楼中间位置，一楼为会客厅，二楼是起居室。公馆后方住宅为卫兵、杂役和司机等随从人员住处。不过现在的萧公馆已是今非昔比了。中华人民共和国成立后，萧公馆被收归国有。

我第二次来中山大道写生，才发现萧耀南故居原来就在这里，上次我曾经反复路过这里，即中山大道与胜利路的交会口，因为受那个前后重叠的门牌号的误导，我一直去找有关资料标明的中山大道1367号，让我不仅错过位于中山大道991号的这座建筑，还来回走了很多冤枉路。

50

邹紫光阁老毛笔店旧址

位于民权路花楼街街口。现被一五金店租用。

晚清民国年间，汉口邹紫光阁与北京李福寿、上海周虎臣、湖州王一品，并称中国四大名笔。

1850年前后，江西临川县文港镇（今属进贤县）邹法荣、邹法惊兄弟二人，来汉口开设笔店，取名“邹紫光阁”。1879年，“邹紫光阁”在其孙子邹文林手上形成了一套独特的制笔工艺，产品质量高超，逐渐发展成为华中地区首屈一指的毛笔店。20世纪初，邹家老店已经发展为邹紫光阁成记、益记、久记等三家店面，有工人数百，年产百万支毛笔。这些店铺分布在今花楼街和民权路附近。全盛时期，邹家在重庆、成都、南京、福州等地均开设有分店。抗战时期，“邹紫光阁”受到重创，抗战后只剩下久记店维持经营。

中华人民共和国成立后，成立了邹紫光阁毛笔厂，后来邹紫光阁历经几度调整，并数易厂名，还曾一度停产。20世纪80年代初，邹紫光阁得以复名，并恢复了这一传统名牌毛笔。这一时期制作的毛笔，在全国毛笔质量评比中荣获佳绩，还曾被武汉市选定为出访馈赠品，并大量销售到海外。

建筑为三层，属简化的西式建筑风格，平面呈“L”形，由街口分别向民权路和花楼街展开。墙面被左右的阳台与连廊划分为横向三段，竖向被扁形壁柱分隔。外墙刷成白色，应该是后来改造的结果。它是武汉民族资本家文房用品商业发展的珍贵见证。

2016年夏天，我曾经探访过江西进贤县文港镇的毛笔博物馆，博物馆的创办者邹农耕便是邹紫光阁家族的后人。这座建筑，还没有被列入武汉市优秀历史建筑，有幸得以保存，于是我就把它画了下来。

51
邹协盛金号旧址

位于民权路花楼街口。后改为民权路茶叶店，现在被一五金商店租用。

邹协盛金号旧址，为转角建筑，主体为三层，西方古典主义风格。立面强调竖向线条，外墙以贯通二三层扁形的壁柱分隔开间，主入口位于转角处，升起一层塔亭。主入口上方的柱子为柱身有连续凹槽的半圆柱，柱头有雕饰，已经模糊不清，柱子中间为栱窗，并有拱形窗楣，其他窗户皆为方窗。大门上方的门楣上还保留着“民权路茶叶店”的字样，显然是中华人民共和国成立后改写的。

1914 年一战爆发后，“邹协和”家族的事业迅速发展，先是邹氏兄弟以两万两银子的资本，在汉正街永宁巷口增设了邹协兴银楼，后又在交通路口增设老邹协和银楼，接着邹氏五兄弟及家眷均来武汉安家。后来，邹协和在汉口开了多家店铺，兄弟五人各管一家，金号生意达到全盛。抗日战争中，邹协和金号生意遭到重创，抗战胜利后，曾短暂恢复。中华人民共和国成立后，政府禁止民间经营金银等贵金属交易，邹协和金号走向终结。

这栋建筑是邹协和金号家族的商号之一，也是近代武汉民族资本发展的珍贵见证。在这栋建筑上，我们能看到中国本民族文化主动接纳西方文化的痕迹，这对于我们研究中国近代那段历史，很有意义。

这座建筑，与江汉路上的另外两座金号相比，显得很简朴，大约是老大为人比较低调所致吧。在调查汉口历史建筑的过程中，我有幸认识了邹氏家族的老大邹沛之这一支的后人邹先生。得知他们邹家祖上是江西丰城人。我于2015年春节去过丰城，那里还保留有许多非常有价值的古村落，我造访过的“尚庄”“白马寨”“厚板塘”“筱塘”，都是早年间善于经商人家的故乡。后来，我又专程去寻访到了邹协和家族所在的江西省丰城县湖塘村，从此连上了这段历史的脉络。

邹先生带我们来到汉口，走进位于“邹协盛”门面楼上的故宅，三楼的天台上，有一个类似亭子的构架，支撑着屋顶的山花。我们俯瞰民权路和花楼街之间的街口，那里视野依然开阔，邹家的金号算是这里的一个制高点。

一旁的邹先生，跟我回忆起小时候，夏夜里，把竹床放置在天台女儿墙的转角处，在上面纳凉睡觉的时光，这也是武汉人对那个时代的共同记忆。

52

统一街街口建筑

位于统一街与民权路交界街口。

建筑的转角部分四层，其他三层，近代西式风格商号建筑，墙面被刷成蓝色。

我猜想这里原先应该是一家老字号，但是查不到相关的资料。上次匆匆瞥见就一直惦记着，这一次归来，特意画了下来。

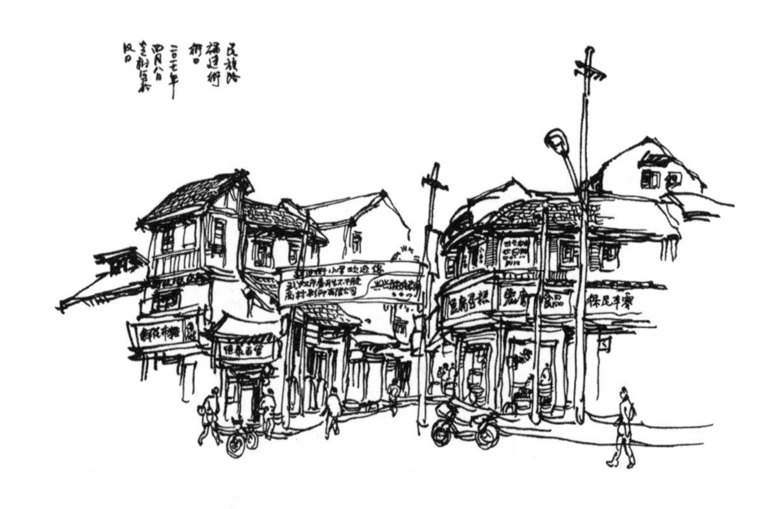

53
福建街街口建筑

位于民族路与福建街交界的街口。

红瓦、木板、穿斗结构，这是典型的近代商铺和民居建筑。

我在这里写生的时候，民族路街面的建筑正进行大面积拆迁，几乎是每日都见有旧建筑消失。我想这次来这里画下这个街景，也算是对这一带旧日光景的一种告别吧。

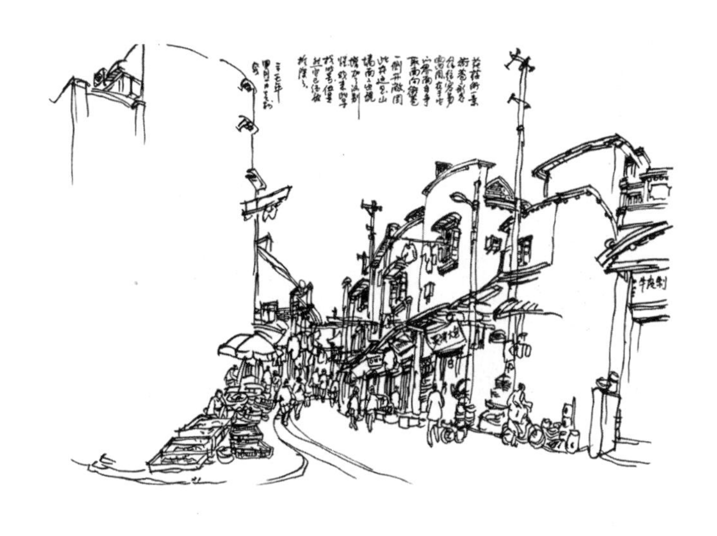

54

花楼街街景

位于汉口江汉路和六渡桥之间。

花楼街街道，南到民生路、北至江汉路步行街、东接沿江大道武汉关、西至中山大道汉口水塔，南北走向，长约1.1公里，分为前花楼街、中花楼街、后花楼街。

我来此专为寻找花楼街105号茶楼，可惜找了几次都找不到，原来早已经被拆除。

我站在一处转角画画，路旁的商户和住户都围着我，边看边议论，还以为这里马上要拆迁了。

一位老太太说："这里以后都要拆的，不过他们这是画画，先画图，就是说先要规划，真正拆起来还在后面。上一次我也看见好几个硕士、博士来这里画图，反正政府不会把亏把（给）我们吃滴，现在不给房子（就地还建），就给钱。"

55

同安外巷

位于江汉区民生路南侧、花楼街西侧。

同安外巷，是民国初年兴建的普通住宅区，东南起花楼街，西北至同安里，长 44 米，宽 3 米，条石路面。

我无意间走进这条巷子，发现这是一处很有特色和生机的里分，特别是我画的这一家，大门是中国传统的石质门框，门的侧上方还悬挑出来一个木质的吊脚阳台，大门另一侧的墙上则吊满了各种花草。

坐在门口轮椅上的老太太应该有九十多了，还递了把小椅子给我坐，说：“不要紧，坐吧，那是我家的。”

56

三民路铜人像

位于三民路、民权路、民族路和长堤街路口。湖北省文物保护单位。

1927 年 2 月，国民政府从广州迁至武汉。同年 3 月，国民党二届三中全会决定要在武汉立一座孙中山铜像。

1929 年，时任汉口特别市市长刘文岛，出面主持铜像的筹建，并请雕塑名家江小鹣设计。1930 年 10 月，铜人像原准备放置于江汉关前面的空地上，这时的汉口民族路、民权路与三民路的交界处经过市政改造，空出了街心广场。1931 年，市政会议最终决定，将孙中山铜像竖立在这个广场上。

1933 年 6 月 1 日，铜人像落成之后，政府还曾专门委派两名持枪卫兵，每天在铜人像下站岗。

铜人像，整体为坐南面北，通高 2.15 米，被立于 4 米高的石座之上，石座下方建五级麻石台阶，石座四周镶嵌的白石上刻有吴国桢亲笔题写的276字“像赞”及“序”。铜像左膝微屈向前，右手稍稍向上抬起，本是自然行走的姿态。据说1965年修缮时，有人觉得孙中山的右手空着不好看，所以仿照汉口中山公园的孙中山铜像，给铜像的右手加了一根拐杖，变成了现在的样子。

落成之后80余年来，“铜人像”已成为武汉的城市地标。这个路口原本也是武汉市著名的城市景观和界面，两侧的建筑平面做成弧形，正好簇拥着中间的铜人像，这是一种非常欧化的广场设计构图。

这里过去曾经分布有蔡林记、初开堂、会宾楼等老字号，民国老照片显示它背后原有一座非常漂亮的巴洛克风格建筑。然而，如今周围建筑或被改造，或被拆除，旧日景象已经不在。

三十年前，我坐1路电车经过这里，都是匆匆掠过，除了孙中山铜像，对周围建筑没有留下什么印象，很遗憾。

57

清芬路街口建筑

位于长堤街与清芬路交界处街口。

此处原为近代商铺，转角建筑，高三层，以壁柱分隔墙面。现在这里是繁忙的五金电器小市场。

下雨天，我们站在一家店铺门口雨棚下画画，商户没有阻拦，反而招呼我们坐下来。这户人家有一个五岁大的小女孩，也拿笔学着画画，画得还挺有灵气。

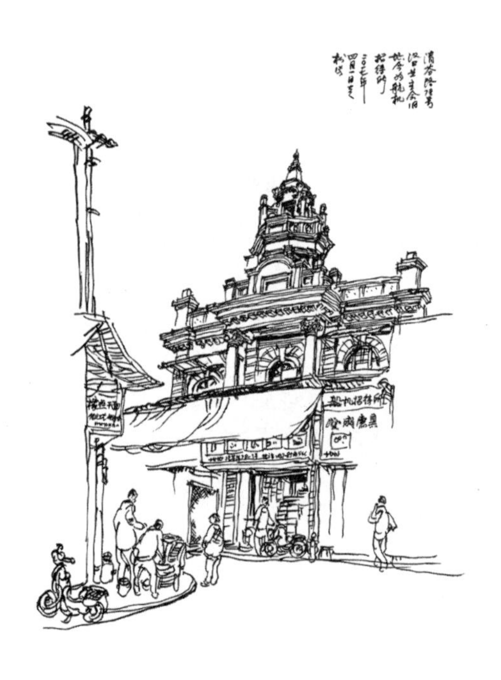

58

清芬路汉口业主会旧址

位于清芬路 78 号。2012 年被列入武汉市第七批优秀历史建筑。现为航机招待所。

大楼于 1921 年建成，文艺复兴风格，立面三段式构图，中间突出的塔亭是它标志性的特征。

由于它藏身在深巷之中，很难被发现。在电器商铺林立的街上，我们找不到它。从马路拐角退回来，猛然看见它的形象，我被震慑住了。转角处有一家炸油条的小摊贩，我站在这边一家商铺门前画画，年轻的店主招呼我坐着画，这是一位有涵养的人。

这样一座优秀历史建筑，记录下武汉城市的旧时记忆和光辉岁月，却埋没在杂乱的店铺之间，等待着人们去发现它的价值。

青岛路片

——巨石、厚墙连缀的古典音符

青岛路片已绘老房子分布图

青岛路片，北临北京路、东抵沿江大道、西至胜利街、南临南京路，面积约9公顷，以金融、办公建筑为其主要特色，是老汉口的金融贸易中心，包括横滨正金银行大楼、汇丰银行大楼……等文物保护单位及优秀历史建筑共12处，属汉口近代租界区，武汉市历史文化街区。

青岛路，旧称华昌路，位于汉口英租界内，东南端起自沿江大道、穿洞庭街、西北到鄱阳街。汉口开埠之后，这里的经济日益繁荣，武汉城市中心随之发生转移，与此同时青岛路出现了众多银行、洋行、工厂、里分等新式建筑。1865年建成麦加利银行大楼，1905年设立平和打包厂，1915年建成保安洋行大楼，1921年建成景明大楼……中国人也以能够入住租界为荣，蜂拥而至，在此营建节省占地的“里弄式”民居，这其中就包括被誉为“大汉口的顶级居民区”“武汉里巷的精华”的咸安坊等。

1
横滨正金银行汉口分行旧址

位于沿江大道129号、南京路2号。1998年被公布为武汉市文物保护单位。2006年被列入全国重点文物保护单位。2016年9月入选“首批中国20世纪建筑遗产”名录。现在为湖北省国际信托公司办公楼。

1880年，横滨正金银行总行在日本横滨市成立，主要经营外币汇兑和贴现业务，是日本早期外汇专业银行，1893年设立上海分行，其为日本对华资本输出的重要推手。侵华战争时期横滨正金银行更是支配日占区金融业，接管英美在华银行，发行军用票及各种债券以实现“以战养战”的国家机器。日本战败后，横滨正金银行被盟军总司令部下令解散，其资产重组后于1946年成立东京银行。

横滨正金银行汉口分行，设立于1894年。大楼由景明洋行翰明斯设计，汉协盛营造厂施工，1921年建成，西方古典复义风格。建筑整体为钢筋混凝土结构，地上四层、地下一层，楼高 24 米。主入口设在建筑转角处，有十多级麻石台阶伸向大楼入口。入口门框凸出，并在两侧各立一通高的爱奥尼式壁柱。两侧沿街立面，为爱奥尼双柱式通高柱廊。建筑外观严谨对称，尺度宏伟，为经典三段式构图：底层设麻石台阶基座；中部为柱廊；顶部是出檐、顶层和女儿墙。女儿墙呈阶梯状收进，立面贴麻石至顶。建筑整体形象稳重、敦厚，充满力量感。

这幢建筑，也是汉口巨柱廊式入口的经典建筑。它的建筑轮廓有些特别，平面有倒角的变化，因此立面有一个面向街角的转角面，以至于我站在街对面画画时，竟然有些把握不住它的透视角度，难道这也是设计者的意图?

2
英商太古洋行汉口分行旧址

位于沿江大道140号。2006年被列入武汉市优秀历史建筑。现为长江武汉航道局办公地点。

J. S. 斯怀尔，是英国利物浦商人，太古洋行创办人，1867年成立太古洋行，其来华设立分行之初，主营英国毛纺织品和采购中国茶叶、丝绸。1872年，在上海成立太古轮船公司（中国航业公司）。1873年设立太古洋行汉口分行。1904—1929年这段时间，太古洋行在汉口的民生路与黄浦路之间建成16座仓库和2座沿江码头，引领了在汉口租界区建码头和仓库的风潮。

大楼具体建造年代不详，据专家推测是1937年以前建成。建筑为砖混结构，高四层，古典主义复兴风格。立面以三层檐口线条形成三段式构图，一层由七个半圆窗拱券组成一列，当中一间凸出门斗，一对塔司干立柱支撑。二三层以壁柱分隔，三层亦为半圆形窗拱，四层窗间以双柱分隔，柱形扁平，用爱奥尼式柱头，比例和谐，富于韵律和变化。

3

洞庭村

位于汉口南京路与鄱阳街口。武汉市优秀历史建筑。

洞庭村，20世纪30年代中期，由联合公司投资兴建，因为建成的年代较晚，在汉口里分中属设计和设施配置上乘的高级里分住宅区。一条南北向巷道贯通里分，北端出口在鄱阳街，南出口在洞庭街。巷道左右有28个门栋号石库门建筑，砖木结构，高二层至三层。住宅平面形式各不相同，造型元素也丰富多样，但整体风格保持统一。其装饰风格以装饰艺术派为主，装饰内容富于中国传统图案特征。

“高天井、小开间、大进深”是其建筑特色。它的另一个特色是有的人家阳台可以贯通形成回廊，屋顶露台也是连通的。

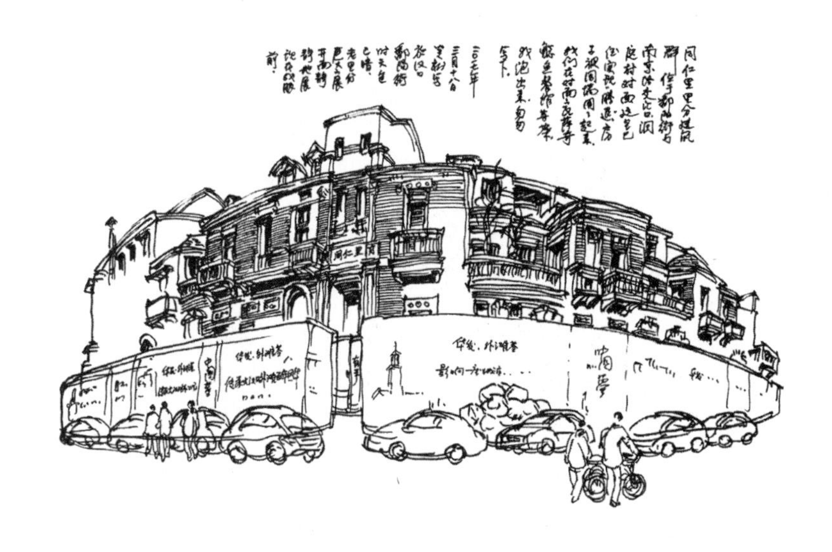

4

同仁里

位于鄱阳街，原属英租界里分住宅建筑群。武汉市优秀历史建筑。

这组建筑冲鄱阳街头的入口处门楣上，有“同仁里”三个字，这里曾是台湾民主同盟会武汉市委员会的旧址。

至于里面的一些建筑细节，我很想进去一探究竟，但被门口的保安挡在了外面，显得十分神秘，令人难以捉摸。

5

咸安坊

位于南京路与鄱阳街交会处。武汉市优秀历史建筑。

咸安坊原属英租界，它与同仁里、文华村、天钦村等里分式住宅，同属现在的同仁社区。

咸安坊，最早由汉口棉花商人黄少华投资，兴汉昌等四家营造厂承建，1915 年建成民国早期里分住宅建筑群。咸安坊建筑群是武汉保持最完整的、规模很大的里分建筑群，内部由主巷、次巷和支巷形成路网，共有 64 栋二层砖木结构的石库门住宅。

这个角度取景并不理想，但是，当时那里已然被围住，进不去了。大约十年前，我曾经到过咸安坊，那时感觉里面住了很多人，建筑间距小，建筑墙体严重剥落，印象并不好，但是其中的巷道空间倒是很丰富。

6

花旗银行汉口分行旧址

位于沿江大道97号。武汉市优秀历史建筑。1991年被公布为湖北省文物保护单位。

花旗银行，前身是1812年6月16日成立的纽约城市银行（City Bank of New York），总部在纽约华尔街，1865年更名为“纽约国家城市银行”（The National City Bank of New York）。1902年在上海设立分行，花旗银行是上海人对其俗称，后来习以为常，沿用至今。1910年，花旗银行汉口分行成立，初在景明洋行大楼附近设行址。

这栋大楼建于1921年，由美国建筑师亨利·墨菲设计，魏清记营造厂施工，为五层钢筋混凝土结构，高29.5米，属西方古典主义建筑，为平顶三段构图，正立面底层7个半圆形拱券大窗，中间三间凸出门斗，4根爱奥尼式圆柱支撑，正中一间为入口；二至四层凹进一个用8根爱奥尼式柱组成的柱廊；四层与五层以檐口分开，五层用8根方柱组成柱廊，上中下三段细节处理富于变化，十分讲究。

亨利·墨菲设计的花旗银行北京分行（位于北京东交民巷36号，建于1914年）和天津分行（位于天津解放北路90号，建于1921年）外形如出一辙，与汉口分行大楼十分相似。

亨利·墨菲是著名的美国建筑师，1899年毕业于耶鲁大学建筑系，1914年5月来到中国，主持了雅礼大学、南京金陵女子大学、燕京大学等一批教会大学的校园规划设计工作。1928年，他还受聘主持了南京国民政府的《首都计划》，而南京中山陵的设计师吕彦直也是其学生。

我们欣赏建筑，更应该从细节中去寻找蛛丝马迹，人是万物的尺度，所以只有跟随人的心性才能发现建筑背后的鲜活记忆。

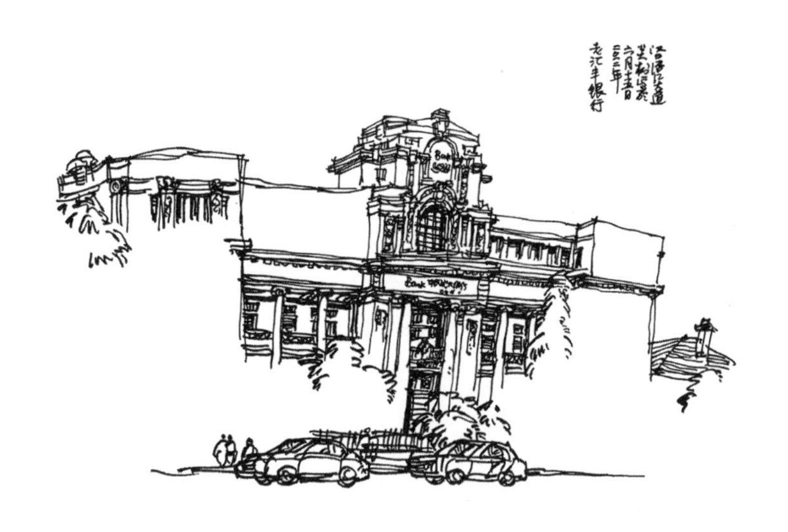

7

汇丰银行汉口分行旧址

位于江岸区沿江大道143号。2006年汇丰银行大楼作为“汉口近代建筑群”被列入第六批全国重点文物保护单位。2016年9月包括汇丰银行大楼在内的汉口近代建筑群入选“首批中国20世纪建筑遗产”名录。现在这里是光大银行汉口分行营业部。

1865年3月3日，汇丰银行在香港正式成立，其最早由苏格兰商人托玛斯·萨瑟兰德发起，宝顺、太古、沙逊、怡和……等十家洋行组成发起委员会共同出资创办，后来转为英商全资控股银行。1865年4月，设立汇丰银行上海分行。1866年设汉口分行。在中国近代史上，汇丰银行是资本雄厚、最具影响力的洋行，1894—1913年间，各国以借款方式对中国进行资本输出的总额有四分之一为汇丰经办，汇丰银行是英国在华利益的主要代表，对近代中国的金融行业影响极大。

汇丰银行汉口分行大楼，分为主楼和附楼：附楼（在青岛路一侧）最先建成，由上海汇丰的英国工程师派纳设计，汉协盛营造厂1913年开始施工，1917年完工；主楼（在沿江大道上），由上海公和洋行设计，汉协盛承建，1914年动工，1920年竣工。

大楼为主体三层（附楼四层、地下一层），局部四层塔楼，高26.8米，面积10900平方米，为钢筋混凝土结构，属古典主义建筑风格，横向五段，竖向三段，大楼的外墙为麻石砌筑，正面凹进连通的柱廊，立有十根爱奥尼式巨大石柱，它是汉口巨柱廊式入口的经典建筑之一。二层与三层之间以横向贯通的挑出檐部分隔，墙面和檐部有花篮吊穗、火焰球等装饰浮雕，显示出建筑装饰艺术的细腻与精致。建筑整体并不高大，但轮廓饱满、比例和谐、细节丰富，无不显示它端庄浑厚的气度。

上海外滩也有一座汇丰银行大楼，两座建筑有着相似的外观，均为纵横三段式构图，都在正中设置塔楼，高度相当，汉口大楼体量与规模则少了一半。但上海外滩的那座大楼1923年才竣工，晚于汉口的这座大楼。

总体来说，汉口汇丰银行大楼没有高耸的轮廓，但是却有着古典的法式和比例。初看时不会马上被吸引，细看才会发现其丰富细腻的建筑设计细节和经典装饰艺术，很耐看。

8
渣打银行汉口分行旧址

位于江岸区洞庭街41号。武汉市优秀历史建筑。已被列为武汉市文物保护单位。这里曾经是中国银行青岛路支行。

渣打银行，又称麦加利银行，1853年由维多利亚女王特许成立，总部在伦敦，“渣打”二字即为Chartered（特许之意）音译。渣打银行，是资格最老的在华外资银行。1858年2月总行开始营业，同年成立上海分行因上海分行首任经理为约翰·麦加利，故在中国也称麦加利银行。1949年以后，其得到中华人民共和国政府的许可，继续在上海营业，新中国成立初再造金融业、50年代贷款支持重工业、80年代服务改革开放，都有渣打银行的参与，其在华业务从无中断，足见其在金融业的地位和影响力非同一般。

1863年夏天，著名的英资洋行麦加利银行（渣打银行），因英国茶商需求开始在汉口开办业务，两年后的1865年正式设立分行，并在汉口英租界建造其分行大楼，这是汉口第一家外资银行。

大楼建于1865年，是汉口历史最早的银行建筑，砖木结构，高三层，英伦建筑风格，三段式立面构图。二至三层立面凹进贯通的外廊，拱券加壁柱分隔，半圆拱、平拱交替，设有细腻的花瓶式栏杆。房屋四角分别建有红色方锥塔尖屋顶，铁瓦屋面，是这座建筑的鲜明特征。

麦加利银行大楼，建成距今已有150多年，如今建筑整体基本保存完好。

9

保安洋行旧址

位于青岛路3号。武汉市优秀历史建筑。2011年被列入武汉市第五批文物保护单位。曾作为武汉市公安局办公和住宅楼。

1910年，英国保安保险公司，在汉口设立保安洋行，主营金融保险业务，1922年停业。大楼由景明洋行设计，汉协盛营造厂施工，1914—1915年建成，是汉协盛留下的经典之作，也是英租界内现存建筑中最为出彩的代表之一，整体属于折中主义风格建筑。

建筑最早为五层钢筋混凝土结构，现为六层，顶层疑为加建，大楼位于十字路口转角处，主入口设计为圆弧状，其上以牛腿出挑支撑雨棚。沿街两侧采用对称的横竖三段式构图，立面仿麻石堆砌，三四层由两层高的爱奥尼式柱划分，柱间设置通开的大面积玻璃窗装饰简洁、美观。这座建筑外墙曾经被涂以红色，最近才恢复了历史的原貌。

10
景明洋行旧址

位于江岸区鄱阳街青岛路口（原为49号，现为53号）。武汉市优秀历史建筑。武汉市文物保护单位。现在为武汉市节能监察中心办公楼。

景明大楼，是近代武汉最为重要的外资建筑设计机构——英商景明洋行，为自己建造的办公大楼。

景明大楼，由汉协盛营造厂施工，于1921年建成，1938年10月，武汉沦陷以后，景明洋行大楼被日军占领，海明斯回归英国，洋行被迫歇业。1945年抗战胜利后，因海明斯终老故去，景明洋行未能复业。大楼改造为外侨公寓。1948年8月7日晚，在这里发生了轰动一时的景明大楼事件。

景明洋行大楼，为地上六层、地下一层，大楼立面为三段式构图，内部布局合理，功能齐全，结构紧凑。

景明洋行，由英国建筑师海明斯和柏格莱共同创立，他们均毕业于英国伦敦皇家建筑学院。二人初到汉口，适逢汉口城市建设高峰，建筑工程设计人才紧缺。汉协盛营造厂的老板沈祝三，便资助其创办了景明洋行，条件是景明洋行设计的大楼，优先由汉协盛承建。景明洋行，最早将西方的钢筋混凝土建造技术引入汉口，并长期引领了汉口的近代建筑设计风潮。

阅读和欣赏汉口老建筑，不了解景明洋行和汉协盛营造厂，是不行的。

景明洋行，设计出了众多的武汉著名近代建筑，其中包括英商保安洋行、新泰大楼、日本横滨正金银行、大孚银行、汉口英商电灯公司、璇宫饭店等数十座建筑，涵盖银行、洋行、影院、饭店、工厂、仓库、里弄等不同类别，青岛路片的许多优秀建筑均是景明洋行的设计作品，这些老房子现在还立在原地，每一幢都堪称“不朽”，是武汉近代建筑史上的丰碑。其作品风格从西方古典主义到装饰艺术派和现代派，是这一时期武汉建筑发展的一个缩影。

11
英文楚报馆旧址

位于武汉市江岸区胜利街99号。武汉市优秀历史建筑。2011年被列入武汉市文物保护单位。

英文楚报馆，最早由英国传教士、汉口圣教书局经理计约翰创办。路透社曾在大楼内办公。当时发行的英文楚报刊登中国各省的消息。抗战期间，英文楚报为汉口唯一发行的英文报纸。这座建筑对于研究英文楚报的历史具有较高价值。

报馆大楼，由格里波夫设计，汉协盛施工，1924年建成，为钢筋混凝土结构，地上四层、地下一层，后加盖一层。建筑面积约3145平方米。大楼为古典复兴风格建筑，外立面麻石粉面，以古典柱式作为构图手段，细节丰富，但装饰和线脚都有所简化。

12

亚细亚火油公司旧址

位于天津路1号。2011年列入武汉市第五批文物保护单位。现为临江饭店。

1890年，英国亚细亚火油公司设立中国总公司，总部在上海，1912年设立汉口分公司。抗战期间，日军曾占据大楼用来禁锢俘虏。

大楼由景明洋行英国建筑师翰明斯设计，魏清记营造厂施工，建于1924—1925年间。大楼为钢筋混凝土结构，高五层，占地面积900平方米，为折中主义风格建筑，外墙仿麻石墙面。立面三段式构图，一层、四层、五层分别有檐口线脚贯通，四楼阳台下槛外中式回文纹样，五层檐口由中式瓦当滴水勾勒，墙角为西式隅石护角。

这栋建筑是民国时期汉口的重要商贸建筑遗迹。

13

宝顺洋行汉口分行旧址

位于天津路5号。武汉市优秀历史建筑。

1807年，英国东印度公司代理人乔治·巴林，在广州创办巴林洋行，这是宝顺洋行的前身。英国人托马斯·颠地（Thomas Dent）接手洋行之后，改为颠地洋行（Dent & Co.）。1831年，兰斯禄·颠地（Lancelot Dent）成为洋行新老板。颠地洋行，借宝贵和顺的寓意，给洋行取了一个中国名字“宝顺洋行”。

1865年，宝顺洋行借款给汉口英租界当局，修建了英租界长江边上的大堤，并沿着大堤的内侧修了一条河街（即现在的汉口沿江大道）。而且，宝顺洋行还在汉口江滩，设立了英商一码头，这也是汉口的首个长江码头。完成这些基础设施建设之后，宝顺洋行在当时的宝顺路（即现天津路）修建了这座洋行办公楼。

宝顺洋行大楼，建于1916年，三层砖混结构，古典主义建筑风格，建筑平面为“L”形，立面沿天津路和洞庭街转角展开，转角处楼体呈圆柱形，主入口设在这里，入口上方二三层沿弧形墙体开五扇长条形窗户。外墙采用清水红砖砌筑，三段式构图，立面强调竖向线条，壁柱贯通三层，壁柱上有横向凹槽。窗户为砖拱木窗，窗户上方的三角形窗楣山花设计精致，二层窗外设有阳台，构件装饰精美、雕刻精致，红瓦坡屋顶。

历经了百年风雨，这座建筑得以幸存，并且是宝顺洋行在中国留存的唯一一处建筑。

14

俄国东正教堂旧址

位于汉口鄱阳街与天津路交会处，鄱阳街48号。这是武汉市唯一的一座俄国东正教堂，教内称其为阿列克桑德聂夫堂。1998年被列为武汉市文物保护单位。2015年11月3日，被武汉市政府和湖北省文物局列入万里茶道沿线城市申遗点。

1840年鸦片战争爆发以来，国门洞开，东正教也随之传入武汉，其信徒多为旅居武汉的俄国侨民。1891年，新泰砖茶厂25周年之际，沙俄皇太子（即后来的尼古拉二世，末代沙皇）访问汉口，许诺为俄国侨民捐赠一座东正教堂，于是两年后的1893年，在汉口建成了这座东正教教堂。

教堂规模不大，占地面积约220平方米，教堂为集中式造型，平面呈十字布局，是拜占庭式的俄罗斯教堂，为典型的东正教风格。其底层墙面根据十字形平面由多向拱券组成，拱券之间以壁柱分隔，二层部分集中为八个连续拱券。正门圆拱上有十字架标志，顶端竖起球形宝顶，上面装有十字架和风向标，历经岁月的更迭、淘洗，教堂的宝顶被改为了尖顶，2014 年再次修复的时候，重新恢复为球形宝顶。那个被称为“洋葱头”的宝顶和俄罗斯本土建筑风格不太一样，但是有原照片为证，如今按照照片原貌整修一新，恢复了真容。

这座教堂体量不大，并不显眼，为什么沙皇允建的教堂如此“低调”，令人不解。我最早见到这座教堂还是十年前，那时它不仅失去了金属的洋葱头，而且色彩也改变了，整体显得十分暗淡，淹没在周围的环境里，显不出它的庄重和典雅。现在修缮一新，恢复了往日的精气神。

现在，该堂已成为专为武汉市民举办婚礼的重要场所之一。

“八七”会址片

——洋楼、里分掩映的革命圣地

“八七”会址片老房子分布图

“八七”会址片，街区北起车站路，东到沿江大道，西接胜利街，南抵天津路，面积30公顷，以革命史迹与优秀里分为主要特色，包括“八七”会址、中共中央机关旧址等革命历史遗迹共18处，属革命文化街区，武汉市历史文化街区。

这里街巷井然，里分幽静，高大的梧桐、樟树交相掩映，洋行、洋房、公馆、教堂、领事馆等重要历史建筑散落其间。徜徉于这一片街区，数着门牌号，一处处地发现，恍惚间还以为这里仍在演绎旧日的洋场故事，而街上穿梭的人影之中或许还有当年的革命者。

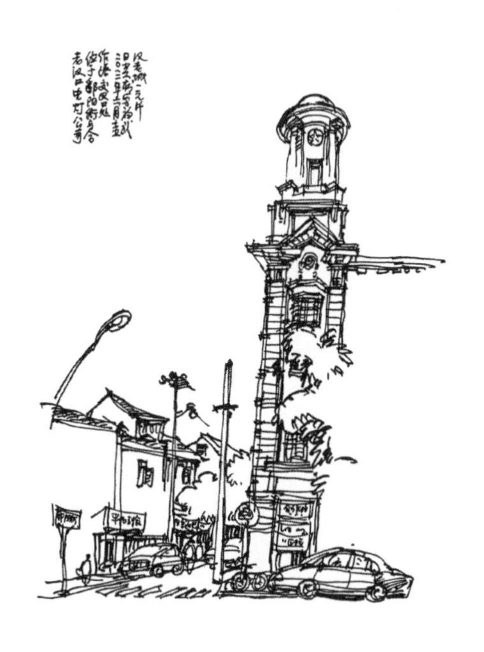

1
汉口英商电灯公司旧址

位于江岸区合作路22号。该建筑为武汉市第七批优秀历史建筑，已被列为武汉市文物保护单位，2010年7月被列入湖北省文物保护单位。现为湖北省电力博物馆。

汉口英商电灯公司，为英国商人投资创办，仅供英、俄、法三国租界区内的工厂和办公用电，曾经是民国时期最大的直流发电厂。

大楼由景明洋行设计，建于1905年，混凝土结构，高三层。大楼层高4米以上，室内皆铺有木质地板，地垄由又粗又厚的木方组成。建筑为文艺复兴风格，红瓦屋面，外墙仿麻石粉刷。临街拐角的部分以方形壁柱支撑。另外的立柱，底层以方形壁柱做底座，二至三层为塔司干圆柱。转角升起塔楼，塔楼基座和楼下为方形平面，塔楼主体为圆形平面，穹顶由四根圆柱支撑，一方一圆，对比鲜明。圆柱内的圆形塔体被壁柱分成四面，每一面都曾经雕有五角星，后恢复为早期的大钟。

湖北供电公司曾对老建筑进行修缮，将之辟为湖北省电力博物馆。

我参加过这幢建筑的修缮设计评审，曾经讨论认为历史上这幢建筑的塔楼被改建过，如何复原？记得当时大家的意见是不要大动为好。

2

詹天佑故居

位于洞庭街65号（原汉口俄租界鄂哈路9号）。武汉市优秀历史建筑。2001年被国务院公布为全国重点文物保护单位。1993年开放为詹天佑故居博物馆。

1912年，詹天佑从广州迁到汉口，在武汉历任汉粤川铁路会办、督办及民国交通部首任技监等职，掌管全国铁路建设工作。

1912年，担任汉粤川铁路会办兼总工程师的詹天佑，在汉口鄂哈路（今洞庭街）买了一块地，亲自设计并督建宅邸，建筑为两层砖木结构、独立式庭院住宅，前门朝街，前庭后院，西式风格，四坡屋顶，正面五开间，上下两层均设拱券窗楣，中间一间稍大，正下方为入口。屋顶中间开老虎窗。

中午时分，我们赶到这里参观并画画，隔着上了锁的铸铁大门问守门人，可以进去吗？对方回答说你们等会来。隔了一会大铁门开了，我走进铁门来到院子里。

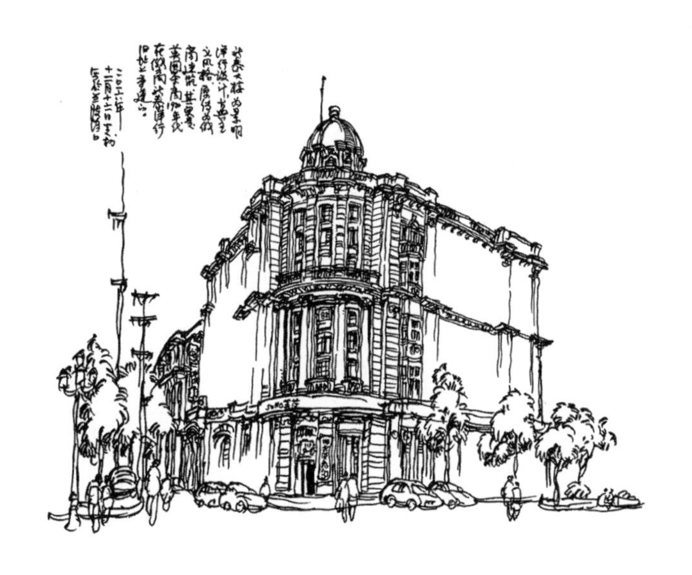

3
新泰大楼旧址

位于原俄租界，兰陵路和沿江大道转角处，江岸区沿江大道158号。2012年被武汉市政府公布为第七批优秀历史建筑。武汉市文物保护单位。2015年11月3日，被武汉市政府和湖北省文物局列入万里茶道沿线城市申遗点。现为湖北省物资储备局。

1891年4月21日，沙俄皇储尼古拉（三年后登基为沙皇尼古拉二世）来到汉口，在新泰洋行参加了新泰茶厂成立25周年庆典，他在祝辞中高度评价了万里茶道和汉口：“以汉口为起点的万里茶道是一条伟大的茶叶之路，在汉口的俄国茶商是伟大的商人，汉口是一个伟大的东方茶港。”

1866年，俄国商人创办新泰洋行，1920年停业。英国茶商接手后，在旧址建造了现在的新泰大楼，由俄商李泊衡等筹资以英商名义经营，所以虽然称俄商新泰大楼，但它却并非俄商所建。

新泰大楼，由英商景明洋行设计，永茂昌营造厂承建，建于1920—1924年，高五层，面积约3500平方米，古典主义风格，三段式构图，中部柱式、楼主入口设在临街转角底层，入口上方二至三层立有四根爱奥尼式巨柱，大楼顶部建八边形穹窿塔楼。两侧立面以方壁柱分隔开间。大楼虽用了许多如徽饰、鼓座等古典建筑元素和细节。但整幢楼并不显得烦琐和沉闷，代表着那个时代的一种新的建筑探索精神。

这栋大楼的入口，正在兰陵路和沿江大道转角这里。我在江滩这边画画的时候，可以看到它的正面，其实它的背面有一个弧形的界面，更能显出这座建筑的特色。

4
顺丰茶栈旧址

位于汉口兰陵路与洞庭街交会处，江岸区兰陵路 8 号。2012 年，被公布为武汉市优秀历史建筑。2015 年 11 月 3 日，被武汉市政府和湖北省文物局列入万里茶道沿线城市申遗点。

19 世纪时，英国一直是中国茶叶大宗贸易国，而俄国商人却另辟蹊径选择在湖北设厂涉足茶叶加工制造生意。1861 年汉口开埠不久，俄商李凡诺夫便在汉口设立了茶商办事处，用以收购红茶。1863 年，俄国商人以羊楼洞为中心在鄂南茶区设庄收茶，并先后创办了顺丰砖茶厂、顺丰茶栈及码头。

19 世纪 70 年代，俄商将顺丰砖茶厂迁到汉口的俄租界沿江大道。据《湖北工业史》记载，1873 年顺丰茶栈迁址汉口后，用机器压制茶砖替代传统手工提高了工作效率，专家考证认为这里是当年顺丰砖茶厂在武汉仅存的一处历史遗迹。顺丰茶栈旧址，一度被分给住户居住，门口还有一家小商铺。

建筑建于19世纪70年代，高四层（侧面三层），砖混结构，矩形平面，临洞庭街立面三层、四层建有阳台，水泥拉毛外墙，室内地坪、楼梯踏级均采用水磨石，设计手法很简洁，具有鲜明的西式近现代建筑特征。

这座建筑看上去很普通，甚至显得有点窘促。其外观很像中华人民共和国成立初期兴建的某幢普通宿舍楼，既不像是一座有上百年历史的古建筑，也很难让人相信这曾经是一处有上百年历史的茶厂旧址。

5

俄国总会旧址

位于兰陵路17—19号。武汉市优秀历史建筑。

俄国总会，又称俄国俱乐部，建于1916年前后，是武汉沙俄租借区侨民的公共娱乐场所。

建筑为西式折中主义风格，三层，正面四开间，因此主入口分别位于中间两个开间。建筑前有院子，院子内栏杆依然保存。

旁边一栋是高氏公馆，我们要退到对面的围墙里面才可以把这两座建筑看全。

6
巴公房子

位于江岸区鄱阳街45—56号。1993年被政府公布为武汉市第一批优秀历史建筑。2015年11月3日，被武汉市政府和湖北省文物局列入万里茶道沿线城市申遗点。

这幢房子最早的主人为俄国沙皇尼古拉二世的表兄巴诺夫，人称巴公。巴诺夫曾任俄国驻汉口总领事兼俄商阜昌砖茶厂老板，是俄国在汉口的四大茶商之首。

巴公房子建于1900年，由景明洋行设计，1964年又加层扩建。建筑基址位于鄱阳街与洞庭街呈大约40°夹角的交会处，建筑顺应三角形地势，平面呈三角形，建筑两翼沿着鄱阳街与洞庭街两条街道展开，两街交角处会合成窄而高耸的筒形入口，并有圆顶标志。建筑内部由三个体块合围成三角形内院，住宅为单元式布局。建筑虽由英国设计公司设计，但却是俄罗斯风格的建筑，为近代古典复兴式建筑，内外红色砖墙，局部拱券门窗。巴公房子是俄租界的地标建筑，也是汉口最早一批多层公寓建筑的优秀代表，对武汉近代民居建筑的设计和建造有启蒙意义。

我在巴公房子对面惠罗公司的骑楼下写生，一位大学生模样的女孩跑过来问我法国领事馆在哪里，并说自己是华师的研究生。

还有一位高个子的小伙子走过来对我说，刚刚扎克伯格和他（华裔）妻子路过这里，你看见了吗?

这些都是老街区里发生的趣情，也让老房子不断演绎新的故事。

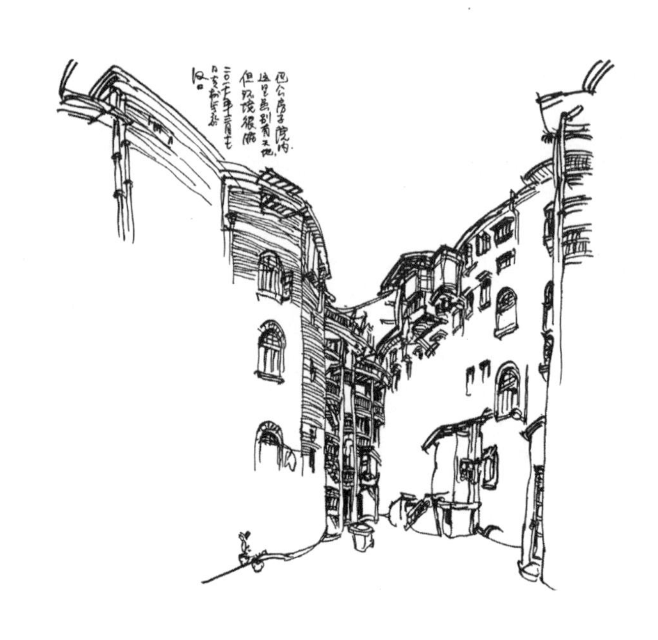

7

巴公房子内景

位于江岸区鄱阳街45—56号。

这里曾是非常先进的住宅区，三合天井院落，但是眼见里面已经陈旧。现在，巴公房子已经清空，正在进行新一轮的修缮，让它重新焕发生机。

我是为了画“八七”会议会址，才退进对面这个门洞里的，走进去别有天地，似乎完全隔绝了闹市。

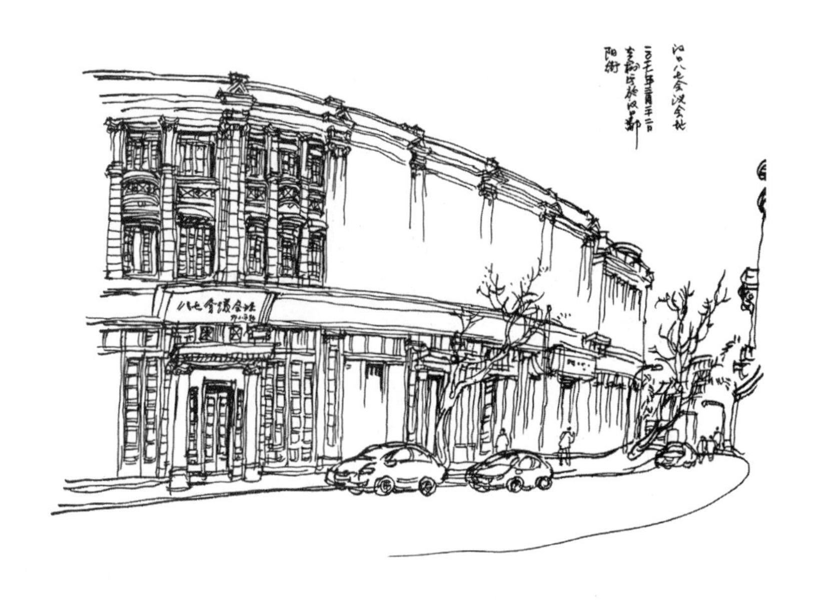

8

“八七”会议会址

位于鄱阳街139号。1982年2月公布为全国重点文物保护单位。

这栋房子，原为英国人建造的公寓——怡和新房。20世纪20年代，苏联援华农业顾问洛卓莫夫，就下榻于这幢建筑的二楼，1927年8月7日就在他的房内召开了著名的“八七”会议。

大楼建于1920年，混砖结构，高三层，面积约523平方米，西式建筑风格，以壁柱分隔开间，阳台、柱头、檐口、女儿墙均有西式装饰。

这里的守门人非常热情，让我进屋参观，向我介绍老房子的掌故，告诉我说这房子的质量非常好，有一百多年历史的楼梯、木扶手都是原装的。我走进陈列馆，里面空无一人，但是布展和环境都很好。

9

珞珈山街老房子

位于江岸区珞珈山街1—46号。1993年被公布为武汉市第一批优秀历史建筑。2011年被列入武汉市第五批文物保护单位。

珞珈山街住宅区，最早为英国怡和洋行大班杜百里投资兴建，由德国石格斯建筑事务所设计，建于1910—1927年，珞珈山街前后长约百米，街中央合围出一个名为珞园的小花园（又名兰陵花园）。最早一批住户为英商怡和洋行的高级职员及其家眷，当年属于汉口租界中的高级住宅区。

法国梧桐荫蔽街道，两边的建筑均为住宅，砖木结构，三层。建筑为英国民居风格，红瓦屋顶，红砖外墙，底层有车库和杂物间及用人房；二层分门厅、客厅、餐厅，侧向有露天台阶直通二层；三层为书房和卧房。室内有壁炉，设备齐全。珞珈山街红房子，现在仍洋溢着当年的奢华与惬意。

现在，这里已经开放为黄陂路街头博物馆，路上很多游人，道旁很多小店。阳光照射在这里，映出红色的一片。我以前不曾料想汉口街区会沐浴如此绚丽的阳光与色彩，今天在这里得到了。

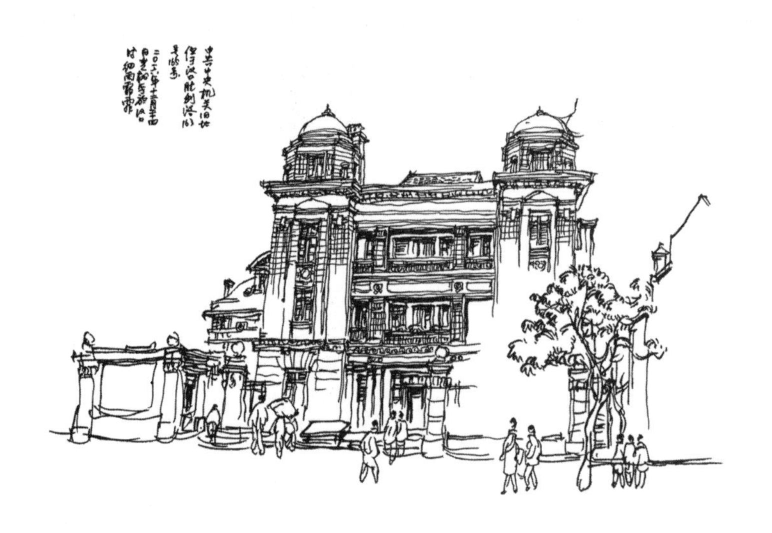

10

中共中央机关旧址纪念馆

位于汉口胜利街163号。2013年被公布为第七批全国重点文物保护单位，其中唐生智公馆为省级文物保护单位，怡和洋行公寓为武汉市优秀历史建筑。现为中共中央机关旧址纪念馆。

1926年10月，国民革命军在北伐过程中，占领了武汉三镇，12月5日，国民大革命的中心从广州转移到武汉，1927年2月21日武汉国民政府成立。时值国共第一次合作时期，中共中央机关各部门，也因革命形势需要，从上海迁移到武汉。1927年4月，中共中央总书记陈独秀来到武汉，就居住在汉口俄国租界四民街61、62号（今胜利街165、167号），之后中共中央各机关陆续迁至周边办公，这里一时间成为革命的心脏地带。

1927年，相继爆发“四一二”“七一五”反革命政变之后，国共分道扬镳，革命形势风云突变，1927年8月7日在这里召开了著名的“八七”会议，中国共产党从此走上“枪杆子里出政权”的武装革命道路，历史在这里转折。

怡和洋行公寓，是一栋西式三层住宅，坐西朝东，红墙红瓦，外墙嵌有一块武汉市文物保护单位的铭牌，上书“中共中央机关旧址”字样。

唐公馆，旧称汉口四民街唐宅，建于1903年，面积约800平方米，为西式风格，三段式构图，两侧凸出的穹顶塔楼，中间部分凹进形成外廊，开间中间大、两边小，底层由一对爱奥尼双柱分隔，中间为大门。二至三层由方形柱分隔。一层和三层顶部有挑出的檐口线脚，门窗均采用方形外框，建筑装饰不繁，庄重典雅。

我查阅资料得知这张图上的建筑最早先是唐生智公馆，感到有点奇怪。后来得知，唐生智公馆（胜利街163号）、怡和洋行公寓（胜利街171号），是被改造为纪念馆的辅助、临时展厅，与中共中央机关旧址（胜利街165、167、169号）一同组成一个完整的革命遗址展示区——中共中央机关旧址纪念馆。图中所绘即为原唐生智公馆。

据查证，唐生智在汉口只住了4个月，是国民政府租用新加坡地产中介伍焕庸的出租房，借给唐生智使用，唐并未购置公馆，大革命失败后，其便逃回湖南。因此，唐生智公馆的提法似乎不妥。

天气预报说（2016年12月4日）是多云转小雨，原以为应该在下午转雨，没想到早上就开始下了，而且一直没有停下来。因为下着小雨，天气比上次要冷。中午的时候，已经感觉有点冷，应该是感冒了。

11
怡和洋行住宅旧址

位于江岸区胜利街187—191号。2010年12月16日，被政府公布为武汉市第五批优秀历史建筑。

怡和洋行是老牌英资洋行，为晚清民国时期英国在远东最大的英资财团，有“洋行之王”的美称。怡和洋行汉口分行，规模仅次于其香港、上海分行。

1866年，怡和洋行在汉口设立分支机构，之后英资怡和洋行和英资太古洋行共同把持了长江航运。

怡和洋行，还是近代汉口规模最大的房产开发商，其在汉口投资兴建有一百余处房产（包括办公大楼、码头、仓库及住宅），财力雄厚，影响极大。

这栋怡和洋行住宅，由德国石格司建筑事务所设计，1919年建成，三层砖木结构，英国乡村建筑风格，两面山墙垂直相错，造型比较有特点。

这栋建筑的一侧立面为假麻石墙，转角为红色清水砖墙，另一侧立面为水泥拉毛墙，左侧有一个退台式围墙，造型很别致。后来的业主增加了一些违章搭建，并且改变了墙面的颜色。现在经过整治修缮，显出了本来的面貌。

12
宋庆龄旧居

位于黎黄陂路路口，江岸区沿江大道162号。2002年11月7日被公布为湖北省文物保护单位。2015年11月3日，被武汉市政府和湖北省文物局列入万里茶道沿线城市申遗点。现辟为宋庆龄汉口旧居纪念馆。

这里最早为华俄道胜银行，是专门为俄茶商贸易提供资本支持而开设的银行。1917年11月，俄国十月革命之后，银行停业。民国期间，这幢建筑曾为武汉国民政府财政部驻地，后又归属民国中央银行武汉分行。1926年12月10日，宋庆龄来到武汉，就住在这栋小楼，前后历时8个月。

大楼始建于1896年，高四层，转角处有高四层方形塔楼。建筑为俄式风格，外表浅黄色。临近沿江大道的正立面为三段式构图，凹进空间作为外廊，一层为三个拱券分隔，中间为大门，二至三层外廊的雕花铁栏和铁制吊灯十分精美，四层封闭上开方窗。

这处宋庆龄汉口旧居，与北京的宋庆龄故居（最早为清代康熙朝大学士明珠的府邸花园）相比，宋庆龄个人留下的痕迹很淡。反而，不具实体的宋庆龄基金会的存在感更多一些。

我曾经参加过宋庆龄故居的修缮评审，也争议过它的屋顶是否后来被改建过，因为建筑上下之间的衔接有些不协调。的确，这里的建筑风格各异，并不能说都是协调的。即使不掺杂后来改建的部分，当时各国建筑并立的局面之下，又是怎样一种景象呢？

13

俄国巡捕房旧址（实为源泰洋行及那克伐申公馆旧址）

位于夷玛街（今黎黄陂路）两仪街（今洞庭街）东北转角，江岸区洞庭街54号。1993年被公布为武汉市第一批优秀历史建筑。2011年被列入武汉市第五批文物保护单位。2015年11月3日，被武汉市政府和湖北省文物局列入万里茶道沿线城市申遗点。

俄国巡捕房，是俄租界工部局下属的警察科，分为治安、情报、司法等课，征召外籍和华籍巡捕，负责维持俄租界境内治安，1924年汉口俄租界收回主权后被撤销。建筑由广大昌营造厂施工，建于1902年，砖木结构，地上二层，地下一层。

可是对比巡捕房老照片，和今天的样子又不太像，至少那座转角处的塔楼，既没有照片上的挺拔，也完全不是以前的样子，这引起我的困惑，后来得知果然有问题。近来学者考证出这处所谓的“俄国巡捕房旧址”应该是源泰洋行及那克伐申公馆旧址。俄国巡捕房旧址，实际在今黄陂路小学内，今已不存。

源泰洋行及那克伐申公馆旧址，位于洞庭街 82 号，在黎黄陂路与洞庭街交会处，建筑整体保存完好。俄商那克伐申是源泰洋行的老板，曾任俄租界工部局董事长，他的公馆与源泰洋行同为一栋大楼，正是由于前人考证失误，这里才被误认为俄国巡捕房旧址。

建筑为俄国古典主义风格，正立面朝向黎黄陂路，立面采用了对称设计手法，居中设主入口，上有出挑阳台。建筑外墙底层勒脚部分条石砌筑。面向洞庭街一侧，建有八面坡尖顶瞭望塔，是建筑的标志景观。

这个建筑我曾画过两次，一次是 1995 年，一次是 2016 年，最早它是武汉市的一所党校所在地。我在 2016 年问过门卫这里以前是不是党校，他回忆了好久，说有那么一回事，但那是很早以前的事情了。

14

惠罗公司旧址

位于鄱阳街153号。武汉市优秀历史建筑。

1882年惠罗公司创建于印度加尔各答，不久便在英国正式注册，后来总部也设在伦敦，在东南亚、南美等英属殖民地广设立分公司，这栋楼是主要经营茶叶、麻丝贸易的汉口英商惠罗公司旧址。

惠罗公司大楼，建于1915年，高三层，顶部有一个八边形拜占庭式穹顶塔楼，底层有一个沿街的骑楼，这在汉口现存的老建筑中并不多见，后曾被封住，最近恢复了原来骑楼的格局。大楼立面为水刷石外墙，方框直角门窗，装饰简洁，属于晚期复古主义风格建筑。

我曾多次经过这里，有意无意忽略了惠罗公司大楼，大约也是因为它被修缮一新，少了历史的沧桑感吧。

15

美国海军青年会旧址

位于江岸区黎黄陂路10号。1998年被列为武汉市文物保护单位。2010年12月被政府公布为武汉市第五批优秀历史建筑。现为武汉基督教爱国会的办公地址。

该建筑建于1913年，砖木结构，高四层，属巴洛克风格，正立面为纵向三段式，横向五段式划分。主入口居于正立面正中，由大台阶直入二层，入口两侧立有双爱奥尼式柱，三层与四层之间挑出大檐口，建筑以中部为轴，两侧对称布置，最外侧两端墙体凸出为弧形。

这是难得的一处安静的院落。在这里，我坐的时间略长一点。一位看门的老先生走过来问我，然后说要不要领导来接见一下（这是一个外事机构）？我回答说真不用了。

于是，我坐在院子一角，旁边堆着油漆桶，这时一位负责刷墙的师傅走过来，问我："你这样（意思是画的时候头一仰一俯）还不得颈椎病啊？"我一听乐了，回答："是啊，你怎么说得这么准啊！"

整个汉口写生，我只在这处的院子中，找来一个小凳子坐着画，算是休息了一下。两位值班的老人待人也很和善，对我这个穿着老棉袄的外人，一点也没有见外的意思，而且与我攀谈，留下了愉快的回忆。

16
首善堂旧址

位于黎黄陂路11号。武汉市优秀历史建筑。现为武汉市商务局、招商局、口岸办公室办公场地。

首善堂旧址，原为汉口亚细亚石油公司买办和代理商涂坤山、傅绍庭的公馆。1925年，承建英国亚细亚大楼的魏清记营造厂，因建造大楼亏本，涂坤山、傅绍庭等帮忙从中斡旋，得到补偿纹银20万两。于是专门建住宅各一栋答谢涂坤山、傅绍庭二人。抗战胜利后，国民党汉口特别市党部也曾在此办公。

该建筑由魏清记营造厂施工，1931年建成，包含两幢规模和造型一样的姊妹楼，高三层，四方形平面。建筑属古典主义风格。三段式对称构图，正中一间一楼凸出门斗，四根塔司干立柱，撑起的二层阳台并作为雨棚。阳台上方二至三层为拱形大窗，檐部做三角形山花造型。一层和三层窗户为四方形，二楼两侧开间的窗檐为三角形，均突出了上下左右的三段式构图，立面处理富于变化。红瓦四坡顶屋面，各面都有老虎窗透气。

来到这里画画的时候，天气预报中的小雨已经下了起来。建筑被院子和栏杆围起来，铁门紧锁着。黎黄陂路上人来人往，马路另一侧的咖啡馆在外面设了阳伞专座，这一边则悄然无人。

17
周苍柏公馆旧址

位于黎黄陂路黄陂村 5、6、7 号。武汉市优秀历史建筑。

周苍柏（1888—1970），祖籍江西乐平，曾任上海银行汉口分行经理，湖北省银行总经理，1945 年抗战胜利后任国民党政府善后救济总署湖北分署署长，是中国近代著名银行家、实业家、爱国民主人士。周氏家族在武汉东湖西北岸边花费数十年培植和修整了一处私家园林“海光农圃”。中华人民共和国成立后，他主动将自家的“海光农圃”捐献给武汉市政府，即现在的“东湖公园”，因此他也被称为“东湖公园之父”。

这几栋老房子，建于 1919—1920 年，现可以看到三栋独立式小洋房排为一列，北面的两栋，高二层，样式、格局一致。公馆的建筑平面纵横交错。红瓦坡屋顶，出檐宽大，错落有致。建筑的外墙为“抓毛墙”，这种“抓毛墙”

在当年曾经流行，是用水泥跟小麻石和在一起，然后甩在红砖上面做成的，如今质感依旧。

我们一走进黎黄陂路背后的黄陂村，就看到对面院子围起来的小洋楼，那正是公馆的所在。因为下雨，我们走到巷子这边的一处雨棚下面，选了正好可以观看公馆的角度。旁边四位老人在那里休息养神。

我身边这位老人，则不停地跟我讲述这里的历史："周小燕，你知道吧？就是周苍柏的姑娘，咱们琴台大剧院修好的时候，她还专门到场的。这房子，解放后还住过武汉市一位市长呢。"旁边一位戴着厚厚眼镜的老头接话说："这房子好扎实，这么多年都没有坏过。"另外一位老人则坐在藤椅上没有动，口里喃喃地说："唉，这天气，坐一下就想瞌睡了。"

见我匆匆画完，坐在我身旁的老人们一定要拿过去看看，看了好一会，说："嗯，画得像。"

18

黄兴路路口建筑

位于黄兴路与胜利街路口，原为俄国教堂附属住宅。

建筑主体二层，局部三层，沿胜利街和黄兴路的两个立面升起的山墙，比较有特色。

19

李凡诺夫公馆旧址

位于江岸区洞庭街（原法租界吕钦使街）60号，法国领事馆对面。1993年被政府公布为武汉市第一批优秀历史建筑。2015年11月3日，被武汉市政府和湖北省文物局列入万里茶道沿线城市申遗点。

这座公馆最早的主人，为1861年最早来汉口的俄国茶商——李凡诺夫。1863年，李凡诺夫在湖北赤壁羊楼洞建立顺丰砖茶厂。1873—1874年，茶厂迁到今天的顺丰茶栈。1917年俄国十月革命以后，茶市惨淡，茶厂关闭。1919年，李凡诺夫举家移民美国，在那里定居。

该建筑1902年建成，砖木结构，高三层，面积670平方米，红砖清水外墙，红瓦屋顶，高低错落，底层设有拜占庭式拱券，二层有外走廊，转角有八角尖顶塔亭，是其鲜明的特征，三层设封闭式阳台，反映俄罗斯严寒地区的民居建筑的特点。

李凡诺夫一家人，从1861年到1919年因为茶叶与汉口结下不解之缘。1997年，李凡诺夫的孙女古稀之年，仍坚持带着儿子孙子从美国回到汉口，看看当年一家人齐聚的老房子，追忆往事，传承家族的历史。

这样的家族往事和寻根之路，牵动人心，这也是属于汉口的美丽故事。

这座老房子在汉口的名声很大。如今这里开了一家政公司，负责的那位老太太，人很精神，也很热情。

我们在那里还遇见了一位老武汉，在那里正对着一位他带来的年轻人讲解着老房子的掌故。他边摸着那些房门和窗户，边说这是没有动过的，那是后来改的，看看原来的门窗细节，真是细腻而且到位——不停感慨和称赞俄式老房子的讲究。

如今走在这洞庭街俄式老建筑之间，已经再难回味往日的优雅，但街巷上平和的尺度与宁静的氛围，仍然很打动人。

20

同兴里

位于洞庭街83号。武汉市优秀历史建筑。

此处最早是汉口大买办刘子敬的私家花园。1928年前后，由商人周纯之等22人集资，整体规划，统一建设，形成了这处高档居民区。

同兴里，由义品洋行设计，武昌协成土木建筑厂、永茂隆营造厂承建，1932年建成，分有四条巷道，主巷全长230米、宽4米，共有25栋住宅，二层砖木结构，红色机瓦，石库门。一栋一栋，联建或自建结合，平面布置和立面形式比较丰富。同兴里环境幽静，建筑保存较好，尤其是石库门檐口、山花、柱头和窗间装饰，精致细腻。

这天我找到法国领事馆旧址，却不得其门而入，只好继续向前，进到同兴里巷子。幸好这安静的里分，留住我，画了这张建筑写生。

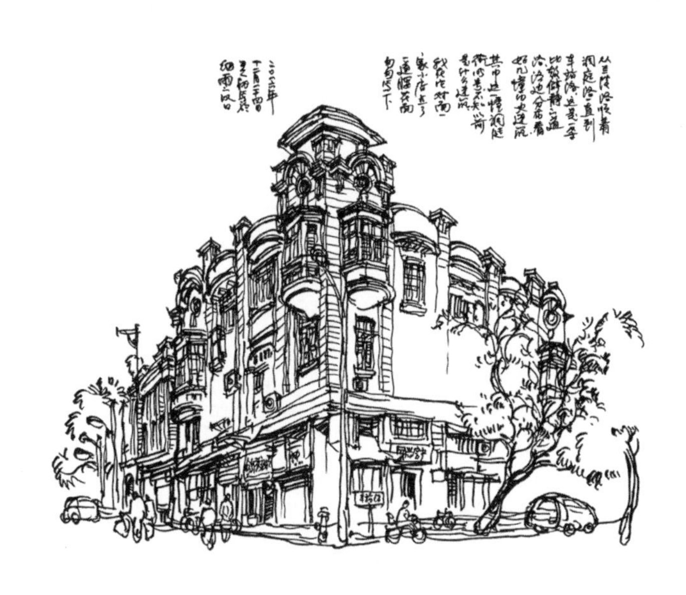

21
洞庭街赞育汽水厂旧址

位于洞庭街 103—105 号。武汉市优秀历史建筑。湖北省文物保护单位。现在为商店和住宅。

1910 年，英国商人在汉口设立赞育药店。1914 年，在法租界建成赞育药房大楼，这里号称“苏伊士运河以东地区最大零售药店”。1918 年，药房收购法国商人纳加利经营的手工制汽水车间，扩建为“汉口赞育汽水厂”，并引入新机器，成为汉口第一家机制汽水厂，所产赞育汽水大受欢迎，深受市民爱戴。

大楼外观属折中主义风格，主体三层，壁柱分隔开间，转角的塔楼特征很鲜明。

中午时分，我来到车马不喧的洞庭街，找到一家腰花粉面馆准备吃中饭，抬头一看对面就是这幢建筑，虽然天气阴沉，晦暗不明，但是那个塔楼的造型和细节还是能够辨析的。

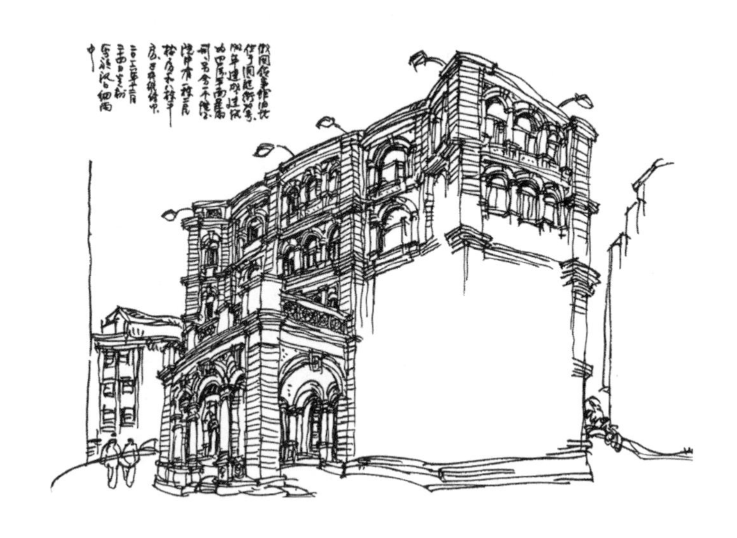

22

俄国领事馆旧址

位于汉口洞庭街74号(原俄租界内)。武汉市优秀历史建筑。2015年11月3日,被武汉市政府和湖北省文物局列入万里茶道沿线城市申遗点。现为湖北省电影发行放映公司办公楼。

1896年4月,俄国借口三国干涉还辽有功,要求在中国设立租借,最终选在天津和汉口建租界区。1896年6月2日,中俄签署的《俄国汉口租界条款》规定,俄国租借汉口英租界与法租界之间占地414.65亩的土地,1897年12月9日,签署的《俄国汉口永租江岸地基条约》规定汉口江边四段61.78亩土地永久租给俄国使用。1924年5月31日,北洋政府与苏联签订协议约定,苏联放弃沙俄政府在华一切特权,次年3月俄租借正式被收回主权。

1840年以前,汉口已经发展为中国最重要的茶市之一,与江西九江、福建福州并称三大茶市,是长江中下游地区湘、鄂、赣、皖等地所产茶叶的贸易集散地，茶叶贸易占到沙俄对华贸易额的94.4%，汉口俄租界设有阜昌、顺丰、巴公、源泰、新泰、柏昌等6家洋行，经营茶砖生产和茶叶进出口贸易。由此可见，汉口俄租界，是俄国在华经济利益的重要据点。

俄国领事馆，在租界划定后开始兴建，1902年建成，四层砖混结构，坐东朝西，建筑面积2819平方米。建筑平面呈扇形，红瓦四坡屋面，墙面以壁柱分隔为五个部分。正立面与左右两端门窗均为券柱式，古希腊多立克柱与古罗马式拱券交相辉映，居中设平顶券柱式门廊。俄国人还在大院内建造了9栋二层建筑，很气派，但其中大部分都拆除了。

来访时这幢大楼正在装修，它的正面对着一座酒楼的后门，相隔很近，要仰视才能看见全貌。

我坐在酒楼后门台阶上抬头画着。由于连续走了一上午，有点累，叹了一口气。

没想到身后走来一位酒楼的大班，她好像是被惊吓了，说："怎么叹这么大一口气啊！"

23
法国小教堂（圣母无染原罪堂）

位于原汉口法租界（今车站路25号）。武汉市优秀历史建筑。

该教堂奉无染原罪圣母为主保圣人。1910年，湖北东境教区的田瑞玉主教，授意法国传教士丁寿主持建造了这座圣母无染原罪堂。1953年，车站路教堂事件，就发生在这里。此后建筑移作他用，内部亦多有改动。

教堂建于1910—1911年，建筑呈拉丁十字形平面布局，整体为哥特式风格，内部有彩色玫瑰窗，装饰华丽精美，屋顶为蓝色天花，上饰白色满天星。

我来这里的时候，周围很冷清。只听见门房老太太和两位年轻人在门房里商量今晚什么活动。

我向看门老太太借来一张凳子，她说你来的时间真好，因为雨刚停，也没有什么人，很安静，看来这都是托上帝的福。

不一会儿一位中年人，推着自行车进到院子来，见我坐在门口，问我这儿是不是车站路的教堂?

我说是啊——我恍然想起，今天是平安夜。

24
美国领事馆旧址

位于江岸区车站路 1 号。1998 年被列为武汉市文物保护单位。2010 年 12 月被政府公布为武汉市第五批优秀历史建筑。2011 年 4 月被公布为湖北省文物保护单位。现为武汉人才市场。

据史料记载，早在 1861 年汉口开埠之初，美国即在武汉设立了领事馆。1905 年，领事馆搬迁到今车站路 1 号旧址处；1941 年 12 月，太平洋战争爆发，美国驻汉口领事馆一度关闭，1945 年抗战胜利后复馆；1949 年以后，又再次闭馆。

该建筑建于 1905 年，三层砖木结构，整体坐西朝东，古典巴洛克风格。外立面呈弧形，红砖外墙，十分醒目。三层外立面凹进成为外廊，由连续的拱券划分开间，但是二层的拱顶稍平，这是一种细微的变化。沿江大道和大楼北面小街转角处有四层八角塔楼，大楼正立面南端和侧立面西端墙体分别凸出弧形，与东北角外凸的八角塔楼形成呼应，整个立面处理得层次叠落，曲线婉转，并围绕塔楼形成独特的对称构图，使它看上去犹如古堡。楼房内部装修非常考究，水磨石铺砌的走道，木地板铺砌的房间，至今保存完好。

但是与历史照片对照，现在不仅新加了裙楼，沿江大道正立面的外廊也改为房间，特别是那个转角的塔楼屋顶也不见了，使建筑的虚实感和空透感都打了折扣。

汉口租界区的老建筑有很多精彩的细节，例如山花、柱头、拱门、线脚等等，很值得仔细端详。然而我一般无心一一刻画。我大约仅仅想画出一个印象，一种氛围，因此我从前更愿意关注街巷，而不是某一单幢建筑。

这样说似乎有歧义，刻画细节和渲染氛围矛盾么？应该说这是个人的一种选择，也是因为一路走来的写生，时间都比较匆忙，即使在武汉写生，我在老房子面前也并不是能一坐就是半天的人，绝大多数时候只有十分钟最多一刻钟，也许是时间决定了这一场景的记录状况。

《庄子·知北游》也说：“人生天地之间，若白驹之过隙，忽然而已。”雕刻时光的过程，往往也是转瞬即逝，不容逗留的！

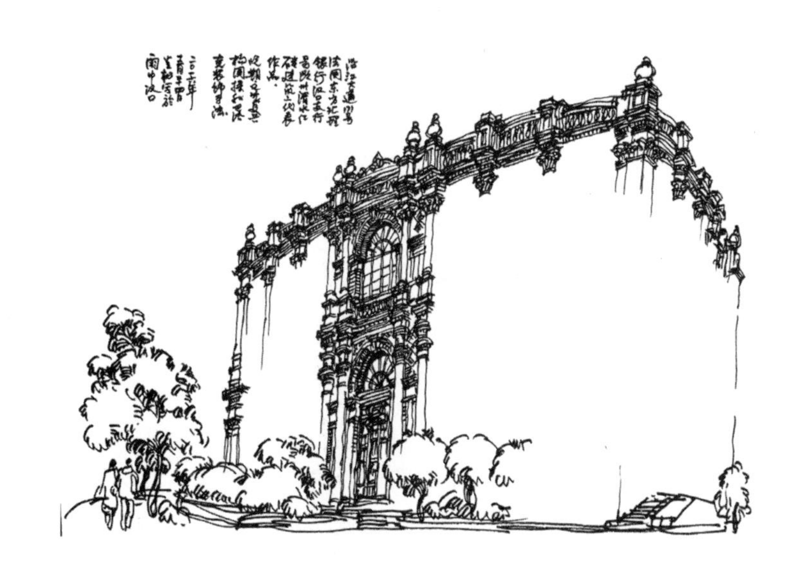

25

法国东方汇理银行汉口分行旧址

位于沿江大道 171 号。2011 年被列入武汉市第五批文物保护单位。

1875 年，法国东方汇理银行成立，总行设在巴黎，最初经营法国的亚洲殖民地印度支那业务，1888 年业务拓展至中国，1894 年成立香港分行，1899 年设立上海分行，1901 年成立汉口分行，是法国在中国最有影响力的银行，多次参与对华借款，为在华法国工商企业提供金融服务，并经营地产业务。1949 年以后，该行在中国各处分行停业，但在华总部被中国政府批准为代理中国银行外汇买卖的指定银行，并于 1955 年关停。

大楼约建于 1902 年，高二层，砖木结构，法国 18 世纪洛可可建筑风格，立面三段式构图。正立面七开间，上下两层，分别以倚柱与拱券结合划分开间，一二层柱子柱式不同（一层柱子柱头为圆盘托的塔司干式，二层柱头用涡卷加毛茛叶子的混合式）。中间一个拱券较大，为主入口，入口顶层檐口有山花装饰。一二层之间及二层檐口均设有横向线脚。二层窗台及屋顶女儿墙，均施绿色琉璃宝瓶栏杆。这栋大楼最突出的特点是外墙采用清水红砖，拱券和柱子等细部均用红砖砌筑，是欧洲传统清水红砖风格的建筑珍品。

改革开放后，东方汇理银行重返中国，1982 年最先成立深圳分行，1991 年重开上海分行。东方汇理银行，现在是世界五大船舶融资公司之一，欧洲最大资产管理公司，曾为英吉利海峡海底隧道工程、欧洲迪士尼乐园等提供融资服务。

汉口沿江大道上，行人很少，安静坐在那里，非常适合欣赏这些历史建筑。这座建筑的细节太多，我在画的时候只好做了取舍，画了中间一个开间的许多装饰和细部，两边留下大片空白。

26

平汉铁路局旧址

位于江岸区胜利街174号。该建筑被列入武汉市第七批优秀历史建筑，武汉市文物保护单位，湖北省文物保护单位。现为武汉铁路中力集团有限公司。

平汉铁路局大楼，建于1920—1925年，砖木结构，中部高四层，平面布局为“工”字形。立面正中设入口门斗，四根塔司干式柱支撑雨棚。两翼突出，高三层，在底层做成拱券长廊骑楼，壁柱分隔开间，外墙为青灰色铁砂砖砌筑，外立面强调竖线条，外墙贴砖拼花比较复杂，特别是女儿墙部分凸出跌落式柱头，有典型的装饰艺术派建筑风格特征。

27

德明饭店旧址

位于胜利街245号，在汉口蔡锷路口、胜利街与中山大道交接的半岛形地段。武汉市文物保护单位。2003年被列入湖北省文物保护单位。

1900年，清政府投资建设京汉铁路，并在终点建了汉口大智门火车站。法国商人圣保罗看到商机，便在毗邻车站的法租界四民路185号（今胜利街245号）投资修建创办一座饭店，取名“TERMINUS”（终点之意），音译为“德明”这是德明饭店与大智门火车站的渊源。它是洋人在武汉最早开办的旅店。

德明饭店曾经是汉口最高档的酒店，是租界区洋人的重要娱乐、休闲场所，也一直是民国时期军政要员驻足活动的重要场所。这里曾接待过蒋介石、白崇禧、唐生智等国民党要员。1932年的国际联盟调查团、1945年和1946年国共谈判代表，均在此下榻。

1954年，湖北省政府将其改名为江汉饭店，作为政府接待外宾的主要场所，先后接待了胡志明、赫鲁晓夫、尼赫鲁、哈马舍尔德（联合国秘书长）……等国际知名人士和重要访华代表团。

德明饭店大楼，由法籍犹太人史德生设计，1919年建成后开业。建筑为砖木结构，高三层，法国古典建筑风格，覆斗形铁瓦屋面，拱券窗和壁柱分隔开间，入口开间上方二至三层贯通爱奥尼式立柱，顶部老虎窗为三角形山花，两侧有巴洛克式曲线线脚。

上次画平汉铁路局旧址的时候，我就从它面前走过，却不小心错过。原来两座建筑分别坐落在马路两边。

如今这座建筑已经空出来，正准备装修，也许是经过多次的包装，样子有点怪怪的，不像历史建筑。

我就站在马路对面的一座老建筑的门洞下，画下德明饭店的光影。

一元路片

——洋行、里分周而复始的历史幻灯

一元路片已绘老房子分布图

一元路片，街区北临三阳路，东到沿江大道，西至中山大道，南抵车站路，面积15公顷，以优秀里分为主要特色，包括汉口德国领事馆旧址、美最时洋行大楼等2处文保单位，属近代里分街区，武汉市历史文化街区。

一元路位于原汉口德租界，最早称奥古斯特大街，也曾叫过皓街，后来改称为林森路，再后来就是一元路。它是法德两国租界的衔接、或者说分界区域，以南大致是法租界，以北大致为德租界。

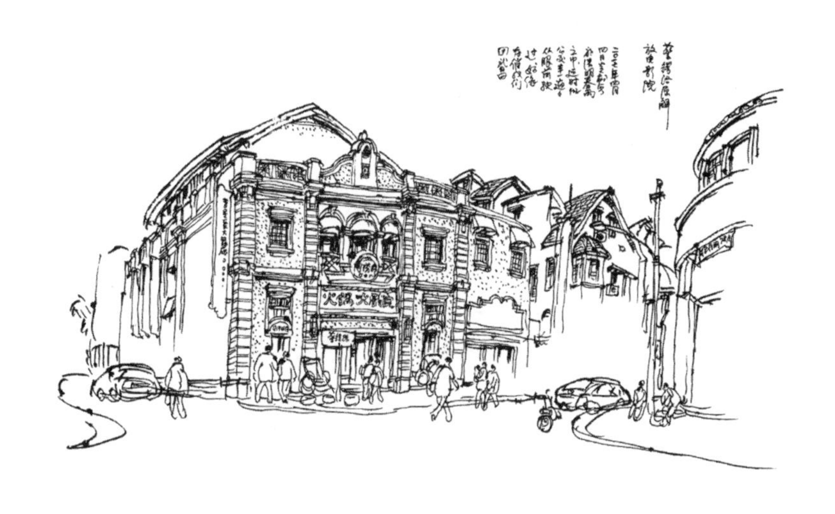

1

解放电影院旧址

位于蔡锷路 28 号。武汉市优秀历史建筑。

清光绪三十三年（1907），法国人在汉口花楼街，开了武汉第一家电影院——后花楼影戏园（后更名为文明影戏院）。目前，位于江岸区蔡锷路上的解放电影院和武汉电影院，是武汉市旧址尚存的老牌电影院，建筑样式均未破坏。

解放电影院，于 1918 年建成，初名九重大戏院，先后改名维多利亚戏院、中央大戏院，渐由戏院改为电影院，已经有 100 多年历史。大楼正立面在蔡锷路上，分上下两层。立面三段式划分，壁柱分隔左中右三大开间。中间一间一层为大门，二层三个拱券通廊，屋顶檐口有三角形山花装饰，两侧开间窗未为方形窗洞。其墙壁为表面凹凸不平的“抓毛墙”（当地行话叫“癞子墙”）。

1895年12月28日，法国卢米埃尔兄弟首次公开售票放映《火车到站》等12部影片，电影正式诞生。现在，北京、上海、昆明、香港等城市已经有了保留自己城市记忆的专业电影博物馆，也有人建议将解放电影院旧址，改造成武汉城市电影博物馆。

岁月神偷也偷不走的影像资料，是记录一个时代城市风貌和市民记忆最好的方式，所以何不来哉呢！

我们站在蔡锷路和胜利街街口画画，402路公交车一辆一辆地从面前驶过，分明在提醒我们，该回武昌了。

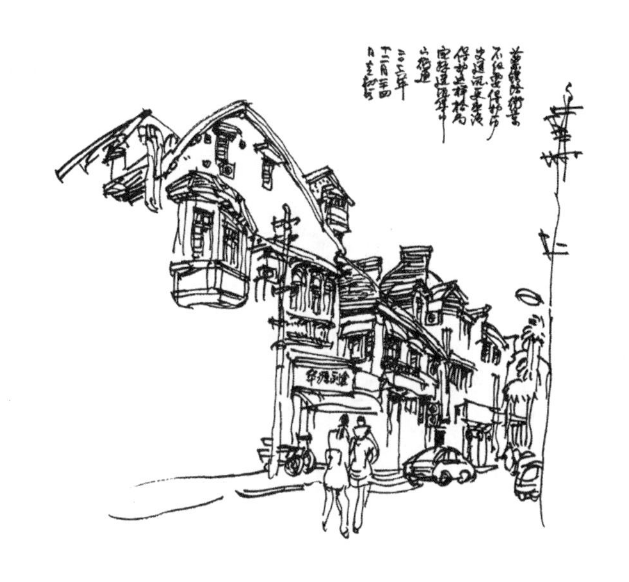

2
蔡锷路街景

位于汉口蔡锷路。

在湖北武汉、湖南长沙等城市，都分布有以蔡锷将军的名字命名的道路，以此纪念这位功勋卓著的爱国将领。

我初次路过这里时，就发现这条街的沿街面保存得很完整，也很有特色，二层的山墙面和正面交错着对着大街，立面很丰富。这次来了之后，决心把它画下来，但是因为天下着小雨，没有来得及取大场景构图和仔细刻画。

3
立兴洋行汉口分行旧址

位于沿江大道183号。武汉市优秀历史建筑。武汉市文物保护单位。现为武汉市招商局办公地。

1870年，法国人立兴和艾切马，在上海创办了立兴洋行，1895年成立汉口分行。1899—1904年，刘歆生曾为立兴洋行买办。

大楼由立兴洋行投资，建于1901年，由德国石格司建筑事务所设计，民生营造厂施工，主体为三层砖木结构，正立面采用纵向五段式构图。红砖壁柱竖向划分，每层设水平腰线勾勒，二三层为连续券柱式拱廊。底层中间设主入口，巨大的多立克石柱门廊突出在外，红瓦四坡顶，瓦脊上对称的两个烟囱，特征十分显眼。

1923年，由三义洋行设计，广帮和隆营造厂承建的立兴洋行新楼（今洞庭街116号)建成,原来的立兴洋行汉口分行办公大楼出租给中法实业银行(两年后停业),后来德国商人发利接手开了发利饭店,发利病逝后,1935年波兰人将其改建为老汉口饭店。

1938年底,立兴洋行停业,1939年1月1日起,人员资产转入永兴洋行。1950年,比利石义品地产公司在汉口复业,立兴洋行,6月1日起归义品公司管理。1954年,义品公司不愿再管理立兴产业,登报请业主自行管理,无人响应,产权下半年转由武汉市房地产公司接管。

2004年,武汉市招商局入驻立兴洋行汉口分行三楼。

一百多年来,在这里不断上演人来人去的人间戏剧,只有这栋历史建筑,至今依旧。

4

一元路昌年里

在江岸区一元路与中山大道相交处西侧。

一元路，位于江岸区南部，因为直通江岸一码头，取“一元复始，万象更新”之义，命名为“一元路”。

昌年里，东接胜利街、西联海寿里、北邻永平里、南通中山大道，建于1917—1925年，由买办欧阳会昌、王伯年等人集资兴建，故称昌年里。

从这个角度观察，我后来才知道，那一簇房子的所在是昌年里，而远处的高楼山墙，正是萧耀南公馆。

5

德国领事馆旧址

位于江岸区沿江大道 188 号市政府院内。武汉市优秀历史建筑。2006 年被列入第六批全国重点文物保护单位。2016 年 9 月入选“首批中国 20 世纪建筑遗产”名录。现为武汉市政府办公用地。

德国领事馆大楼，由德国建筑师韩贝礼设计，建于 1895—1896 年，砖混结构，高两层，地下半层，两边坡道可驶入汽车。

平面为方形，南立面凸出门斗。维多利亚式建筑，黄色水泥拉毛外墙。室内天花有石雕花饰、楼梯有精美木雕。建筑正立面七开间，周边设有外券廊，外廊以多立克柱式加拱券分隔，红瓦四坡屋顶，屋顶四角各升起一个圆形穹顶角塔。屋顶上方有一座阁楼，阁楼四面各开一个半圆形的小窗，建筑二楼与阁楼之间设有玻璃顶棚采光，视线通透。

6
美最时洋行旧址（或为西门子洋行旧址）

位于江岸区一元路2号。1998年被列为武汉市文物保护单位。2010年12月被政府公布为武汉市第五批优秀历史建筑。

1806年，德国商人美最时（Anton Friedrich Carl Melchers），在德国不莱梅创办美最时洋行，1862年又在汉口设立分公司，经营进出口贸易，设蛋厂、电灯厂和货栈，并涉足保险和轮船等业务。

一战期间，美最时洋行的德国工作人员返回德国，财产由荷兰总领事馆托管，大楼为卢汉铁路局办公之用。一战结束后，洋行才恢复营业。

1927年，国民政府从广州北迁武汉时，国民政府总顾问苏联人鲍罗廷也来到汉口，住在美最时洋行大楼，因此人们又称之为鲍公馆。

抗战爆发后，洋行再次停业，1944年美最时洋行经营的蛋厂、电灯厂和货栈均遭轰炸，而这幢美最时洋行办公大楼却幸免于难。1949年以后，大楼收归国有，现为政府办公之用。

大楼建于1908年，由汉协盛营造厂施工，钢筋混凝土结构，三层，还有一假层，造成四层的视觉错误，西式建筑风格。正面三四层突出，有六根廊柱，爱奥尼式石柱，十分气派高雅。主入口在大楼中部，单孔拱券式大门，门前有16级台阶，房屋空间很高。大门两侧有抱鼓石式护栏，与建筑整体体量比起来，显得有些普通。

我在英国水兵宿舍旧址的门房，问守门人美最时洋行在哪里，他说就在斜对面的路边，显然这一带的情况他都比较了解，或者说，这幢建筑本身就很有名。

我在对面只能仰视它，甚至以为是一座平屋顶的建筑（实际上不是），看起来线条很简洁挺括，其实装饰非常精细。

另据《武汉地名志》中“原租界地区地名更替图(三)”，现在这处美最时洋行旧址，被标记为西门子洋行旧址。据《1917年汉口特别区（原德租界）全图》原来美最时洋行旧址，在德租界二码头附近，有专家推测其旧址大楼被改造成现在的德庄火锅城。

7

坤厚里

位于江岸区一元路。武汉市优秀历史建筑。

坤厚里，最早由德商爵记洋行投资兴建，称爵记里，1922 年被安利英洋行买办蒋佩材买下，改称中原里，之后又被和记洋行买办杨坤山、黄厚卿买下，命名为坤厚里。1967 年更名为新建里，1972 年恢复为坤厚里。

坤厚里，位于胜利街、中山大道、一元路和一元小路之间区域，为长方形里分住宅。正门开在中山大道上，另外在一元路和一元小路上开有大门和通道，中间以弄堂将欧式建筑风格的房屋排列为五排，黑漆大门，红砖红瓦。

在中山大道上，寻找萧耀南公馆的途中，我偶然发现这里有坤厚里的一个大门。旁边那个耸起的山花造型（又名楼额）和堆塑装饰吸引了我，有人考证认为这座建筑是西本愿寺的旧址。

我先是走到中山大道，在转角的一家小吃店吃完盒饭，再折回来的时候还惦记着它，于是站在对面人行道旁把它画了下来。而当我走进这个里分时，发现里面很多建筑都已经残旧了。

8
英国水兵宿舍旧址

位于胜利街261号。武汉市优秀历史建筑。现为武汉市民政局办公用房。

1927年1月3日，武汉市民在汉口江汉关附近，庆祝北伐成功和国民政府迁都武汉，遭英租界水兵袭击，酿成一三惨案，随即引发武汉各界大规模示威游行。1月5日英租界被市民占领，2月19日中英签署协议英租界被收回，国民政府遂接管了这栋建筑。这是一座两层西式建筑，外围券柱围廊，红瓦四坡屋顶。

第一次去的时候一切都安安静静，仅仅两个月之后再去，这里已经装上脚手架，应该是开始修缮了。

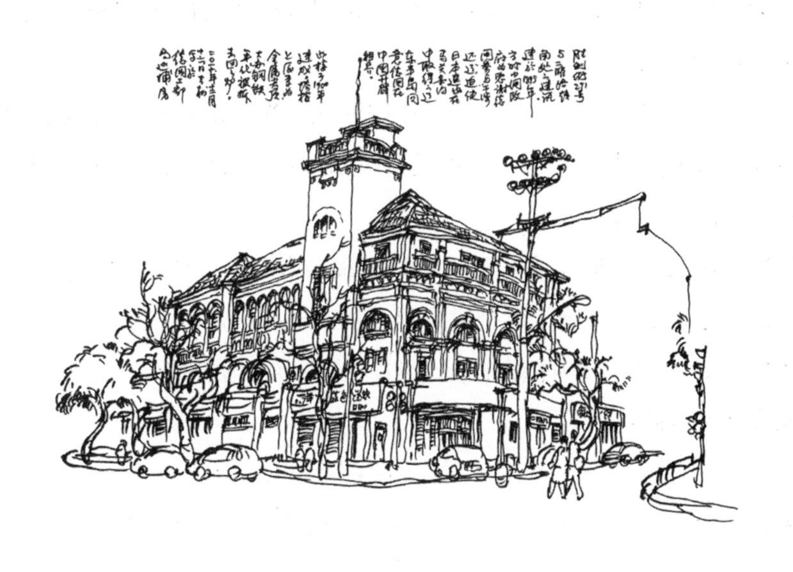

9

德国工部局巡捕房旧址

位于胜利街271号。武汉市优秀历史建筑。现为武汉警察博物馆。

1906年，德国驻汉领事馆为管理汉口德租界，设置工部局。巡捕房是在工部局下专设的警察机构。

大楼于1900年建成，二层砖木结构（另带塔楼），红瓦屋顶，属于文艺复兴风格，建筑底部用红砂岩垒砌，上部斩假石粉面。外立面开圆形拱券大窗，半圆窗套，窗框用钢筋水泥浇筑而成。转角处屋顶升起作防卫之用的五层高塔楼，方形平面，墙体封闭，上开窗小。塔楼上的屋顶原本还向内收进再升起一座高高的金属质尖顶，成为其建筑风格的标志，这座建筑因此也是当时德租界的标志性建筑。

1895年10月3日，清政府与德国签署《汉口租界合同》，设立汉口德租界。

此外，德国还在中国设立了天津（1895 年 10 月 30 日签署《天津租界合同》）、青岛（1898 年 3 月 6 日《胶澳租界条约》）两块租界区。

1917 年 3 月 14 日，中国政府与德国断交，次日北洋政府接受德租界。1921 年双方签订《中德协约》，正式收回德租界，当时汉口特别区管理局就设在德国工部局巡捕房旧址。

中华人民共和国成立后，建筑一直归武汉市公安局使用。图中塔楼消失的尖顶，据考证是大炼钢铁时金属尖顶被用来拆卸回炉的结果。

2018 年，武汉市政府依据民国老照片复原出了塔楼的尖顶，现在这里被改造成武汉警察博物馆。

早上这里的行人和车辆并不多。法国梧桐的枯枝遮住了建筑的正立面。于是我就选择站在十字路口取景，这才看见建筑的塔楼露了出来。

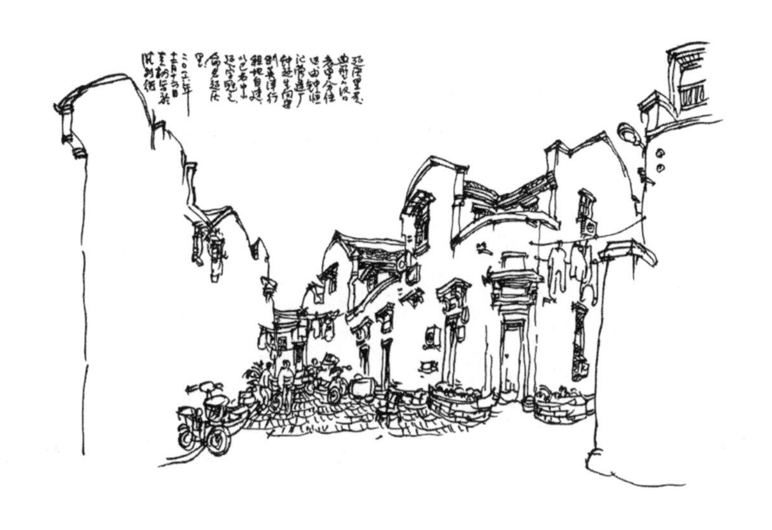

10
延庆里

位于胜利路277—289号。武汉市优秀历史建筑。

1933年，钟恒记营造厂老板钟延生向安利英洋行租地，建成了这片里分，并用自己的名字中的“延”字为其冠名。

我在这里一边画画，一边打量着里面的居民。几个进进出出的人神情古旧，让我想起自己儿时在上海里弄的生活。我无端地以为这里应该住着汉口的老居民。没想到听他们讲话，一口的河南腔，显然都是外地住户。

历经半个多世纪的世事变迁，在这里留下老墙、老门和老巷的格局，像静静端坐的老人，沉默打量着从这里进出的“年轻人”。

11

武汉市政府礼堂

位于江岸区沿江大道187号。2012年被列入第六批武汉市优秀历史建筑。

武汉市政府礼堂建于1954年。其外观是中国民族建筑风格，内厅是苏式建筑格局，采用了中西合璧的建筑样式。礼堂屋顶为重檐歇山顶，褐红瓦面。三层水泥框架结构，严格对称布局，两边设有晒台。歇山屋顶的迭次使用，有故宫角楼的神韵，给人犬牙交错、高殿嵯峨之感。

12

武汉防汛纪念碑

位于江岸区沿江大道旁，一元路通向长江的端头附近。1983 年被公布为市级文物保护单位。

武汉防汛纪念碑，是为纪念 1954 年防汛胜利所建，由中南工业建筑设计院著名建筑设计师袁培煌领衔，1968 年底完成设计，1969 年秋落成。据袁老回忆：“当时的基本原则是不能太现代，不脱离传统，所以总体上和天安门广场的人民英雄纪念碑类似。它们都属于‘三段式’建筑，即碑体由碑座、碑身、碑顶组成。”

武汉防汛纪念碑地处武汉江滩公园的江堤上（现江滩公园内），面向长江，碑身上有毛泽东亲笔题词：“庆贺武汉人民战胜了一九五四年的洪水，还要准备战胜今后可能发生的同样严重的洪水。”题词上方还嵌有毛泽东头像。

基座正面镌刻毛泽东诗词《水调歌头·游泳》，侧面为武汉人民抗洪抢险的大型主题浮雕。

江城武汉，是一座因长江而生的城市，与母亲河长江相生相伴的历史，有很多值得记忆的片段，最近一百年就有 1931 年、1954 年、1998 年三次特大洪水威胁城市安全。1954 年 29.73 米的长江水位更是武汉有水文记载以来的峰值，武汉人艰苦奋战 100 天才渡过了这次危难。1998 年的抗洪抢险更是牵动全国人民的心弦，时隔 20 年仍历历在目。

随着时间的推移，武汉防汛纪念碑由战胜洪水的标志，转变为武汉市爱国主义教育基地，而其所在的汉口江滩更是武汉城市的一张名片和江城的人民会客厅。从人定胜天到天人合一，心态的变化，也反映了时代的进步。

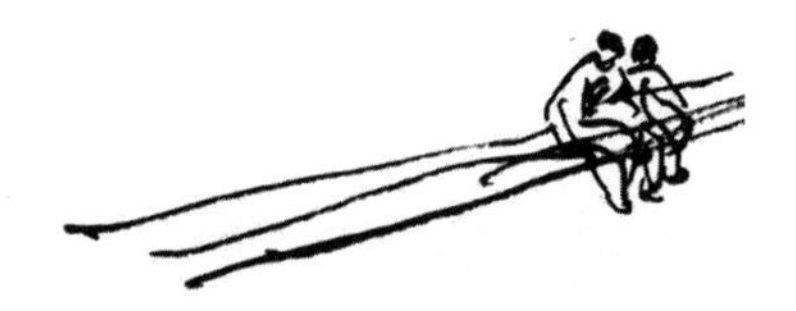

大智路片

——京汉铁路联通的记忆之门

大智路片已绘老房子分布图

大智路片，为京汉大道与中山大道之间区域，面积32公顷，分布有保和里、保安里、德润里、云绣里等，是汉口里分建筑文化的主要代表区域，此外，还有全国重点文物保护单位——汉口大智门火车站，属近代里分街区，武汉市传统特色街区。

这个街区包含着许多整齐的里分组团，是老汉口里分保存比较多的地带。尤其是这些里分被吉庆街贯通。因此，我以为它应该称大智路—吉庆街片比较全面。

大智路片中的“大智”两个字，起源于1864年（同治三年）汉口防御太平军所建城堡之“大智门”，1903年在附近建成京汉铁路汉口一端的大智门火车站，1907年张之洞为修汉口后城马路拆除汉口堡门，只留下大智路作为地名延续。

大智路片一带，是民国三大地产商之一的刘歆生，于1923年倡议建立“汉口市区街道之模范，以媲美租界区”的模范区。他主动学习租界城市规划、建造工艺和公共基础设施建设的先进经验，先是在江汉路、大智路、京汉铁路英租界合围地段修建华商街、铭新街、汇通路、保成路、交易街等街道，进而开辟新市场，对模范区房屋统一规划、并将房产向政府备案登记，同时申请成立模范区警察局维持治安，并主动与英俄两国租界交涉，拆除了租借与华界之间隔离墙（墙基就是现在的保华街），进一步扩大和繁荣了汉口城市规模，刷新了国人的观念和城市形象。

现在，这里正迎来新一轮的城市更新。

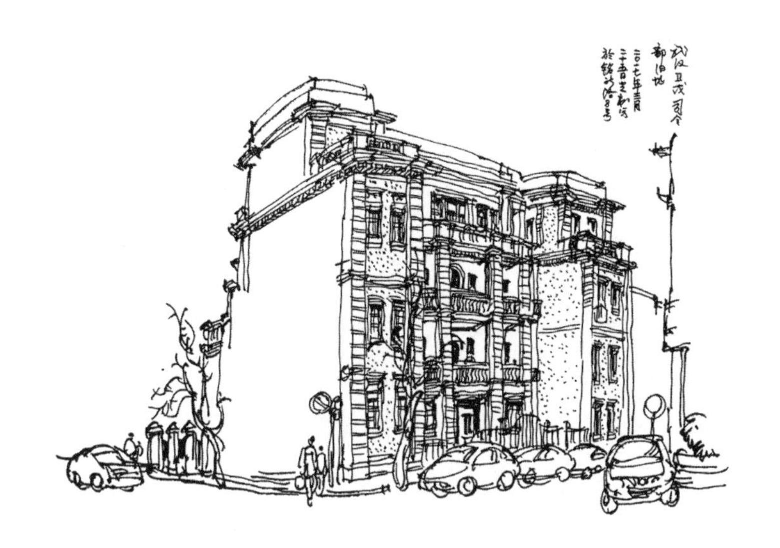

1
武汉卫戍司令部军法处旧址

位于汉口铭新街8号。武汉市优秀历史建筑。

这栋大楼，设计师为庄俊，建于1924年，四层，折中主义风格，三段式构图，正立面两端突出，中间三层方柱通廊。这里最早为大陆银行汉口分行营业厅。现为武汉市地方志办公室。

1926年9月7日，国民革命军北伐途中占领汉口，10月10日攻克武昌，次日在湖北督军署（今武昌造船厂内）成立武汉卫戍司令部。

1927年11月，武汉卫戍司令部军法处就设在汉口铭新街。1927—1929年，胡宗铎、陶钧任武汉卫戍司令部正副司令期间，曾血腥屠杀共产党人和革命群众，制造白色恐怖，这是记录近代重要史迹的代表性建筑。

2

鼎新里

位于汉口吉庆街附近。武汉市优秀历史建筑。

1937年，裕华纱厂的两个老板与一位商人，合资兴建一处里分住宅区，另外三人还各建一栋别墅，取“三足鼎立”“日日建新”之意，故称鼎新里。

它的沿街立面、壁柱划分、阳台花饰细节表现十分细腻，里分的入口门额上有巴洛克式样的山花，住宅山墙又有希腊山花的三角造型，各种元素对比，使得立面的层次看上去很丰富。

3

福忠里

位于汉口中山大道北侧。武汉市第九批优秀历史建筑。

20世纪20年代，张、王、陈三家投资，由比利时义品洋行设计建造这片里分，初为福忠北里、福忠南里，1972年合并后统称福忠里。张姓业主张福来，曾是吴佩孚部下“四大金刚”之首，其第二次直奉战争战败后避居汉口，当时地皮大王刘歆生在汉口华商中发起建设“模范区”，张也是在这一时期建成了福忠里。

福忠里，位于南京路（原伟雄路）北、黄石路南、吉庆街东、中山大道（原湖北街）以西，江汉二路、保华路与汇通路穿过街巷，形成路网及团块式里分。福忠里共有八排三层平顶房屋，其中四排合围成四周，另四排东西排列，内部垂直于江汉二路有五条巷子，平行于江汉二路有两条巷子。大门设于主巷，后门设于次巷，主次分明。它的整体格局保存得非常好，尤其它的四个转角分别处理成升起的正方形角楼建筑，具有鲜明的标志感。

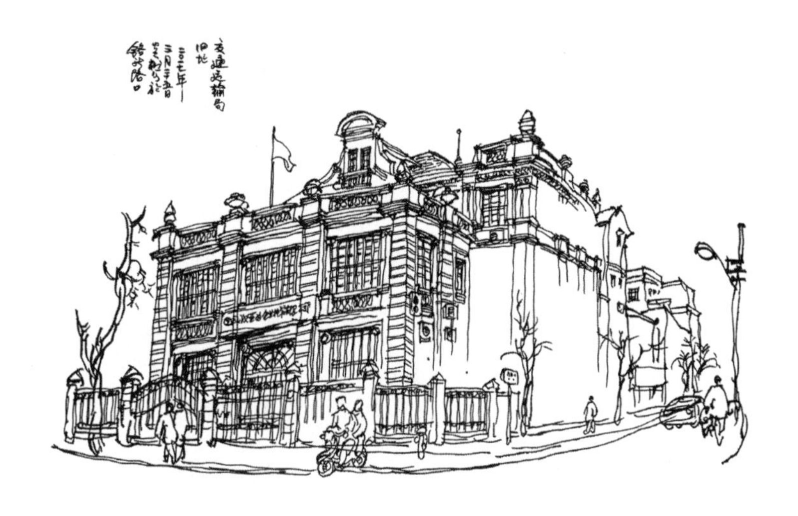

4 交通运输局旧址

位于江岸区南京路113号。武汉市优秀历史建筑。

交通运输局大楼，建于1937年以前，建筑整体三层，局部二层，整体轮廓比较丰富，壁柱分隔立面，顶层为巴洛克造型塔楼。

5
万尧芳公馆旧址

位于江岸区铭新街19号。武汉市优秀历史建筑。

公馆大楼，建于1921年，文艺复兴风格，两层外廊式建筑。正立面三开间，壁柱分隔。一楼立面分别为三个平拱窗框，二楼为平框。一楼中间为大门，底层标高较高，门前有一段台阶。大门口左前方，还有一株姿态遒劲的松树。

6
江岸区大智街青少年教育基地

位于江汉二路 148—150 号。武汉市优秀历史建筑。

这栋大楼，建于 1938 年前，建筑上下三层，西式风格，红砖红瓦。

2001 年以来汉口陆续发现多处日军残害中国人的水牢遗址。位于江汉二路的“江岸区大智街青少年教育基地”，即被确定为抗战时期日本宪兵关押中国人的水牢。水牢入口上方有两排红字——“江岸区大智街青少年教育基地”，红字之下，为一扇铁门，这便是当年的日军水牢遗迹。

7

华商总会旧址

位于江汉二路157号。2011年被列入武汉市第五批文物保护单位。现为武汉市民族宗教事务委员会办公地。

1907年，王伯年、欧阳会昌、刘歆生等华人买办受欧美商界俱乐部式的社交文化影响，发起成立了汉口华商总会。

1926年国民革命军抵达汉口后，其被征用为办公楼。1945—1947年国民党武汉行营设置于此。

华商总会大楼，位于汉口华商创建的模范区内，于1922—1923年建成，钢筋混凝土结构，占地面积约650平方米，初为三层，附带半地下室，后来又加盖一层。建筑整体为三段式构图，正面三开间。一层中间为4根多立克立柱划分的三开间柱廊式门斗，门额为希腊古典山花，两侧拱券大窗。二层为连通外廊，由方柱分隔为三间，每间又分别被两根多立克小柱分隔为三个小间，颇有帕拉第奥母题的意思。顶层有希腊山花檐额造型，与底层大门山花形成呼应。

1909 年，汉口地皮大王刘歆生，联合武汉三十多位富商，集资筹股，于华商总会大楼后方空地（今汉口汇通路 18 号），创办汉口华商赛马公会（1919 年建成，由汉合顺营造厂承建），与英国人于 1905 年创办的西商跑马场（今解放公园处）分庭抗礼。1926 年，王杆夫等商人，又在今唐家墩到姑嫂树一带，开办万国跑马场。一时间，武汉有三家跑马场，同行竞技，呈现一派畸形繁荣，武汉被日军占领后，跑马场一蹶不振，最终走入历史。

8

荣光堂

位于汉口黄石路 26 号。武汉市优秀历史建筑。

荣光堂最早以杨格非（1931—1912）的名字命名。杨格非是英国伦敦会著名传教士，在中国传教 50 多年，是基督教华中教区的开创者。这座教堂是武汉市现存规模最大的基督教礼拜堂。它的前身是位于原四明银行旧址的“花楼总堂”。1951 年改称荣光堂，取自《圣经》中“在天上有和平，在至高之处有荣光”的典故。

教堂设计者不详，由中国建安营造厂施工，1931 年开工，1932 年建成，三层砖木结构，底层为中廊式办公用房，二层是礼拜大厅，可供 1000 人做礼拜，三层是观礼台。

其为哥特式建筑，红砖清水墙，以正立面中间耸起的钟楼和十字架为中心构图，也是它最突出的特征。钟塔两边利用红瓦两坡勾勒建筑轮廓。一层中间为尖券大门，大门上二至三层为大型尖券窗。两侧分别排列三扇尖券窗，原来都装有彩色玻璃，是哥特式典型特征，既富于韵律，也衬托出教堂的挺拔。

9

吴佩孚公馆旧址

位于南京路122号，南京路和吉庆街交会处。武汉市优秀历史建筑。现为一家餐馆（美庐餐厅）。

吴佩孚公馆在武汉现有两处：一在黄兴路岳飞街；一是南京路和吉庆街交会处的吴公馆。

吴佩孚一生恪守“不做督军，不住租界，不结交外国人，不举外债”的“四不”原则，所以位于岳飞街的吴公馆因划入法租界被舍弃，后又在汉口华商兴建的“模范区”建造新公馆。现在，这里被一分为二，一为美庐餐厅（南京路122号），一为旁边的吴家花园（南京路124号），合在一起就是当年吴佩孚的花园公馆。

吴佩孚本人曾撰写对联，总结一生：“得意时清白乃心，不纳妾，不积金钱，饮酒赋诗，犹是书生本色；失败后倔强到底，不出洋，不走租界，灌园抱瓮，真个解甲归田。”于此，不难窥见其人风骨。

图中这座建筑（美庐餐厅）挂着吴佩孚公馆旧址的牌子，实际公馆主体（吴家花园）在它的旁边，大门紧锁，不得入内。

另有一说吴佩孚是秀才出身的儒将，一生不置产业，南京路这处吴佩孚公馆的说法并不准确。

10
三德里

社区北临友益街、南抵中山大道、东西接海寿街和车站路，曾是法租界高档住宅区，是武汉市保存最完整的老式民宅群之一。武汉市优秀历史建筑。

1901 年，上海、浙江财团刘贻德等 3 人，在今汉口的海寿街、友益街、中山大道范围内，与德兴里之间设界，建设新里分，兴建 76 栋二层砖木住宅，因其旗下经营三德堂商号得名，故称三德里，是武汉最早建成的里分。

中共早期革命家向警予，被毛泽东评价为“她是我党唯一女创始人”，1927 年 7 月至 1928 年 3 月以《大江报》主笔身份潜伏于汉口时，就住在三德里 96 号（今 27 号），后于 3 月 20 日被捕，同年 5 月 1 日就义，其住处现为向警予故居。

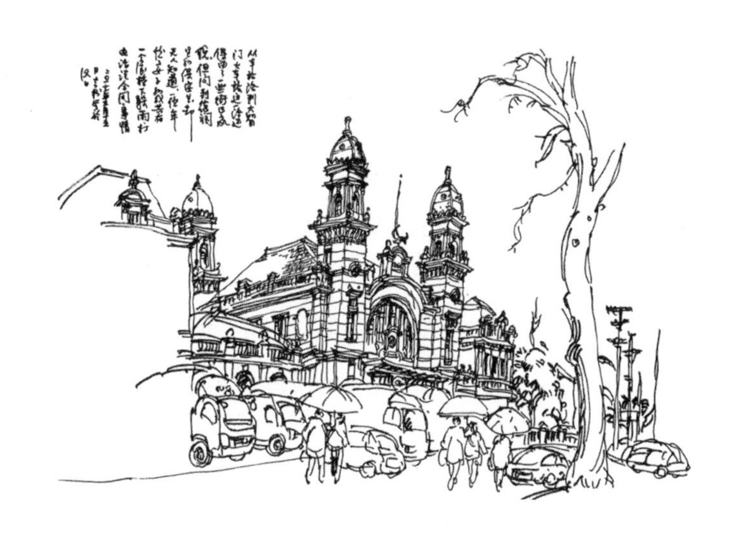

11
大智门火车站旧址

位于江岸区京汉大道1232号。武汉市优秀历史建筑。武汉市文物保护单位。2001年被国务院公布为第五批全国重点文物保护单位。

大智门火车站，又称京汉火车站，原为京汉铁路南端终点站的主体建筑，是中国第一条长距离准轨铁路——京汉铁路的终点站。大智门车站名称的来历，可追溯至清咸丰年间，地方当局为抵御太平军进攻，决定在汉口筑城堡。同治三年（1864），自西向东建成了玉带门、便门、居仁门、由义门、循礼门、大智门、通济门、便门（两座便门之一）等8个堡门。大智门是当年汉口城门之一，大智门火车站据此得名。

1991年10月1日，新建的汉口火车站落成后，大智门火车站停止使用。但大智门火车站旧址被保留下来，伫立在昔日的京汉铁路线和今日的城市轻轨旁。

大智门火车站，由比利时提供贷款，法国工程师设计，建于1900—1903年。建筑按照西方铁路车站的设施设置，平面呈横向亚字形，中部突出。建筑为鲜明的法式新古典主义的风格。立面造型为中部和两端凸出，屋顶有五个屋面，正中最高，中部四角各修筑有高20米的塔堡。铸铁堡顶，方锥形，中间低两翼高。主入口为三开间、六扇门，大门上方以铸铁牛腿挑出雨棚，雨棚上方半圆形大窗，被四根立柱分隔为五间。墙面、窗、檐等部位均有细腻的线脚装饰。大智门车站正上方，有一只展翅的雄鹰雕塑，立在“京汉火车站”铭牌上，诉说当年的意气风发。

现在，大智门火车站周围环境基本上已经清理过，只留下修缮后的这座西式建筑孤立在那里，它朝向车站路这一边停着很多大货车，显得冷清和落寞。

当时，雨不停地下，我躲进对面商铺的雨棚下画画，刻录这世纪风云残存的孤影。

遥想法国奥赛博馆、德国汉堡火车站—现代艺术博物馆，都是火车站改造成博物馆的经典之作。大智门火车站和同行们相比，或许还有新的使命和担当，不甘心只是封存记忆的容器。

六合路片

——红色清水砖镶嵌的历史碎片

六合路片已绘老房子分布图

六合片，位于京汉大道东侧的原汉口日租界，面积76公顷，具有小尺度街区、高密度网格道路的特点，多是原日租界历史遗存，属近代租界街区，武汉市传统特色街区。

六合路是昔日德日两国租界相接的边缘地带，现在政府将其列为原日租界范围。汉口日租界，1898年开辟，1907年面积便扩张至原先的3倍。实际上，许多日本的大公司洋行都将办事机构设在江汉路一带，与其租界区分离。汉口日租界，1938年遭国军爆破，1944年又遭美国空军战略轰炸，区域内建筑遗产损失惨重。如今日租界遗存建筑包括：三菱公司、日本驻汉口总领事馆、日本海军司令部和日本海军营房等。这几栋红色洋房，曾是日租界的标志，现在要么陈旧不堪，要么面目全非了。

这里的建筑没有一点传统日式建筑的影子，基本上是明治维新之后仿欧洲的西洋风格建筑或者现代主义风格建筑。日本人把从西方学来的东西，转化成他们自己的成果，强加到中国来，俨然“假洋鬼子”派头。

1945年抗战胜利以后，汉口日租界的道路中以中国地名命名的山海关路、芦沟桥路，和以抗日英雄的名字命名的陈怀民路、张自忠路、郝梦龄路、刘家麒路，以及1949年以后设立的八路军武汉办事处旧址纪念馆、汉口新四军军部旧址纪念馆等，都在以重塑话语权的方式洗刷国耻、铭记历史、凝聚民族精神。

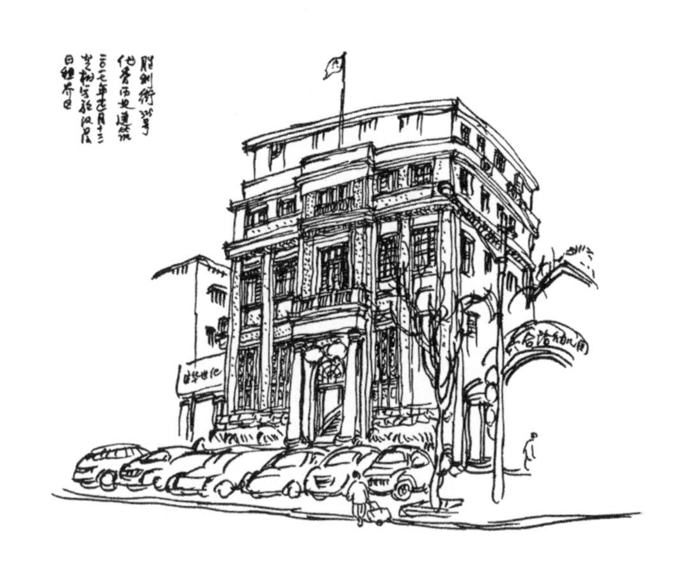

1

胜利街 325 号

位于汉口胜利街。现为武汉铁路局武汉中力物流公司。

1946 年 1 月 1 日新年伊始，为庆祝赢得抗日战争的胜利，国民政府在收回汉口五国租界后，正式将原英租界内的湖南街、俄租界内的马琳街、法租界内的德托美领事街、德租界内的汉中街、日租界内的中街与大和街合并，统一命名为胜利街。

今天的胜利街，自江汉路至芦沟桥路全长 3.8 公里，行走其间，阅读街上林立的历史建筑，往事历历在目。

这栋大楼，建于 1949 年，建筑为四层（第四层疑为加盖），三段式构图，面阔五间，中间一间凸出，一楼为主入口，廊柱式门斗，现代主义风格建筑。

2
日本军官宿舍旧址

位于胜利街256—272号。1993年7月28日，被列为武汉市优秀历史建筑。

日本军官宿舍，1909年由日本三菱公司投资建造，二层、清水红砖墙体、红瓦坡面屋顶，文艺复兴式建筑。外立面一层拱券柱式门廊，直接以拱券分隔开间，以隅石为装饰。二层为拱券式窗和阳台，并以壁柱分隔开间，转角建有瞭望塔。

这片红房子，为欧式联排公寓，功能完善、设施齐备，建成后便成为日本租界最高档的住宅式公寓。武汉沦陷后，日本海军伤员曾在此短暂居住过。

1949年5月16日，中国人民解放军第四野战军进驻汉口，这里曾是四野后勤部高级军官宿舍。

这座建筑的清水红砖墙面，许多已经风化而未加修补和粉饰，沿街的院子紧锁着，不得入内。它的规模很大，沿胜利街有百米之长，显得非常霸道，令人想起日本法西斯对中国侵略时的横行。我很惊讶这幢建筑保存如此完整，却很少见到关于它的宣传，应该是恨屋及乌吧。

3

同仁会医院院长住宅旧址

位于胜利街333号。2010年12月被列为武汉市优秀历史建筑。

该建筑由日本建筑师福井房一设计，建于1911年前，砖混结构，高二层，为单体西式别墅建筑，红瓦四坡顶，红色清水砖墙面，底层入口设拱券，两侧立爱奥尼柱。入口上方的檐口山花有精美灰塑。

这里最初为日租界内洋行办公楼，20世纪20年代成为同仁会医院院长住宅。

本来我是在马路这边找那幢日本军官宿舍。回头一看，发现马路对面也有一座红色清水墙的历史建筑，走进一看，还挂了优秀历史建筑的保护牌，其上介绍说它是一幢对称布局的建筑。其实它显然不是对称的，因为沿着中间山花中分，南面是两个开间，北面是三开间，北面的端头显然凸出了一块。

碰巧院子的大门开着，于是我走进去，迎面见有两位中年人，上前问这里是什么建筑？其中一位外地口音，问我打听这做什么？我很尴尬，我说是看到牌子进来的——他说这里是军队干休所，不许参观。等我退出来，他就把院子的铁门顺手关上了。

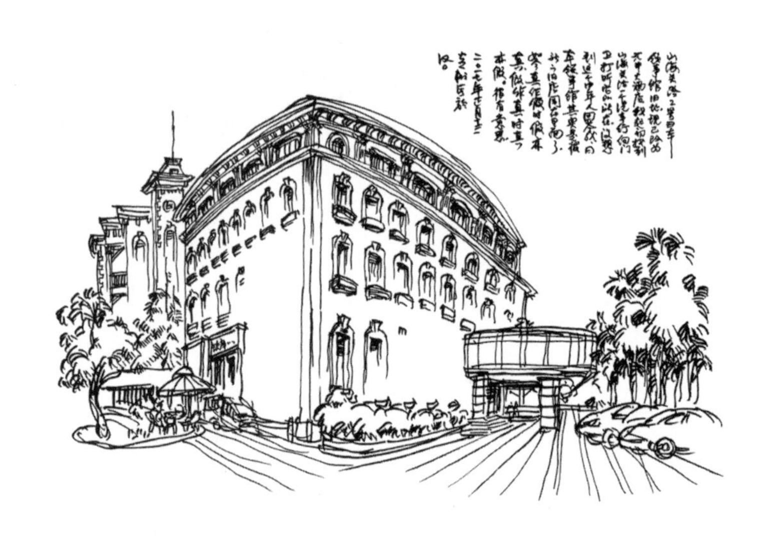

4

日本领事馆旧址

位于山海关路 2 号。武汉市优秀历史建筑。

日本 1885 年即在汉口设领事馆，1898 年开辟汉口日租界。这处汉口日本领事馆旧址就位于当年的汉口日租界，建筑于 1929—1932 年建成，1937 年 8 月，日本领事馆因七七事变撤出。1938 年 10 月 25 日，武汉沦陷后复设，1945 年抗战胜利后闭馆。

1898 年日本最先开辟天津日租界，之后又在汉口、重庆、苏州、杭州设立租借区。其中天津日租界面积最大，相当于其余四地之和，建设最完备、影响力也最大，保存下来的历史建筑也最多。汉口日租界，因在汉口沦陷前遭国军爆破，1944 年又遭美国空军轰炸，这处汉口日本领事馆旧址得以保留，十分不易。

该建筑现已被改造为汇申大酒店，外墙刷了很新的乳黄色，楼顶还加了层，但仍然可以看出它浓浓的西式风格，它的正面朝向沿江大道。不过，已经完全看不出它当年的模样了。

我在山海关路按照门牌号反复找不到这幢建筑，于是找到一家停车场，询问一位应该是门卫的中年人日本领事馆旧址的位置。

这个人的回答很有趣："那个地方啊，已经被宾馆包起来了，真正的样子你是看不到了——不过，真作假时假亦真，假作真时真亦假。"

嘿！这个人，有点意思。

5

八路军武汉办事处旧址

位于汉口原日本租界中街9号，今长春街57号。2013年被列为第七批全国重点文物保护单位。现为八路军武汉办事处旧址纪念馆。

这栋大楼，最早是日商大石洋行办公楼，为日式建筑，四层砖混结构，1944年被美国空军炸毁，1978年在原址恢复重建，1979年3月5日开放为八路军武汉办事处旧址纪念馆，馆名为叶剑英亲笔题字。

这幢建筑显然已经从仿欧的文艺复兴风格中简化了，除了一些比例划分和线条细节，简明的体块，笔直的线条，基本上可以算是一幢典型“现代主义”风格的建筑。

6

汉口新四军军部旧址纪念馆

位于汉口江岸区卢沟桥路与胜利街的交会处，胜利街332—352号。2013年被列为第七批全国重点文物保护单位。

这栋建筑，原为日本领事馆警察署，设于1898年9月28日，七七事变后，后作为敌产被查收。1937年12月25日，国民革命军陆军新编第四军军部即在原汉口大和街26号成立。2006年，这段历史浮出水面，武汉市政府拨专款整修，并开放了新四军汉口军部旧址纪念馆。

建筑为钢筋混凝土结构，高二层，建筑横向分为三段，每段四开间，中间两间开小窗，端部两间开大窗，以方壁柱分隔开间，三段排列，富于韵律。

旧址建筑用作新四军军部仅一个月的时间，这段历史也曾经长期被湮没在历史的烟尘里。直到1997年，它的地址才在人们执着找寻中得到初步确认。

可见，建筑作为重大历史事件的载体，它的价值是不能被忽视的。

另有一说，图上建筑为汉口新四军军部旧址纪念馆（原汉口大和街44号），汉口新四军军部旧址则在街对面的武汉市长江水利委员会幼儿园（原汉口大和街26号）。

7
古德寺

位于江岸区黄浦路上滑坡74号。1992年被列为湖北省文物保护单位。2013年被列为第七批全国重点文物保护单位。

古德寺，最早称古德茅蓬，为隆希于1877年（清光绪三年）所建。1914—1919年，住持昌宏两次扩建，后改称古德寺，取“心性好古，普度以德”之意。古德寺与归元寺、宝通寺、莲溪寺，并称武汉四大佛教丛林。

寺庙建筑大多建于1877—1931年间，整体坐东朝西，占地2000多平方米，建筑面积约3600平方米，采用汉传佛教三进院落伽蓝七堂规制进行总体布局，山门上“古德禅寺”四字为黎元洪手书。

圆通宝殿是全寺的核心建筑，平面为方形，采用一圈回廊，正立面九开间，中间为入口，并凸出门廊，由两根爱奥尼式柱子支撑。入口上方的三角形山花和山花上的圆形玫瑰大窗包括立面墙上的尖券长窗，都是基督教堂的典型建筑样式。屋顶升起其九座高低不一的塔格局与东南亚佛教建筑十分相似，装饰细节尽显南传佛教建筑风格。

这座建筑集大乘、小乘和藏传佛教密宗三大流派风格于一身，其细部体现的建筑特征，具有重要的历史文化价值。这种风格的建筑是特定时代的产物，在世界建筑史上非常罕见。

这里环境幽静，是难得的一方化外之地。这样另类的建筑，坐落在武汉，使人又一次领略了武汉这座城市文化上的多元与包容。

汉正街片

——天下第一街刻录的刹那芳华

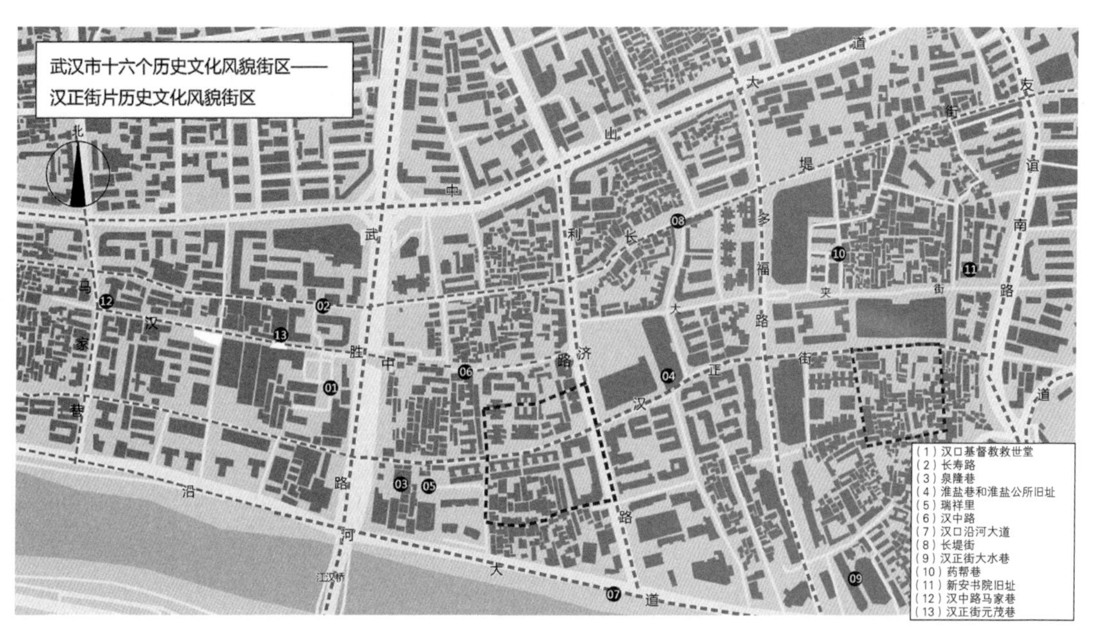

汉正街片已绘老房子分布图

汉正街片，位于汉正街传统商贸风貌区，是古汉正街历史遗存的分布区，西区在利济路以西，是传统街巷和历史建筑集中区，东区在多福路和友谊南路之间，片区占地面积约 8.8 公顷，是汉正街历史文化遗迹的核心区，属传统商业街区，武汉市传统特色街区。

清朝末年，汉口被辟为通商口岸。租界相邻的华人区，同样是茶馆、酒楼、商铺、金店、银楼等店铺林立。这条街上建筑的雕梁画栋，人称花楼。如今的花楼街是由过去的花布街（三义街—民权路口）、白布街（民权路口—民生路口）、后花楼（民生路口—江汉路口）组成。而前花楼也就是今天的黄陂街。

汉正街是汉口最古老的街道之一，据《夏口县志》记载，明朝万历年间，今天汉正街一带就已形成市镇。这里沿江从西向东，分布着宗三庙、杨家河、武圣庙、老官庙和集家嘴等码头，沿街店铺货栈扎堆，商贸繁荣，人气颇高。

清康乾时期，这条街成为名副其实的“汉口之正街”。乾隆四年（1739），汉正街建起了条石铺成的主街。同治三年（1844），郡守钟谦钧，在此修建万安巷等一批新码头。从此，汉正街更是吸引了四海八方的商贾云集于此，熙来攘往，其繁荣程度在全中国一时无两。其间，本省的荆州、孝感及外地的秦、晋、川、湘、赣、皖、浙等地商民，纷纷来此经商或定居。近代历史上的百余年以来，汉正街毫无疑问是旧汉口镇商业传统和文化精华的沉积之地，历史遗迹众多、文化积淀深厚。

在旧汉口镇的历史上，经商贸易行当有上八行（商业行栈）、下八坊（手工业作坊）的说法。据《汉口小志》记载：八大行，即盐行、茶行、药材行、什货行、油行、粮行、棉花行、牛皮行等。汉正街自明代以来就有“天下第一街”的美誉。

中华人民共和国成立后，国有经济占主导地位，汉正街小商品市场几乎无人经营，门庭冷落，处于封闭状态。改革开放之初，汉正街慢慢恢复元气，在湖北乃至全中国都是家喻户晓的地方，但是，由于种种原因，汉正街却逐渐走上了下坡路，改革开放四十年间浙江义乌与汉口汉正街之间的升降关系，很值得深思。

20 世纪 80 年代，我读大学的时候，就经常来这里逛，没有什么目的，就是因为它有名。20 世纪末还专门来此写生，可惜那时还没有现在这样专注的眼光，只零星画了几个小景，而且收录这几张画的速写本也遗失了。

1

汉口基督教救世堂

位于硚口区汉正街475号。1993年被政府公布为武汉市第一批优秀历史建筑。

这座教堂，是英国循道会在武汉传教的发源地。其前身为大通巷福音堂，是武汉最早的教堂之一。教堂建筑至今仍保存完好，而且在武汉地区教堂建筑中，救世堂这种具有地域色彩的中西合璧式建筑形象，几乎是唯一的，因此格外难得。

教堂建于1930—1931年。建筑坐北朝南，面向汉江。砖木结构，两层。平面布局呈拉丁十字形，为典型的中西合璧式的建筑，红砖清水外墙，教堂的前门楼为西式风格，三段构图，红砖壁柱分隔三开间，三个半圆拱窗，中间是三角形山花，壁柱顶上升起八角形的小塔。南立面门楼最具特色，二层部分四开间拱券通廊，中间两间拱券开间大两侧开间小，中间两间高三层为中式琉璃瓦单檐庑殿顶，两侧高二层为硬山屋顶，形成中式传统三滴水屋顶造型。南立面中间两间的三层部分正中以白石雕刻而成了一个直径达 2 米的凯尔特十字（形如一个顶着圆环的十字架），堂内的祭坛无穹顶，堂内正面墙上正中的花窗和墙壁上镶嵌的彩色玻璃，都是当年由英国运来，时隔 80 多年仍鲜艳无比，反映了英国基督教的典型特征。

1999 年，我画救世堂的时候，那里周围的街坊都在拆迁，剩下断壁残垣，当时我还以为这幢建筑也将不保，不想它还幸存了下来。

2

长寿路

位于武汉市硚口区长堤街以北、武胜路以西区域。

这是一条已经消失的老街，大约在 20 世纪 90 年代被拆除。现在，这里是长寿社区。

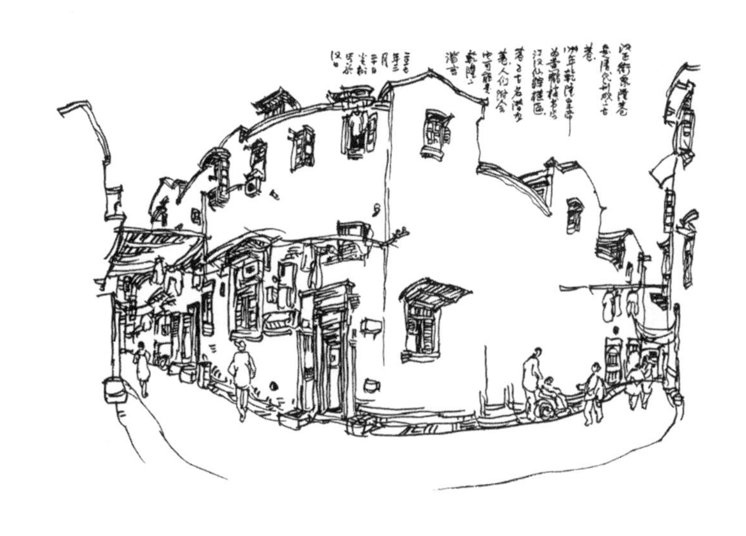

3

泉隆巷

位于汉正街万安片附近，连通沿河大道。

现在，大泉隆巷的墙壁上，镶嵌有一块乾隆皇帝驾临此处的《大泉隆巷记》字画碑。或许与乾隆游历黄鹤楼时光顾过泉隆巷（据推测多半为后人附会或杜撰）有关，至于“乾隆——泉隆”的典故是否确有其事，已经无从考证。

而且，现在这里已经不是清代泉隆巷的遗存，1911 年 11 月 1 日，冯国璋命清军在汉口放火，对抗以汉口沿街建筑为掩体的起义军，火借风势三日不熄，汉正街附近三十里焚为焦土。而老泉隆巷，就毁于 1911 年 11 月的这场辛亥战火。

据《武汉地名志》记载，现在的大小泉隆巷，均建成于民国初年。

大泉隆巷，承袭清代老巷基址，位于硚口区东南部，南北向南端起自沿河大道、北端抵近汉正街，由古泉隆巷派生得名大泉隆巷，1967 年改称江汉桥二巷，1972 年恢复为大泉隆巷。

小泉隆巷，于清末成巷，由古泉隆巷拓展而来，1967 年改名江汉桥三巷，1972 年又恢复了小泉隆巷的旧称。

现在泉隆巷的布局类似近代里分，主要是西式近代里分建筑风格，尚有少量中国传统建筑元素。建筑特征为石库门造型，红瓦、灰墙、灰檐，石基砖墙，镂空雕栏。

4

淮盐巷和淮盐公所旧址

位于江汉一桥东侧、汉正街以北区域。武汉市优秀历史建筑。

淮盐巷，在清代是淮盐商人经商和居住的核心区。清代政府设立的监销淮盐总局和汉口淮盐商人修建的盐淮公所都在这里，整条巷子全长200米，宽约3米。巷道两侧曾有木质雕花过街楼，分布欧式的建筑风格联排别墅，红瓦屋顶，装饰丰富，设置讲究。

盐淮公所旧址，位于淮盐巷巷口，其正面宽阔，爱奥尼式门柱高耸，前廊宏伟，是一座比较气派的近代建筑。

目前淮盐巷基本上已经被拆除，仅留下包括盐淮公所在内的两幢历史建筑。在武汉城市快速更新的大背景下，不知道将来这些建筑，会有怎样的际遇，只是如今这般情景，令人唏嘘。

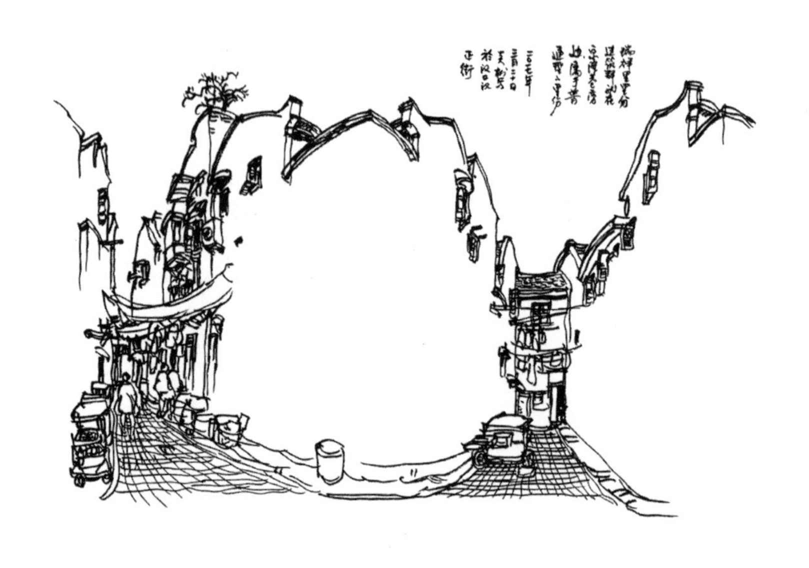

5
瑞祥里

位于汉正街以南、武胜路以东区域。

这里布局规整，里巷分明，建筑为二层，红瓦屋顶，水泥砂浆抹面。

当时，一位老太太走进来，看见我在巷口画画，就对旁边忙活的街坊说，你马上就有好房子住了，画图的人都来了。说完又走到转弯的巷子里，动员二楼的另一位老太太出去集体旅游。

今天，城市里还能有这种街坊的空间尺度，着实令人羡慕。

6
汉中路

位于武汉市硚口区武胜路以西、长堤街以南地段。

2017年3月20日，画画时，这里已经非常残破，商户和住户都在等待着拆迁。画中这一家屋顶上加建了一座“鸽子屋”，鸽子依然忙碌着，一只正欲展翅高飞。

7
汉口沿河大道

位于硚口区，汉口城区西南边缘，前临汉江。

沿江大道，是汉口沿长江一线的交通主干道，西南起江汉区大兴二路，东北至江岸区江岸路，全长 12 公里。

1861 年汉口开埠后，英、俄、法、德、日五国租界在汉口设立、17 国政府和商人来武汉经商贸易，并纷纷在汉口沿江一带设领事馆、开银行、办洋行、建高楼、立码头、组货栈，汉口市镇快速发展，沿江大道渐趋形成。

1929 年 10 月至 1930 年 5 月间，汉口特别市政府，在江汉关到民生路招商局一带修建沿江马路，江汉关以东为租界区、西为旧城区。1946 年，沿江马路全线统一被命名为沿江大道。1949 年初，大兴路至集家嘴一段，被划归旧城区，并入今天的沿河大道。

图中的这片建筑，建于1929—1954年间，这里虽然也是汉口的滨江街坊和建筑群，但是和沿江大道上的租界区相比，完全不是一个风格。

8
长堤街

东起自硚口区多福路，西止于月湖桥路中，靠近长江边。

长堤街，始于1635年汉口通判袁焻主持修筑的后湖堤，又称袁公堤。

现在的长堤街西起硚口路（北临虹锦公寓），东到三民路铜人像，全长4000多米，街宽不过4米，是名副其实的长街。正因为袁公堤，才有了日后的汉正街。这里是汉正街生成、发展、兴盛、没落的见证。

20世纪70年代，长堤街新建的房子基本上都是平房，但在武汉独树一帜，很有特点，后来，因为保养不够，日渐破旧。

20世纪90年代初这里的原住民因街道狭窄生活不便纷纷搬离。与此同时，外地人经营的饭馆、商铺、五金杂货店，渐渐多了起来，也增添了烟火气。

2016年底，随着汉正街复兴改造工程的动工，长堤街老旧的街区也开始了拆迁改造的新陈代谢。

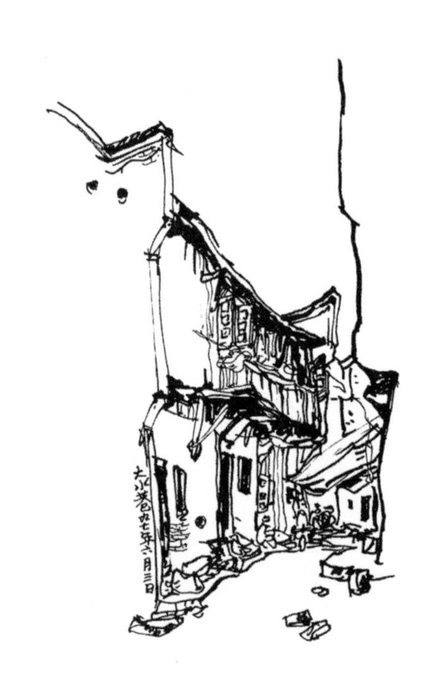

9

汉正街大水巷

位于汉口沿河大道的汉江边上。

大水巷街区有上百年历史。大水巷，原是汉正街的一条重要支巷，曾经号称有过“四十二茶庄，七十二烟囱”的景象，可以说相当繁荣，这里有一条十分著名的明清石板街，曾经大户云集，风光无限。大水巷是这里密布的小巷中稍宽的一条主巷，其连接着众多的小巷。小巷两边，多是古旧商铺，古色古香，恍如隔世。

画这个场景，是在二十年前的1997年6月3日，当时经常逛汉正街，但那里却因为人满为患，找不到一个好的角度画正街，只好画这样相对僻静的小巷，没想到如今再也找不到当年汉正街的影子了。

10

药帮巷

位于大夹街和长堤街之间。武汉市优秀历史建筑。

药帮巷最早起源于明崇祯年间。河南怀庆府（今河南沁阳市）药农来武汉贩卖自家的药材，因为很难在汉正街立足，便选择在保寿桥旁边的僻静小巷落脚，以此为起点经营中药材生意，日后逐渐形成了汉口最早的药帮，人称“怀帮”。药帮所处的这条小巷，也因此得名“药帮巷”。现在的汉口药王庙，始建于清康熙二十八年（1689），初名“怀庆会馆”，乾隆年重修后改称“覃怀药王庙”，由此尚可追忆药帮往事。

怀庆药帮不断壮大，汉帮、浙帮、江西帮等其他药帮也纷纷加入，清末的汉口药材行一度多达二十八家，年贸易额折合白银三百余万两。药帮巷的街道规模也因此不断扩大，从药帮大巷、药帮二巷、药帮三巷……一直到药帮七巷，不断发展成一个完整的社区。

历史上，江西药帮在汉口影响很大。据记载樟树药帮（即《武汉中药行业志》中所称的“江西帮”），早在清道光年间便将汉口作为其药材贸易的中转站，设立药栈和药材行。汉口的樟树药帮主要有茂记、德记、万源记、永康、怡德和、怡丰等十多家，专营江西地道药材，兼营湖南等地特产药材。清末，樟树药帮武汉经营药材生意的有三百多人，居武汉药帮之首。

与汉正街毗邻的药帮巷，于清乾隆四年（1739）开始使用砖砌暗沟排水，路面上铺花岗岩长条石，形成麻石路面。巷子长约 150 米，有 460 多排 20 厘米宽、100 厘米长的青石板。现在，这条路是武汉最后一条完整的青石板路。

最早的中国红十字会汉口分会旧址和红十字会助产学校，就坐落在药帮一巷的一侧，中华人民共和国成立后旧址建筑曾被医院、派出所征用，后改为硚口区新安街办事处办公楼。现在这里是硚口区汉正街药王社区居委会，建筑保存完好。

大楼始建于 1920 年前后，整体三层，局部四层，西式风格，立面为三开间，一层爱奥尼式门柱，其他以壁柱分隔开间，中间升出四层，顶部三角形山花。墙面和柱头可见欧式浮雕图案，墙面和栏杆装饰有十字图案和花纹。

药帮巷，是民族资本家在汉口经营传统中药材贸易的重要历史遗迹。我找到了其中江西药帮永康记张宝庭的后人，其祖上是江西樟树人，主营雄黄药材。他们曾和丰城的邹协和家族联姻，丰城和樟树同属宜春市，两家是老乡，从中可以看出江西商人在汉口的互相帮衬。

11

新安书院旧址

位于新安街 3—27 号，大夹街与新安街交界处。武汉市优秀历史建筑。

新安，是徽州的别称，新安书院为人所熟知的名称是徽州会馆（俗称）。之所以称新安书院，也是因为徽商崇文，在会馆内供奉朱熹，并奉朱熹《文公家礼》为信条，因为士农工商的中国古代社会阶层划分，微商始终坚持以习文入仕为终极理想，教育族中的后生晚辈，所以会馆便以书院相称。

清康熙七年（1668），徽州府六邑（今安徽歙县、休宁、祁门、黟县、绩溪以及江西婺源等 6 县）仕商，在汉口新街（北通大夹街和新安街，南到汉正街）一带，兴建新安公所，后改名新安书院（1721 年设义学讲堂），雍正末年（1735）又在其南端的汉江边开辟了新安码头，乾隆四年（1775），修新安街道。新街与新安街合称“新安市场”。

辛亥革命时，清军冯国璋放火，这一带变成废墟。

新安书院现存的古迹，仅剩一段约40米长的青砖院墙，其他墙段被抹平，这是武汉为数不多的有400多年历史的地表建筑遗存。

根据古墙走向，它当年应该是面朝大夹街的，如今它位于大夹街的正立面是典型的近代西式建筑风格，据此推测它后来作为徽州会馆的时候，与宁波会馆一样，也修改成了西式建筑风格。

12

汉中路马家巷

位于硚口区汉中路马家巷社区一带。

这张图绘于 1999 年 2 月 7 日。现在，图中对应的地址是硚口区马家巷社区，马家巷之名以社区的名称得到传承。

13
汉正街元茂巷

位于硚口区。

该建筑建于晚清民国年间，入口为三合小天井，是典型的近代武汉里分式居住建筑形式。

这里现已经整体拆除。我问了很多人，居然没有人知道这条巷子，我怀疑自己是否记错了。但是1999年所绘的画上明明写着“元茂巷”三个字？

并且，通过武汉市邮政系统的邮编430033，尚能找到与之对应的武汉市硚口区汉正街元茂巷，想必那里现在已是另一番光景。

汉阳

——山南水北，缔造汉阳

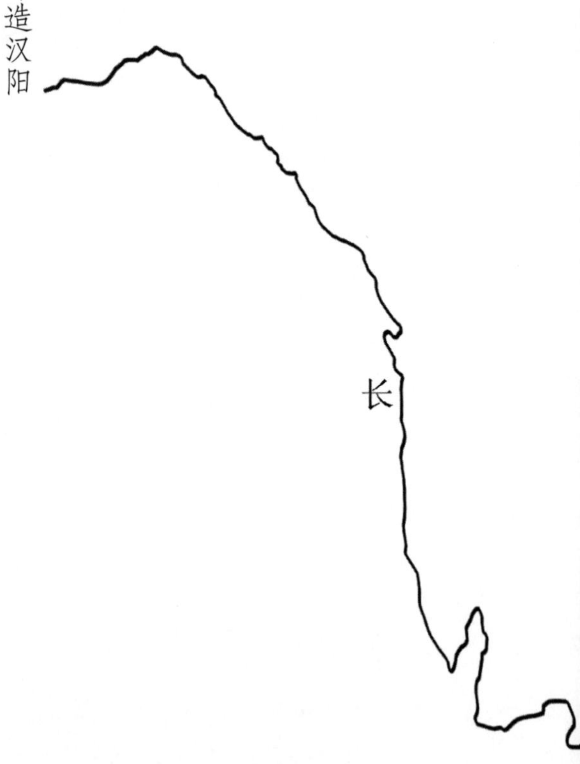

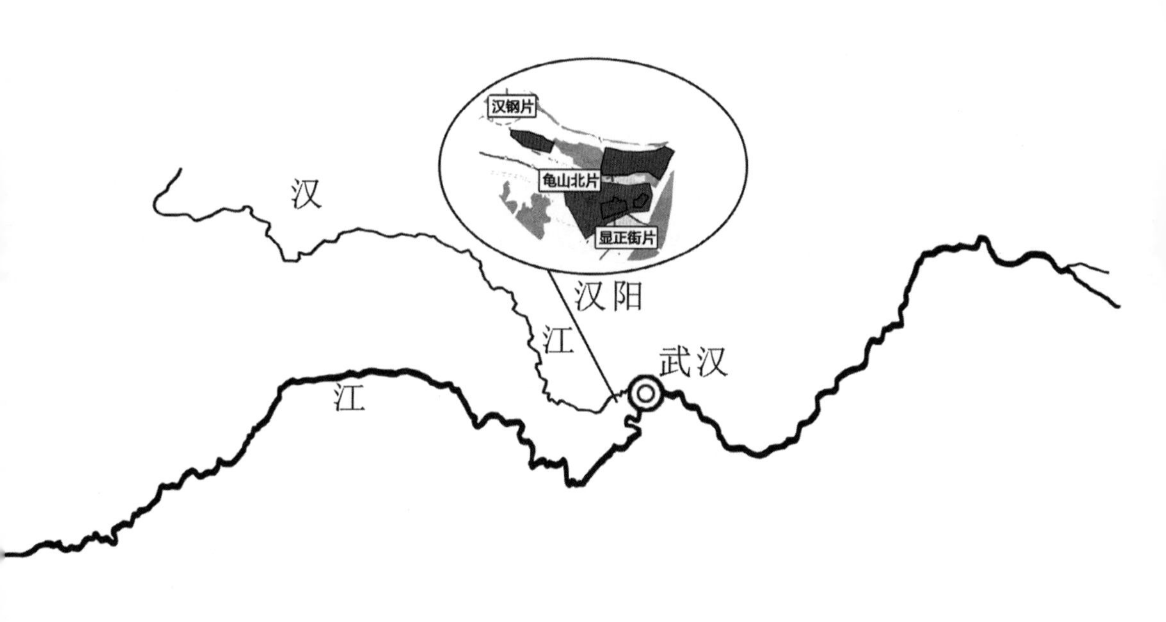
汉钢片
龟山北片
显正街片
汉
江
汉阳
江
武汉

汉阳在武汉三镇城邑建制中名位最早。

汉阳地名的来历源自汉水，古人有“水北为阳，山南为阳”之说法，古汉阳在汉水以北、龟山之南，因其地方向阳，所以称汉阳。

东汉末年，荆州牧刘表任命黄祖为江夏太守，治石阳（今汉口北郊），在大别山（今龟山之古称）筑却月城（因形似却月而得名），守沔口（汉水也称沔水）。却月城是有文献记载的武汉市辖区内已知最早的城。208 年（东汉建安十三年）孙权破黄祖军，屠却月城，城废。同年，刘表的长子刘琦接任江夏太守，在原缺月城周围另建了一座鲁山城。

597 年（隋开皇十七年），隋文帝在此处设汉津县，606 年（大业二年）隋炀帝时改称汉阳县，汉阳正式成为一级行政区划。

612 年（唐武德四年），鲁山城改称为汉阳城，汉阳县治移至今汉阳市区范围。唐代汉阳城，城围 1072 丈，在城的东、南、西、北和东南、西南、西北、东北设迎春、沙洲、孝感、汉广、朝天、汉南、下汉和庆贺 8 座城门，之后历朝历代汉阳城的规模有所变化，格局始终未变。

1121 年（北宋宣和三年），汉阳城临江一侧城墙因长江汛期洪水冲激而倒塌，后经战乱年久失修，城墙大多倾圮。

1274 年（南宋咸淳十年），由于汉阳一带商业迅速发展，在长江江滨地区形成了专门的商业集市，据此重筑汉阳内城墙，城周七里，设 8 个城门，该城东南枕大江，北控莲湖，西抵凤栖山麓。

南宋汉阳城毁于元代，直到明初，汉阳一直没有城郭。

1390 年（明洪武二十三年），知府程瑞重修汉阳城，恢复南宋基础，“东南临大江、西北跨凤栖”。

1524 年（明嘉靖三年），新修的汉阳城方圆五里，单墙无里城，东为朝宗门，南为南纪门，西为凤山门，北为朝元门，四座城门均建有谯楼。建成不久，朝元门即被废止。嘉靖年间，方才建造里城。

1643 年（明崇桢十六年）张献忠、1644 年（明崇桢十七年）李自成各自率领的一支农民起义军先后攻占武昌、汉阳，明代汉阳城遭到严重破坏。

1661年（清顺治十八年），知县曲圣凝、守备董朝禄各自整修汉阳里城，加高城墙，并重建了南面和西面的两座城楼。

1852—1856年（清咸丰二年至六年），武汉三镇是太平军在与清军争夺的核心战场，期间太平军曾四克汉阳，汉阳城因战乱倾废。

1880年（清光绪六年），汉阳城再度重建，城围约四里。城东南西设朝宗、南纪、凤山门，北面以为凤凰山为天然屏障，城内从凤山门至朝宗门的一道通衢为汉阳正街，即为今天的显正街。

1906年（清光绪三十二年），汉阳知府严舫、知县林瑞枝再修汉阳城，期间将东谯楼改为汉江楼，并将其开放，使百姓得以登楼一览长江风光。

1925—1928年的民国拆墙运动中，汉阳城东、西、南三面城墙均被拆除，改修马路，仅北面凤栖山一侧保留有明清古城墙遗址，古汉阳城从此走进历史。

清末，张之洞在汉阳龟山到赫山这一带分别兴建了汉阳铁厂、汉阳兵工厂、钢药厂等大型工厂，使汉阳成为中国近代工业的发祥地之一，长期作为大武汉的工业中心。汉阳造更是名动天下的国货精品，是中国近代革命第一枪。

但在今天的武汉三镇，汉阳的存在感相对最弱，见证了一段现实版的沧海桑田。

龟山北片

——晴川历历南岸嘴

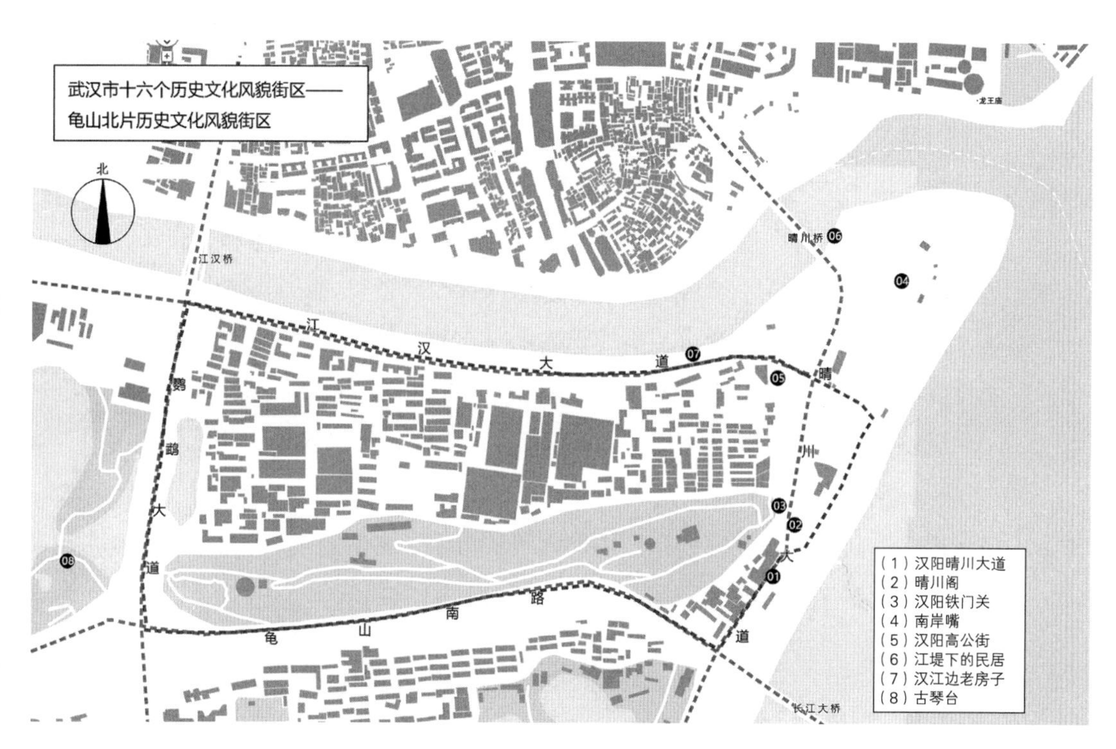

龟山北片已绘老房子分布图

龟山北片，街区位于龟山北麓，汉南路以南，面积134公顷，该街区体现现代工业企业历史风貌，是中华人民共和国成立之初“一五”时期的重要工业区，同时龟山上还保存有大量古墓、摩崖石刻等历史遗迹，历史文化源远流长，属工业文化街区，武汉市传统特色街区。

据《尚书·禹贡》记载：“嶓冢导漾，东流为汉，又东，为沧浪之水，过三澨，至于大别，南入于江。”可知龟山古称大别山，后因东吴大将鲁肃的衣冠冢设于山上，故又称鲁山，一直沿用至明代初期。

明成祖朱棣崇奉北方之神玄武，封其为玄武大帝。龟蛇是玄武的化身，时任湖北巡抚王俭奏请朝廷将鲁山改名龟山，隔江相对的黄鹄山则称为蛇山，永乐皇帝大悦。龟蛇既符合自然山形，又契合玄武神机，还贯通江汉水脉，将武汉三镇连为一体，大有“龟蛇锁大江”之势，这一招神来之笔不经意间竟然盘活了整个神州大地的山水大局，成就了江汉之眼的美名。

汉水与长江交汇处冲积形成的南岸嘴，被誉为武汉城市建设点睛之所在——长江文明之心和江汉之眼。

现在，武汉市正在规划建设的世界级城市中轴文明景观——长江主轴景观设计的中心正是南岸嘴。

1
汉阳晴川大道

位于汉阳区是汉阳临近长江的滨江大道，此街因晴川阁而得名。

这里背靠龟山，前临长江，古为东月湖。明嘉靖年间，汉阳知府范知箴，主持在禹功矶上，兴建了晴川阁。清末，湖广总督张之洞，在境内龟山北麓的东月湖荒地上，兴办了汉阳铁厂。

这里还连着洗马长街，据传关羽曾在此洗马故得名。

实际上，此街成于明代崇祯年间。民间传说崇祯皇帝，听信了道士们的谶语，认为龟蛇锁江的武汉有非凡的风水龙脉，于是要折蛇山的腰、断龟山的颈，皇帝颁诏按此方位辟街，对照龟山、蛇山的命名历史，这断龙脉一说不足为信。

从此街的位置及走向看，它与当年建在蛇山山腰上的黄鹤楼隔江呼应。

这幅画是站在长江大桥汉阳一侧的桥头堡上画的，俯瞰这条街，远处那幢高层建筑，是著名的晴川饭店。

在这里很难再看见小青瓦的屋顶，放眼望去基本上都是红色机瓦屋顶的房子，说明这些房子的历史也不是太久。

2
晴川阁

位于汉阳区洗马长街86号，汉阳龟山东麓禹功矶上。晴川阁旁边的禹稷行宫1992年被列为湖北省文物保护单位，2013年被国务院列入第七批全国重点文物保护单位。

晴川阁，位于汉阳江边，它北临汉水，东濒长江，与位于武昌蛇山上的黄鹤楼隔江相望，至今屹立江边，素称“楚天第一名楼”。南宋时，这里就建有禹王庙。明嘉靖二十六年至二十八年（1547—1549），汉阳太守范知箴修整禹王庙（明天启年间1621—1627年改称禹稷行宫，沿用至今）时在此兴建了晴川阁，晴川之名取自唐朝诗人崔颢“晴川历历汉阳树，芳草萋萋鹦鹉洲”的著名诗句。

1935年晴川阁，曾被大风吹倒。但立于晴川阁西南一侧的禹稷行宫得以幸存。1983年武汉市人民政府在对禹稷行宫进行修葺的同时，依据清末晴川阁的历史照片及遗址范围重建了晴川阁。

晴川阁，虽然为复建的建筑，但却是严格按照传统样式在原址建造的。晴川阁为重檐歇山楼阁式建筑，高 17.5 米。底层面阔 5 间，进深 4 间；顶层面阔 3 间，进深 2 间。其二层屋顶正面升起的牌楼悬挂“晴川阁”金字巨匾，这种升出屋顶的三滴水牌楼造型与黄鹤楼顶层牌楼有异曲同工之妙，是荆楚建筑的典型风格。

3
汉阳铁门关

位于汉阳洗马长街86号。

铁门关，最早建于三国时期，从三国到唐初的数百年间，铁门关一直是军事要冲。唐代修建汉阳城之后，铁门关便失去了军事防御作用，明代时其遭遇大火被焚，仅留下残迹。清代初年又在残基上建了关帝庙，后来关帝庙也沦为废墟。

1993年1月，政府在原址复建了铁门关，钢筋混凝土结构，高26米，占地面积为800平方米，墙面由红沙石砌成，石拱关门，重檐歇山屋顶关楼。

以我的观点，用这种仿古建筑作注脚，其实对呈现城市的历史文化遗产的意义不是很大，过往的历史，正如这滔滔的江水，逝者如斯，不舍昼夜……

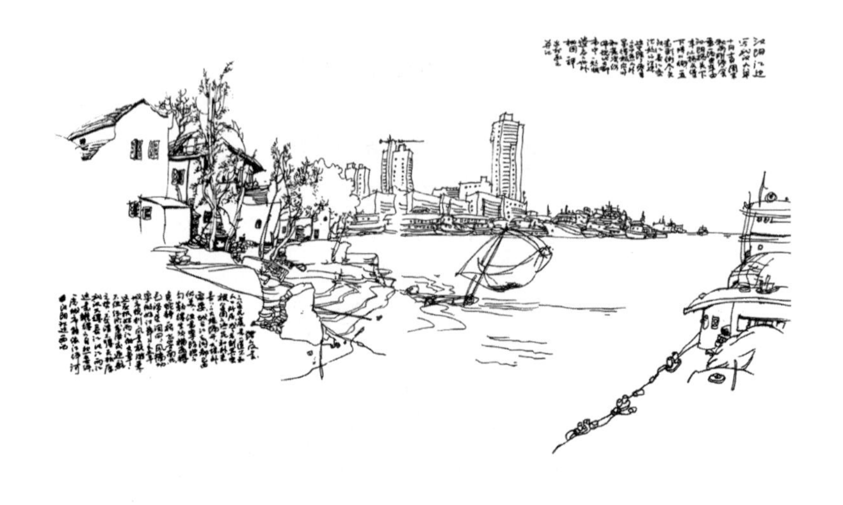

4

南岸嘴

位于长江与汉江交汇处泥沙冲积形成的凸出部。

这里是长江和汉江交汇处的泥沙冲积带，亦即著名的汉阳双街的起点。

我造访这里的时候，是在 1998 年，适逢这一带正在拆迁，渐成一片废墟。彼时浑浊的江水拍打着江岸，破旧的民居与斑驳的趸船比邻，二者一同静静地眺望汉口江滩那边高楼大厦的阑珊灯火。

如今，这里的老房子已经全部消失。

5

汉阳高公街

位于南岸嘴。

高公街，因清代汉阳郡守高纲在此修建高公桥而得名，后来在此基础上形成了一条与汉阳码头连接的历史街区。据相关资料记载，高公街，长180米，宽5.5米，1967年改称江河街，1972年恢复原名。这条街从头到尾分高公街和高公后街，全街麻条石铺砌。高公街和洗马长街、晴川街前后贯通，直通汉水，并与洋油街（后改为大庆街）形成一个十字相交。

1953年2月16日，毛泽东来武汉视察，17日乘船到汉阳高公街码头上岸，平生第一次踏上汉阳的土地。

地处水路交通要道的高公街，坐落着一幢灰砖红瓦的二层小洋楼，即高公街邮政支局，是民国时期汉阳的两家邮政支局之一。高公街端头，有一条双街与高公街垂直。双街的西端是集家嘴码头，往东通往南岸嘴码头。

高公街的街景，反映了典型的老汉阳地域特征与历史风貌。行走在这里，可以感受汉阳河埠老街坊的肌理和界面。

如今这里的清代老房子已经全部消失，旧街道也荡然不存。

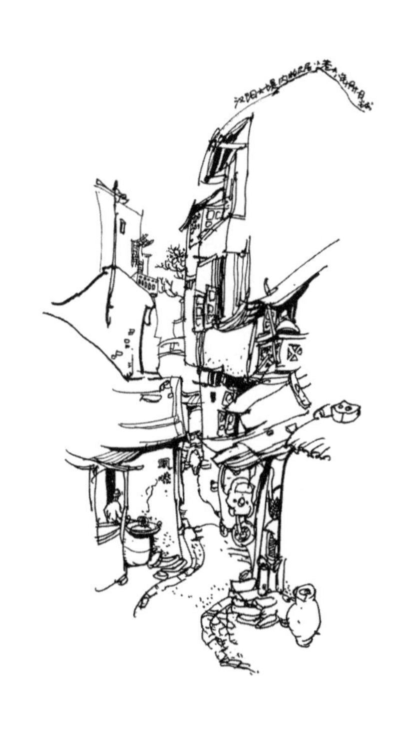

6

江堤下的民居

位于汉阳南岸嘴江堤附近的一条小街上。

所谓的小街，是被两侧房屋挤压出来的，一边是低矮的老式砖木房屋，一边是新建的砖混楼房，也形成了一定的街道功能和节点空间，那时低矮的店铺里还有人在炸油条、卖小吃，演绎寻常人家的炊烟袅袅。如今，这里的老房子也已经全部消失。

现在，武汉市筹谋已久的汉正街滨江商务区，立足长丰桥至南岸嘴段的汉江两岸，将重点打造“江汉十景”，借此演绎斗转星河的远古神话和江汉之心的文明史诗。

据说汉正街文化旅游商务区，作为武汉建设国家中心城市的综合服务核心功能区和汉江两岸世界级规划的“点睛之笔”，也将围绕汉水文化和汉阳、汉口的古今传奇，梳理历史线索、整合文化资源，在汉江沿线串联起长江之心、洗马古道、高山琴韵、汉正天街、崇仁坊里、月影流醉、汉阳造 1898、双子溢彩、流水人家、汉江之眼等十个特色景区，打造“江汉十景”。

昔日的人间烟火，转眼间竟要升华成斗转星河的阑珊灯火，华灯初上，妙境微然。

江汉之魂，魂兮归来！

7

汉江边老房子

汉江是长江最大支流，经陕西、湖北两省，在武汉市汉口龙王庙汇入长江。这是从汉阳江边望向汉口方向的一座不知名的近代老房子。

汉水，古称夏水，华夏（相传炎帝神农氏起于汉水流域的神农架地区，并与黄帝轩辕氏合力战胜蚩尤，建立华夏族）的夏，江夏（武昌的古称）的夏，也是夏口（汉口的前身）的夏。

中国古代，有天人合一、天人感应的时空观，并认为在陆地上自北向南流入长江的汉水，与夏季夜空中纵贯北半球的银河（古称天汉、云汉）对应，故称其为汉水。

秦朝末年，西楚霸王项羽，封刘邦为“汉中王”。因楚庄王曾约定，先入关中者称王，刘邦先于项羽入关中，对汉中王封号及封地均表示不悦。

对此，萧何向刘邦谏言：“《周书》曰：‘天予不取，反受其咎。’语曰‘天汉’，其称甚美。”（见班固《汉书·萧何传》），并主张刘邦应该主动接受“汉中王”封号顺应天命，以图天下。刘邦自此称汉王，并在之后的楚汉争霸战胜项羽，建立的朝代也顺理成章地称为汉朝。汉族、汉字、汉语，均在汉代生成并定型，实现了从华夏族向汉族的传承和演变，深刻影响中国的民族构成、文化形态和历史走向。

1474 年（明宪宗成化十年），汉水的最后一次改道划出汉口，造就了汉口历时 500 年的崛起之路，最近一百年汉口更是牵动武汉迈向城市的现代化。

神农氏与华夏族，汉中王与汉族、汉口与武汉，在这片大地之上，中华文明的每一次蝶变，都少不了汉水的哺育和滋养。

如今，汉水依旧在这里静静流淌，历史的进程永无止境，并且正在书写新的篇章！

8

古琴台

位于汉阳龟山西侧的月湖之滨。1992年被列入湖北省重点文物保护单位。

古琴台，又称伯牙台，始建于北宋，现存古迹为清嘉庆初年（1796）所建，这里是中国古代著名的知音文化历史古迹。因承载着的伯牙、锺子期至交典范的故事，被千古传诵，故有“天下知音第一台”之称。

古琴台建筑群，有殿堂主建筑和庭院、林园、花坛、茶室等附属建筑，规模适中，布局宜人。殿堂的琴台，为汉白玉石台，相传伯牙曾在此抚琴。

伯牙、锺子期，一个是楚国郢郢都（今荆州）人、晋国上大夫，一个是楚国汉阳（今武汉蔡甸）人、山中樵夫，身份悬殊、地位悬殊，却能以音律相同，伯牙抚琴、子期听琴，仅凭声音便知其志在高山还是志在流水，达到心意相通，这从素昧平生到成为知音和知己的传奇很快便成为人间美谈。

子期病故，伯牙摔琴的悲剧结局和“高山流水觅知音”的决绝之情，令琴台知音故事流传两千多年，至今仍魅力不减，并成为中国人交友的典范和文化象征。

2007年“伯牙与子期的传说”被列入《湖北省非物质文化遗产保护名录》。2008年鍾子期墓被确定为湖北省文物保护单位。现在，知音文化已经走出国门，成为中国向全世界传递友善、在五湖四海广交朋友的一张文化名片。

音乐，是中国礼乐文化的载体，是礼仪之邦的文明创造。现在，不论是《高山流水》的神曲，还是知音相遇的琴台，一实一虚都在传播着中国古人的文化基因，拨动心弦，影响世界。

现在的琴台，本是清代建筑，基本上保存完好。但是这座门楼，根据老照片显示，大门两侧原本是跌落马头墙式的硬山墀头，现在的模样却是弧线的滚龙脊式样，而且将黑色小布瓦换成了绿色琉璃瓦，这显然是近来“美化”改建的结果。

显正街片

——汉阳古韵县正街

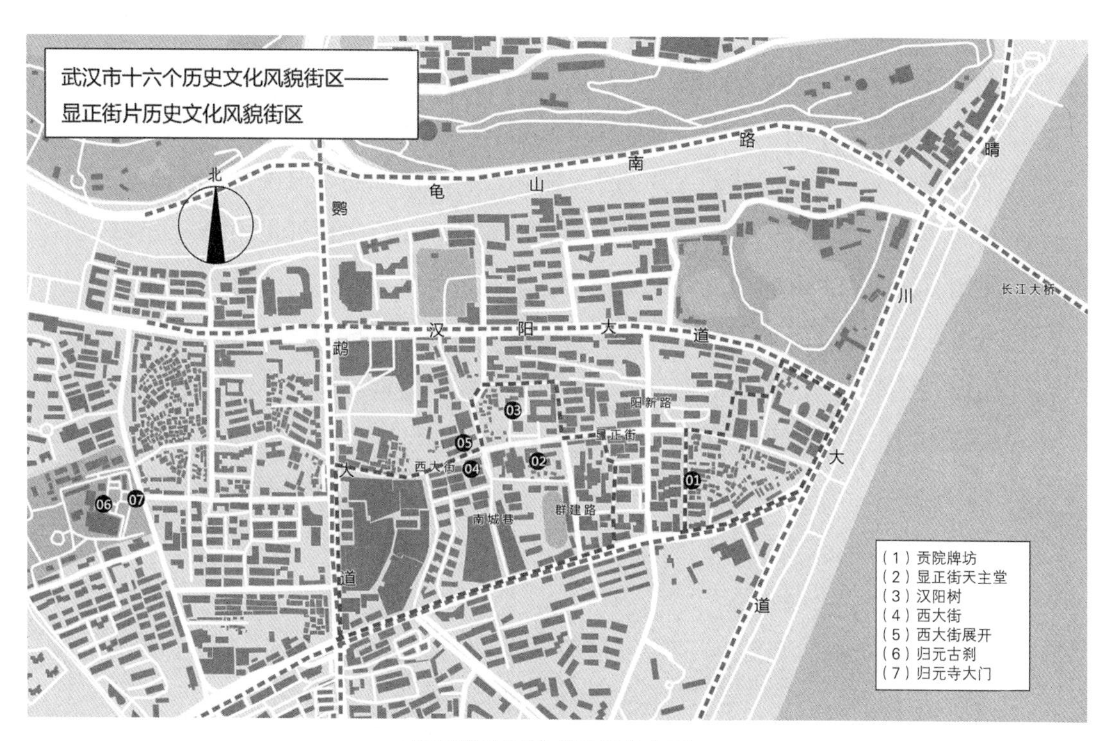

显正街片已绘老房子分布图

显正街片，街区位于拦江路以西，龟山南麓，为显正街和西大街沿线历史风貌保存较为完好的区域，面积约 32 公顷，古为汉阳府衙、县衙南侧的街道，是古汉阳城内最早的街市之一，因而是武汉传统民居与商业文化的典型代表，属传统商业街区，武汉市传统特色街区。

嘉庆年间所修《汉阳县志》记载，显正街为古汉阳府衙和县衙南边的街道，起连接古城东西两座城门的作用，是汉阳城的主街，故称县正街。

清代咸丰年间，太平军曾四克汉阳城，城内几为废墟。光绪六年，汉阳知府严舫、知县林瑞枝，主持重建汉阳城。新汉阳城仍以旧城为基址，城围约四华里（折合 2000 米），东建朝宗门，南设南纪门，西开凤山门，北倚凤凰山。城内主街东西南北呈十字交叉，联通凤山门到朝宗门的街道，是汉阳城东西向中轴线。汉阳府治、汉阳县治两级衙署，及县学、文庙、书院皆在城内。显正街是汉阳城的中枢，这里衙门并立，商贾云集，显示其汉阳城的正街（旧称县正街）的历史地位，正是在此基础上形成了今天的显正街。

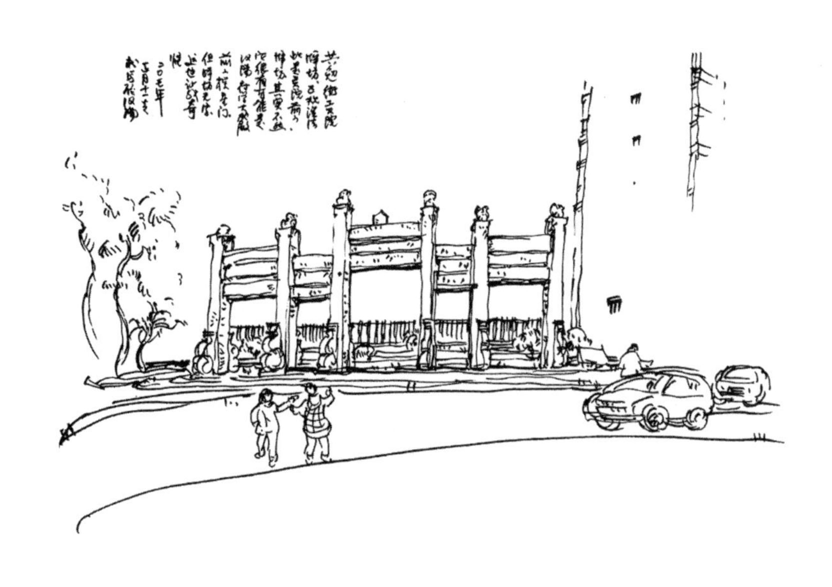

1
贡院牌坊

位于汉阳共勉街。

清康熙年间所修《汉阳府志》记载，贡院街上曾有明代诗人“朱衣进士坊”、明代榜眼“萧良有进士坊”以及为旌表父子二人同时考中进士所立的“父子进士坊”等12座牌坊。光绪三十一年（1905），清政府废除科举制，贡院考棚遂失去了原有作用，贡院街被人们改名为“共元街”，20世纪40年代改称“共勉街”。贡院街曾经密布的牌坊群，最后只剩下贡院坊这一座石坊，它也是整个武汉仅存的一座贡院牌坊。1992年，原本立于贡院大门前的明代贡院坊，为了给小区建设腾挪空间，被向西北迁移了约150米，安放在今天的位置，现在周围尽是高大的住宅楼。

这座牌坊为六柱五间冲天式，柱头立有小石狮，总宽近30米，比例扁长，用料粗大——遗憾的是牌坊没有题字，给今人留下悬念，这究竟是一座什么牌坊呢？有人说它是贡院坊（牌坊下的标志牌这样写着："共勉街原是汉阳县学所在地，明清为考场，亦称贡院，原县学前的青石牌坊称共勉坊……"表明此地即为汉阳旧日县学、贡院所在地），但也有人提出异议，依它的位置对应历史上汉阳县文庙的大殿门口，而认为它应该是当时文庙的棂星门，对此我亦有同感。

本以为这座牌坊很难找，于是我先来到阳新路，寻问街坊百姓，他们让我走一条小巷，说牌坊就在那里——来到鼓楼东街——再问路人——很快就来到被周围高楼威压下的牌坊面前。曾经威严的牌坊栖身在高楼之下，显得十分不协调。

旁边有小树相映，两个半大孩子在这里追逐嬉戏，吹着泡沫玩闹，他们应该是不知道眼前这座建筑的意义的。

2

显正街天主堂

位于武汉市汉阳区显正街163号。1993年被公布为武汉市优秀历史建筑。

这是汉阳现存规模最大的一组教会建筑，有教堂、圣母山和主教公署楼等建筑。这座天主堂创建者是爱尔兰人高尔文（Galvin）。这座教堂是天主教圣高隆庞会在武汉的遗物。在教堂大厅的祭坛正中，立着一尊教堂主保圣高隆庞的塑像，其在教内被称为圣高隆庞堂。

教堂于1936年建成，坐南朝北，长50余米，宽约15米，砖木结构，单层。平面为典型的巴西利卡式，立面采取典型的哥特双钟塔式。正立面分三段，中间是正门，正门上的墙面开着一面哥特式教堂的大玫瑰窗，上方为三角形尖顶。两侧设方形钟塔一对，窗户装饰以半圆拱形线脚。内部设三廊高拱，装饰简洁，可同时容纳500人弥撒。

根据我对武汉三镇教堂建筑走访的观感，这座教堂的形象对我触动最大：可能因为它标志性的双塔立面，在武汉市区应该是唯一的，堪称武汉版的巴黎圣母院；可能因为它在汉阳这一片老街区中，显得特别鹤立鸡群；可能因为它历经岁月冲洗，没有改变原样——它能够保存得这么好，是我没有料到的。

3

汉阳树

位于汉阳区凤凰巷（现建桥街汉阳树巷）11 号院。

汉阳树，是一株古银杏树，有 530 年树龄，高 28 米、树干直径 1.5 米，冠幅为 21.8 米，是武汉城区树龄最大的古木，因长在汉阳，俗称“汉阳树”。

银杏树所在地原名“银杏轩”，汉阳张氏高祖张行方于同治年间购下地皮之后，经其子张仁芬在光绪年间增地扩建，其规模从凤凰巷直抵显正街，东西长约百米，南北宽约二十余米。如今，这里已经被改建成“汉阳树公园”。

我来此地写生的时候，是天寒欲雪的正月间，银杏树掉光了叶子，但光秃秃的枝条，就像老人白色的须发，正可令人仰望它的苍劲风骨。

4
西大街

位于武汉市汉阳区。

西大街是汉阳的主街之一。显正街出凤山门与西大街衔接。西大街原是古汉阳城的一条官道，是官员进出汉阳的必经之路。据说它当年的繁华程度堪比今天的江汉路步行街。西大街靠近长江边，如今街两边的房子属于近代建筑与晚清中式建筑的混搭。

我二十年前专门去画过一次，但那一次的造访却没能连缀起我对老街的完整印象，连那时的一本速写本，也遗失了。

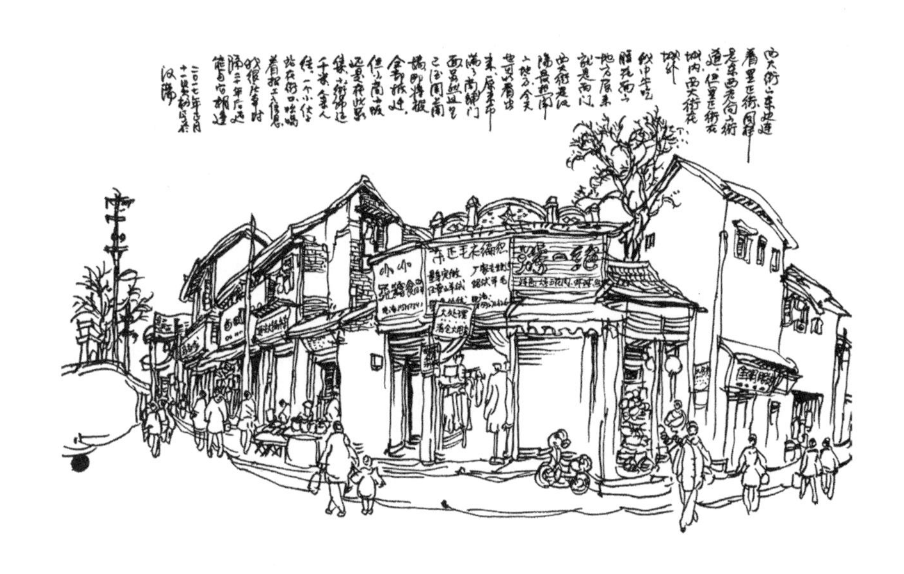

5

西大街展开

西大街东端起于北城巷，西端至于翠微横路（现归元寺路）。

传说春秋时期，此地就发展为集市。

明代汉阳城分为皇城、中城和外城。皇城为太守或藩王官邸。皇城西门延伸开来的西大街就在中城，这里商贾云集，是汉阳的商业中心。

中华人民共和国成立后，这一带仍有所发展。当时人称没去过西大街，就不叫到过汉阳。特别是 20 世纪八九十年代，经营建材生意的商铺占满西大街，其繁华之景象堪比当时的汉正街。

目前，西大街已经被围墙封起来，正在进行整体拆迁。

以前的汉阳城规模不大，严格来说显正街在汉阳城里，西大街在城外。但是，历史上西大街，是汉阳最热闹的大街。

而且据我现在的考察，显正街的历史建筑也已经所剩无几了。而西大街正面临整体拆迁，这里一面是因拆迁建起的围墙，另一面的店铺依然生意红火，路上是熙熙攘攘的人流。

在我看来，西大街的拆迁，或许是要把老汉阳的记忆给消磨掉了。

6
归元古刹

归元寺坐落在翠微峰下，初建于清顺治十五年（1658），至今已有三百多年历史。

清顺治十六年（1659），汉阳百姓受到从浙江游历到汉阳的白光、主峰两位法师弘扬佛法之举感召，共同捐资买下汉阳王氏的葵园，供二人建造禅寺，次年，禅堂落成，因寺院佛家《楞严经》“归元无二路，方便有多门”而得名“归元禅寺”。

道光皇帝曾钦赐给归元禅寺一方玉玺，上刻“敕赐曹洞宗三十一世白光主峰祖师之印”。晚清时期，归元禅寺曾遭太平军破坏，寺院建筑大部分被毁。咸丰八年（1858），予以重建。1889年，光绪帝赐予其一上刻“归元禅寺”四字的匾额和一部《龙藏》。

1911年，武昌首义爆发后，民军总司令部的粮站就设在归元禅寺，清军连连炮击，攻破汉阳后，还摧毁了寺内的大雄宝殿、禅堂等建筑，仅存五百罗汉堂、老藏阁、普同塔。

归元寺文物古迹众多，其中经书、佛像、法器、石雕、木刻、书画、碑帖等不胜枚举，尤其五百罗汉，以南岳衡山祝圣寺内的五百罗汉石刻拓本为蓝本，采用“脱塑”工艺，请武汉黄陂的两位塑像师傅历时9年精心塑造而成，置于罗汉堂之中的五百罗汉造型各异、规模宏大、法相庄严，引为禅寺至宝，名满天下。

归元寺，由北院、中院和南院三个院落构成，占地153亩，现存殿阁楼堂二十八座，寺院整体布局形似一件“袈裟”，匠心独具，寓意深远。

归元寺相比武汉其他寺庙历史虽然不长，却也是屡毁屡建。

据我的观察归元寺晚清时期留下的佛殿格局，原无官式建筑的大殿，而是前后三重厅堂，天井相连，空间比较逼仄。建筑以硬山屋顶为主，与中国普通传统民居无异，于是我宁愿相信它是“舍宅为寺”的，这本身也非常符合中国佛教的传统。

7

归元寺大门

位于汉阳区翠微横路 6 号。湖北省文物保护单位。1983 年被国务院正式确定为全国重点佛教寺院。

看着归元寺大门口那进进出出的人流，让人不禁想起对于宗教观念淡漠的中国人，如何才能在佛门聚拢人气。答案是显而易见，普通人拜佛、发愿，以图获得心灵的平静，得偿所愿之后还会再回来还愿——为佛祖重塑金身、为佛寺捐建灵塔，可以说无上虔诚。

每年春节期间的归元庙会，去抢头炷香——抢下个开年的好彩头，许愿一年的好运，逛庙会，买年货，观看民间艺人的表演，这些中国传统习俗和旧时代的记忆，在这香火鼎盛庙宇中活了起来，这就是人间烟火的真实写照。

大俗即是大雅，老汉阳明清四百多年来因地处交通要道聚拢的人气和人心，吸引着各处的商贾把货物带来、吸引着各地的民间艺人把技艺带来，在这里交流、交换，产生新的文化，生生不息。

菩提也是世界！

汉钢片

——十里长廊造汉阳

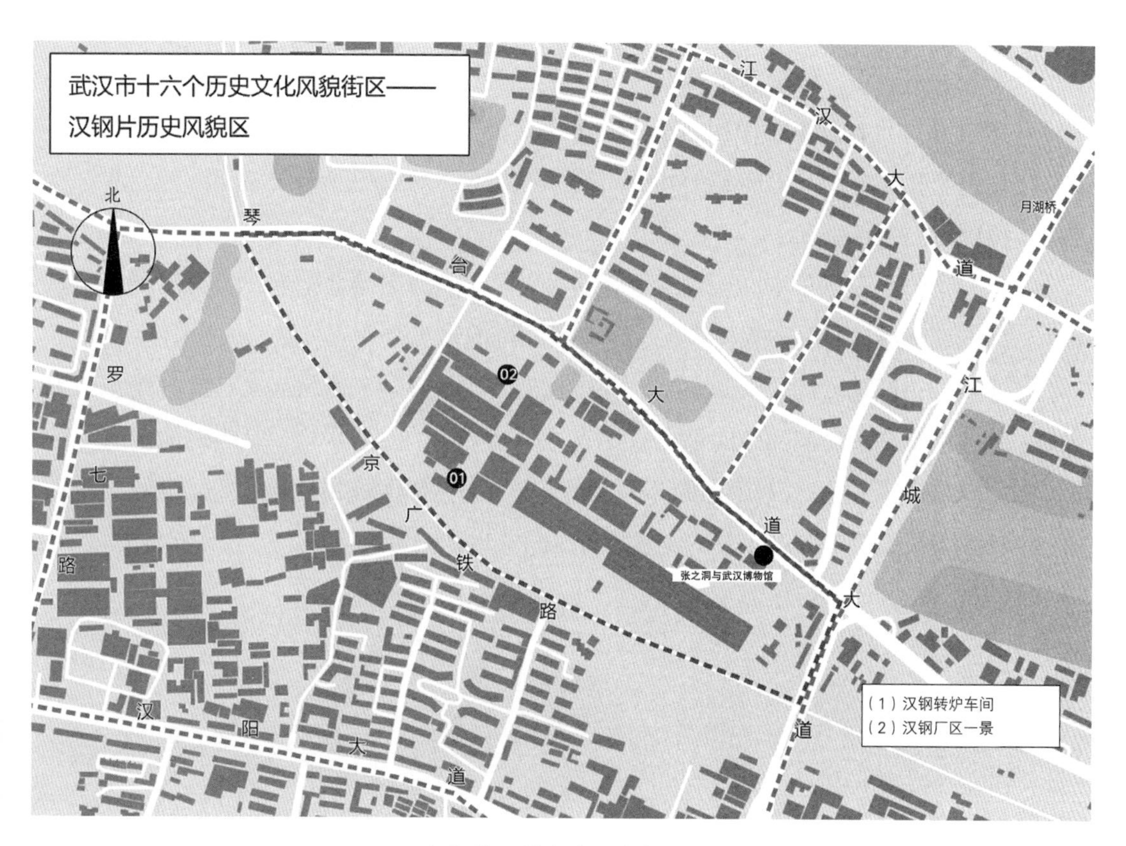

汉钢片已绘老房子分布图

汉钢片，位于琴台大道以南、汉丹铁路以北、月湖西南部，面积约40公顷，为晚清民国时期钢铁和兵工企业所在地，有张之洞与近代工业博物馆等建筑，是沿江“十里工业长廊”（龟山至赫山临江一带，张之洞创办了汉阳铁厂、汉阳兵工厂、钢药厂等众多工业企业）的重要组成部分，属工业文化街区，传统特色街区。

汉阳铁厂，位于汉阳月湖之畔、琴台之侧，由晚清名臣张之洞兴办，于1894年6月投产，是中国乃至亚洲第一家集冶铁、炼钢、轧钢于一厂的现代化钢铁联合企业，比日本在1901年建成投产的八幡制铁所还早7年，曾经蜚声国际。

汉阳兵工厂是中国近代最著名的兵工厂。它原名湖北枪炮厂，与汉阳铁厂同期建成，是晚清规模最大、设备最先进的军工企业。其生产的汉阳造79式步枪，即著名的“汉阳造”，武昌起义、北伐战争、南昌起义、抗日战争等各个革命起义和战争时期，它一直是中国军队的主战步枪，是当之无愧的中国革命第一枪。汉阳兵工厂不仅生产出了当时中国最先进的武器，也使武汉成为全国最重要的军事工业重镇，汉阳造堪称国货典范。

1
汉钢转炉车间

位于汉阳钢厂厂区内。2011 年列入武汉市第五批文物保护单位。

客观地说，这里的厂房建筑，已非张之洞所建汉阳铁厂的遗迹。旧的汉阳铁厂，抗战时期已经全部拆迁转移至重庆大后方。

中华人民共和国成立后，在汉阳铁厂原址兴建汉阳钢厂。汉钢车间于 1970 年开始投产，从左至右、由高到低，排列着不同功能的“三跨”区间，依次为“冶炼跨”“铸锭跨”“精整跨”，其建筑外形错落有致，红砖外墙皆被烟熏成黝黑色，透出历史的沧桑感。

汉阳钢厂，上承张之洞汉阳铁厂余脉，下启新中国钢铁工业之先河，是重要的历史遗迹，2012 年汉阳钢厂转炉车间旧址被列为武汉市一级工业遗产。

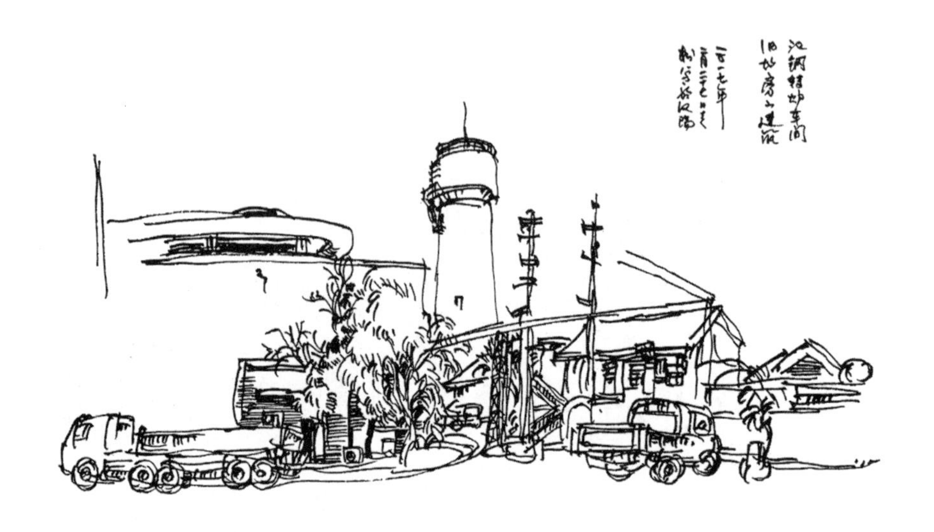

2
汉钢厂区一景

位于汉阳钢厂厂区内。

我们开车进入厂区，里面的道路横平竖直、井然有序，大货车仍然在路上忙碌。却到处找不到历史建筑的影子——直到马上要出后门了。

于是，我只好去问门卫，无果，我们只能开车往回走，远远看见这里居然有一个水塔样式的红砖建筑，是它把我们带到了目的地。

武昌

——风云际会，武胜文昌

长

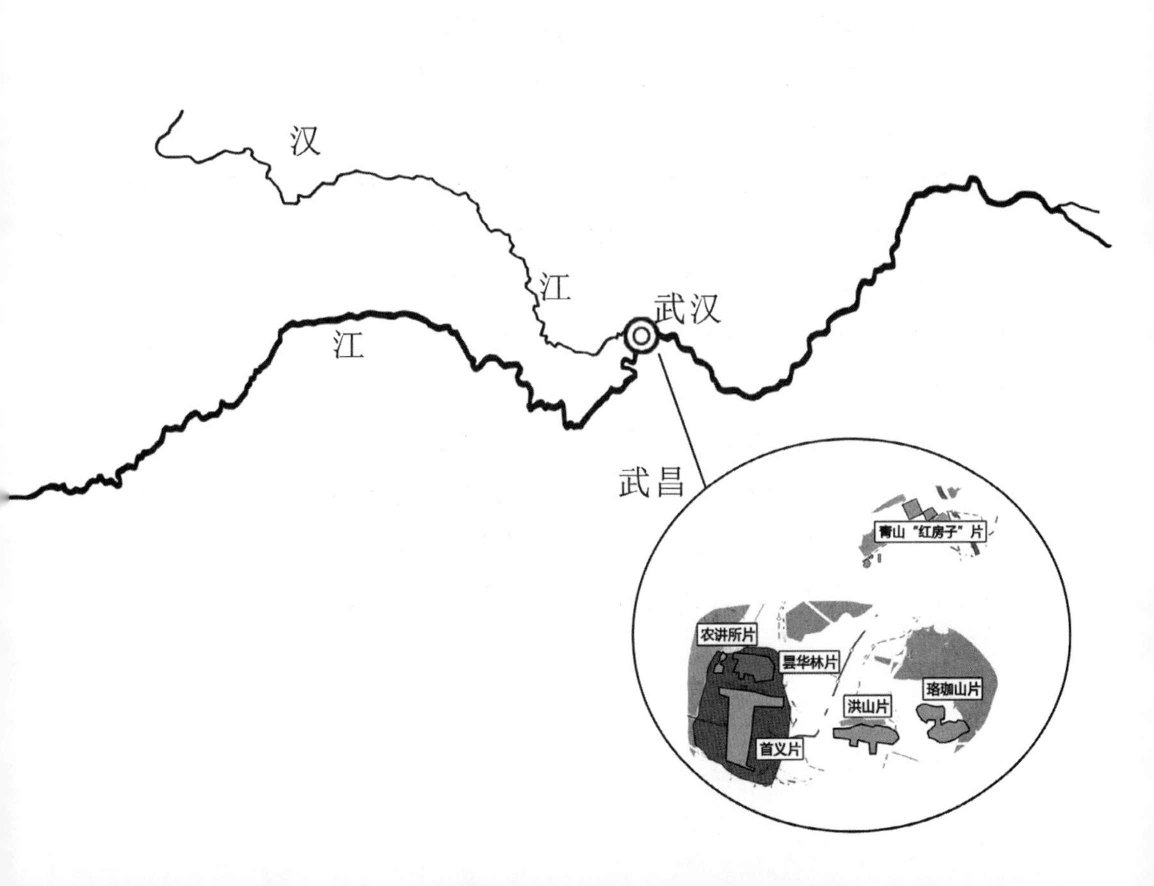
汉
江
江
武汉
武昌
青山“红房子”片
农讲所片
昙华林片
珞珈山片
洪山片
首义片

武昌，在中国古代可谓历史悠久、文化昌盛。

早在西汉时，今武昌地方就属江夏郡（前 121—758）沙羡县，治所为今天的武汉市江夏区金口镇。

三国时期，东吴黄武二年（223），吴主孙权在江夏山（今为蛇山）东北地形险要处筑方圆仅二三里的军事堡垒——土石城，取名夏口城，这是武昌最早的城。

南朝刘宋置郢州，修有古郢州城，武昌在那时又称为郢城。

齐梁时期，梁将曹景宗，在紫金山与小龟山北筑土石城堡，即“曹公城”。

隋开皇九年（589），郢州改称为鄂州，汝南县改为江夏县。州、县治所均设于城内。自此，武昌又有鄂州、江夏县之称。

唐敬宗宝历元年（825），武昌军节度使牛僧孺，曾改建鄂州城，将夯土结构改成甓砖结构，城墙更加坚固。

两宋时期，武昌属鄂州。

元世祖至元十八年（1281），武昌成为湖广行省的省治。

明洪武四年（1371），江夏侯周德兴在鄂州城基础上拓建武昌府城，城围达二十余里，城墙高二至三丈。这是武昌城的第二次大规模筑城，从此以后武昌城基本定型。

明清时期，武昌是鄂州的省治所在地，因而成为政治、文化中心，武昌城的格局和文化积淀，均成型于明代，发展于清代。

1911 年 10 月 10 日，辛亥首义在武昌城中爆发。1927 年开始拆除武昌城墙，仅保留武昌首义的遗址——起义门及周围一小段城墙，其余于 1929 年被全部拆除。

目前，武昌古城遗存的范围已经缩小和分散。根据现状，武昌旧城风貌区大致包括首义片、农讲所片、洪山片、昙华林片、珞珈山片、青山“红房子”片等。其中昙华林片属于近代里分街区。首义片、农讲所片、洪山片属于革命文化街区。珞珈山片属于近代教育文化街区。青山“红房子”片属于工业文化街区。

这里的历史街区和建筑，分布广泛、类型丰富：一是近代西式或中西合璧式风格，如昙华林教会建筑群、珞珈山武汉大学历史建筑群等；一是典型的中古江南建筑风格，如宝通寺、长春观等。因此，可以说武昌建筑遗迹，既沉淀了历史的宏大叙事，也展现了鲜明的地域风情。

昙华林片

——老街坊、洋教区、旧大学交织的文化协奏

昙华林片已绘老房子分布图

昙华林片，街区东部和北部以中山路为界，西临解放路，南抵粮道街，面积约为 65 公顷，以历史建筑与近代里分为主要特色，有私立武汉中学旧址、瑞典教区旧址等文物保护单位和历史建筑共计 40 余处，属近代里分街区，武汉市历史文化街区。

昙华林地名，早在 1883 年（清光绪九年）绘制的《湖北省城内外街道总图》中就已有明确记载。其起源，或因传说此处居者多植昙花，因为“花”与“华”在古代通用，附会为街名；或因传说此处人家，多喜植花，花坛于户外，蔚然成林，坛音讹为昙，故名；或因佛家《妙法莲华经》——“优昙钵花，时以现耳”而得名。昙花即昙华。“林”是“丛林”的简称。过去这里也曾有座佛寺。

这里历史建筑众多，街坊里分肌理比较完整。既代表了武昌老街坊的格局特点，又融入西方教区文化与生活，还点缀着几所近代创立的大学校区和生活区。

这个街区涵盖了得胜桥、戈甲营、后补街、粮道街等典型的老武昌街坊，我以为仅称“昙华林片”不能全面反映它的内容和特点，建议称其为“昙华林—得胜桥片历史文化与风貌街区”，而且说它以历史建筑与传统里分为主要特色，也不尽妥当，其对传统街肆和中式街坊的特点也有所体现。

因为这里是武昌旧城风貌区的重点保护区域，所以书中收录的建筑手绘作品较为丰富。

1

武昌云架桥

位于武昌旧城东北角处的城墙内侧，南端起自粮道街东段，北端抵近昙华林东段，全长约 400 米。

相传，云架桥一带曾有一条运粮古道。早年间，在流经云架桥与昙华林交会处的小溪上，曾架起一座单孔砖石拱桥，名曰“云架桥”，这条古道因此也被称为“云架桥”。

云架桥一带原是住宅区，道路两边曾经分布着一些花园和馆舍。据说，老舍先生在抗战期间从北平来到武昌，就曾住在云架桥附近。古桥和花园馆舍在城市更新中已经被全部拆除了。如今，这里仅存云架桥这个地名。

我最近一次去寻找武昌老城的遗迹，走到这里，发现老街虽没有整体拆迁，但总体格局已经支离，也很难连缀起完整的老街了。

2

翟雅各健身所旧址

位于昙华林路特 1 号。1993 年被公布为第一批武汉市保护建筑。2003 年 7 月 28 日被政府评选为武汉市优秀历史建筑，是武汉市现存最早的三座体育馆之一。现为翟雅阁博物馆，兼武汉设计之都客厅。

翟雅各健身所，是文华大学为纪念首任校长翟雅各（James Jackson）而命名的，又名杰克逊纪念体育馆。

翟雅各（1851—1918），英国来华传教士，1901 年被任命为武昌文华书院校长。在他担任校长期间，学校获得了很大的发展。1903 年，文华书院开设大学课程，1909 年在美国注册为文华大学，1915 年开始授予硕士学位。1917年，他退休到九江居住，次年在九江去世。1921 年文化书院成立 50 周年时，建了这座体育馆，校方为纪念老校长，将其命名为翟雅各健身所。1931 年 8 月，武汉三镇遭遇大洪水期间，蒋介石曾亲临翟雅各健身所，发表抗灾公开演讲。

翟雅各健身所，由美国基督教建筑师柏嘉敏设计，于1921年建成，为中西合璧二层砖混木结构建筑。外观为红砖材质墙体加中式大屋顶建筑样式，并且采用了中国传统文化中等级最高的重檐庑殿顶形式，形态雍容，屋角飞扬。一般说它是中式屋顶，西式屋身，其实这是不准确的，因为它还有中式柱廊和门楣等细节。建筑采用了中国建筑最高等级的重檐和重楼，因此显得层次细腻雍容大气。

比这座建筑晚十余年建造的武汉大学早期建筑群，同样是近代中西合璧风格的探索。比较其中宋卿体育馆和翟雅各健身所，二者在样式上各有精彩，色彩迥异，但屋顶层次都很丰富，应该是为了平衡体育馆庞大的体量。

几年前我在此写生的时候，它已经破败不堪。

如今经过修缮，恢复了往日的气度，陈列布展都非常精心。我没有选择它的正面作画，而是选取了侧面，这样建筑的体量就不至于过大。

3

涵三宫老街

涵三宫位于武昌老城花园山东段南沿，蛇山之后，花园山之前，是武昌老城内一条有名的小街。

“涵三宫”原为这一带一座曾经香火鼎盛的道观名，这条街因此也得名“涵三宫”。中共早期领导人恽代英的故居（武昌区文物保护单位），就是坐落在老街西端第一家的涵三宫1号，1999年被拆除。这条街早年还有一处“日新预备学堂”（系私立学校），是新四军将领项英的母校。

涵三宫老街，整体走向与粮道街平行，全长约400米，为青石路面街道。

老街的气息与建筑的气质是存在反差的，想当年这里的主人都是朝气蓬勃、踌躇满志、追求卓越的革命者。今天这里只有老人和廉租户居住，过着最简单平凡的市井生活。

多年以来，我关注传统街巷就不局限于传统建筑单体本身：一来建筑组合形成的街巷空间与形态变化非常丰富，包括它们的界面、层次、尺度和质感等；二来街巷承载着市井生活，有人参与的场景更加丰富也更加生动。所以，我比较多选取这样的角度与构图。

4
华中大学教授楼内院

位于武昌昙华林街区的鼓架坡 59、60、61 号，原是三栋华中大学教授公寓楼。

华中大学，是 20 世纪上半叶由华中地区的 3 个英美基督教会联合创办的一所教会大学，是在文华书院大学部基础上，与博文书院大学部、博学书院大学部合并组建而成，是华中师范大学的前身之一。其中，文华书院为美国圣公会创办，博文书院为英国循道会开办，博学书院为英国伦敦会创立。

据官方资料记载，59 号楼最早的主人是一名美国教授，后期的主人是物理学家卡彭，现有 4 户教工入住；60 号楼住 2 户教授；6l 号楼原为李中池教授居住，现入住 4 户教工，产权均归属华中师范大学。

这三栋建筑于 1903 年落成，呈不规则排列，皆为二层砖木结构，59 号楼为 142.5 平方米、60 号楼为 131.28 平方米、61 号楼为 123.84 平方米，西式建筑风格，砖墙，机瓦屋顶，正面主入口有柱式、山花、门廊。

我一大早就来到昙华林，去找鼓架坡，结果却找到粮道街的南边去了，后来经街坊提醒折返至此。这处宁静的院落没有辜负我，建筑尚未经过整修改造，保留了历史的沧桑叠痕。

5

华中大学教授楼

位于武昌昙华林街区的鼓架坡 59、60、61 号。武汉市优秀历史建筑。

二十年前，我就来这里画过这个院子的外立面，只是没有进到院子里，没有发现里面这几幢教授楼。

二十年后，回过头来比较以前的画，竟然发现几乎画了同一个角度。

6
涵三宫老宅

位于涵三宫街道。

涵三宫街道呈东西走向，东抵云架桥，西接双柏前街，近400米长，原为青条石路面。

这条街的北面过去是大片花园，花园之间居住着不少大户人家。涵三宫正街上有一座颇具规模的宅院，曾经是新四军将领项英的故居。

最近一次来到这里，我匆匆走过，发现这几座老房子居然还在，只是那原本旧黄沙抹面的墙体已经被重新粉刷过了。

7
文华大学神学院旧址

位于云架桥 110 号。武汉市优秀历史建筑。

这里早在 1878 年就开设了神学班，之后又发展成为武汉近代早期的一座神学院。现在这里是湖北中医药大学（原湖北中医学院，2010 年更名）成教学院、自修学院办公楼。

文华大学神学院旧址，建于 1903 年前后，砖木结构，二层，整体格局尚存，建筑面积 1059 平方米，建筑平面呈曲尺形，为中西合璧建筑风格，红瓦屋顶，木质地板（现已更换为大理石），二层走廊为木栏杆。

与圣诞堂一样，这栋建筑的外墙，也被重新贴上了现代石材，属于保护措施不当的案例。

神学院的侧墙边上，有两个人在咬耳朵说着悄悄话，还一边抬头看看站在旁边一动不动写生的我，显然我是在打搅他们了。

8

武昌圣诞堂旧址

位于云架桥110号。1993年被公布为武汉市第一批优秀历史建筑。

湖北省中医学院小礼堂，最早是文华大学大礼拜堂。这是美国圣公会在武汉兴建的第一座教堂，于1870年12月25日开堂，故名圣诞堂。

圣诞堂建筑，由美国圣公会自行设计，砖木结构，单层，规模不大，面积533平方米，为简化的古希腊风格建筑，系古希腊围廊式神庙平面布局，屋面平缓，外围一圈围廊列柱，其立柱采用古希腊科林斯柱头简化的式样。两端山墙山花装饰非常简洁。

这座仿古希腊神庙风格的教堂，区别于一般基督教教堂的建筑样式，这在国内外都十分罕见，在武汉市更是属于一处比较另类的历史文化遗产。

我曾经数次前来看过这个教堂，最早是在 1997 年，印象已经比较模糊了。后来就发现它的表面已经被全部贴上了新的材料，对这种改造，我是不赞同的。

9

文华大学理学院旧址

位于云架桥 110 号。1993 年被公布为武汉市第一批优秀历史建筑。

这里最早为外国教师公寓，1932 年改为男生公寓“博育室”（Poyu Hostel），抗战结束后，因战时大量房屋被毁，文华大学用房紧张，又一度被改作教工楼。

这栋建筑，建于 1909 年前后，砖木结构，二层，建筑面积 1006 平方米，为西式风格建筑，红瓦四坡屋顶，一层拱券外廊，二楼木柱外廊。

它的门前已经开辟了一个广场，我站在广场的一角画画。

一个显然是中了风的老人家，在我站立的广场上转圈，坚持着他的直径，一轮一轮，很执着地打扰已经退到广场最边角上的我。反而言之，或许是我这个老建筑的观察者与记录者打扰到了他。

10

文华大学文学院旧址

位于云架桥110号。1993年被公布为武汉市第一批保护建筑。

文华书院，是文华大学的前身，1871年10月20日由美国圣公会创办于武昌。最初为一间男童寄宿学校，名为文惠廉纪念学堂，中文校名为文华书院（英文名为Boone Memorial School）。1890年增设高中部，成为六年制完全中学。1901年翟雅各任院长之后，发展迅速，1903年又增设大学部，逐步发展成文华大学。1924年更名为华中大学。1920年2月4日陈独秀到武汉传播马列主义，就曾在此住宿。

该建筑最早是文华书院正馆，1909年改为文华大学的大学部，1924年变更为华中大学文学院，现在产权属湖北中医药大学，为学校办公楼。

这栋楼，建于1903年前后，二层砖木结构，西式内天井回廊布局，为下沉式天井、条石铺地，总面积为1256平方米。

令人感动的是，二十年前我来此写生时之所见和最近再去见到的情景，基本没有二致。这里现在已经被改作湖北中医药大学后勤集团办公楼——有人来这里进进出出领年货（几袋米、一壶油），见我在一旁画画，又反过身看看这里，嗯，这里还蛮不错的！

11

文华大学女生宿舍旧址

位于湖北省中医药大学校园内（14号楼）。武汉市优秀历史建筑。

该建筑现位于湖北中药大学门球场及小花园处，主楼原名“颜母室”（Yen Muh Shih，颜惠庆博士为以纪念其母亲所捐建），曾是文华大学、华中大学女生宿舍附楼。抗战结束后，这幢三层建筑容纳了该校全部的女大学生，解决了当时校舍紧张的问题。

这处女生宿舍楼建造于1912年前后，三层砖木结构，矩形平面，西式建筑风格，双坡红瓦屋顶，清水红砖砌筑，总建筑面积586平方米。

这栋建筑最早为教会建筑，现为湖北中医药大学职工宿舍。

这栋建筑的清水红砖墙和重檐屋顶很有特色，虽然没有挂历史建筑的牌子，但是我认定它应该是一处历史建筑。本来已经走出校园了，回想起来我还是折返回来，下决心把它画了下来。

12
文华大学老建筑

具体位置不详，图注“湖北中医学院学生会九七年五月十七日”，后经核实其为“颜母室”主楼。

很明显这是一幢西式风格的建筑，它的主入口山花特征非常突出，一楼还有柱廊式门斗。

我画此建筑，是在1997年。经过二十年的变迁，最近我再去那里，已经找不到这幢建筑，它居然如我们的青年时代一般黄鹤杳然了。

13

粮道街

位于武昌昙华林以南，是连接中华路和中山路的一条城市主干道，更是衔接武汉城市前世今生历史的重要纽带。

粮道街，最早在明初的武昌城建成之后成街，因官府的粮道督署衙门坐落在此处，习称粮道街，现在这里是昙华林片历史文化风貌街区的重要组成部分，历史遗迹众多，文化遗产丰厚。

粮道街西段与得胜桥路（原武胜门正街）相交，店铺渐次布列成街，生成武昌城内的繁华市井。清代，粮道署仍设于此处（今文华中学处）。常平仓和丰备仓遗址，即为当年官仓屯粮的仓库。

现在的粮道街，西端起于中山路与得胜桥路交会处，东端到中华路，胭脂路从中段横穿，以西为古粮道街，原先为麻条石路面，街道宽约 4 米，商铺林立，人气甚旺。胭脂路以东的巡道岭，中华人民共和国成立后接续古粮道街合并为今天的粮道街。

粮道街有着深厚的历史文化积淀，许多重大历史事件就发生在这里。明清以降，粮道街周边一直是书院和学府等文教机构密集之所，明代勺庭书院（今朱家巷省银行宿舍处）、清代江汉书院（今武汉中学）、民国初年中华大学（华中师范大学前身）等文脉绵长，使粮道街成为武昌文化昌盛的中心地带。

粮道街历经数次改造，道路逐渐被拓宽伸直。图中临街建筑是粮道街和胭脂路交会口的一座典型的中西合璧式的老商铺，二层三开间，三段式构图，壁柱分隔立面，檐口升起巴洛克风格山花。如今，这座建筑依然得以保留。

14
武昌双柏前街

位于昙华林片区。

双柏前街西端起于花园山南麓的胭脂路，向东偏南与粮道街平行，南端起于粮道街上的湖北中医药大学附属门诊部，向北偏东延伸与胭脂路平行，街道交会处呈 90° 夹角，全长约 150 米。

传说这条通往花园山的道路上曾有一座古庙，因庙后的一株古柏树长有两枝标志性的枝杈，故而被人们俗称为双柏庙。庙前的道路，也因此得名双柏前街。

1937 年 9 月，刚刚从国民党监狱出来的陈独秀就曾蛰居双柏庙后街 26 号。

二十年前，这里老街成片，院子宁静。在这里徜徉，使人有穿越百年之感。如今，尚有一些旧街坊零星穿插在新楼盘之间，如同斑驳的记忆，时隐时现。

15

武昌胭脂路口

位于胭脂路与粮道街交会处。

胭脂路，得名于胭脂山。胭脂山是武昌城中一座东西走向的小山。相传它有一段传奇的来历，传说南海观音在赶赴王母娘娘的蟠桃盛会的时候，行至武昌上空，手中的胭脂盒不小心掉落人间，登时化作了这一座胭脂山。

而在 1936 年时，为了连接粮道街和民主路，胭脂山被从正中间炸开一条路，当时的人们发现断面山石颜色红如胭脂，于是，称这条路为胭脂路。

老城保存着街巷的肌理与尺度，还有许多老式的临街商铺，这些店铺规模多半比较小，如今被用作经营糕点和瓜子、花生等炒货生意，点缀着市民的日常生活。

16

胭脂路老店

位于武昌区粮道街胭脂路社区。

这种老式店铺，一般为中式传统风格的二层木结构建筑，底层为商铺，楼上住家或储物，是典型的武昌近代商铺建筑，以前在老街上还比较常见。

二十年后再来这里，居然再也找不到一处类似格局和风格的建筑了。

17

湖北中医附院 15 号楼

位于武昌区花园山 4 号。武汉第七批市优秀历史建筑。

这栋建筑建于 1901 年，古典主义风格，二层，沿胭脂路立面六开间，一楼有六个连续拱券窗，二楼为连续柱廊，四坡红瓦的屋顶有老虎窗。建筑比例和谐，虚实得当。

这里最早是孙茂森花园，后归属文化书院，1903 年，从日本回国的李步青租住在这里。1903 年 5 月，吴禄贞搬来，在李步青公寓组织花园山聚会，确立了把青年学生选送入湖北新军，发展革命力量的“抬营主义”方略。

花园山聚会，存在时间很短，但却催生了科学补习所、日知会、文学社与共进会等革命组织，继续推行“抬营主义”，发展新军中的革命力量，最终促成了辛亥武昌首义。

18
仁济医院旧址

位于武昌区昙华林胭脂路花园山 4 号。

仁济医院的前身是英国伦敦会医院，由英国公理宗伦敦会杨格非牧师创建于 1868 年，1883 年取“仁爱济世”之意更名为仁济医院，1895 仁济医院大楼落成。辛亥革命时，医院曾收治过起义军伤员。1931 年武汉遭遇大水，政府在此设置了赈灾指挥机构。抗战期间，被侵华日军占领为日军医院。1953 年，武汉市卫生局接管了这里。现为湖北中医药大学附属医院 17 栋。

现存的仁济医院旧址，基本上保持了当年的原貌，是近代西方医院制度和体系传入武汉的历史遗迹，像这样整片完整保留下来的中国近代早期医院建筑群，在全国都十分罕见，因此格外珍贵。

旧址建于 1895 年，砖木结构。整个建筑群为围合式内庭院布局。现存主楼和 4 栋附楼，主楼为三层，其余均为二层。门诊部为矩形平面，二层，上下均有回廊环绕。辅楼为“凹”字形平面，中间是下沉式庭院。主楼二层与辅楼屋顶，通过天桥相连。建筑既有意大利文艺复兴风格的廊柱，又有中国传统的下沉式回廊，为中西合璧风格建筑。

我在这里画画，眼前人来人往。

有一位像是当地住户的中年人走过来问我：“你是专业的，还是业余的？”我很尴尬，不知该如何回答，我说我是——唉，好玩？学建筑的？武昌老城之中，有很多既熟知老城掌故又关心老城建设的人。

19

徐源泉公馆旧址

位于昙华林 141 号。1993 年被公布为武汉市第一批优秀历史建筑。

这里原是国民党第六集团军总司令徐源泉在武昌的公馆，中华人民共和国成立后，曾经是武汉军区胜利文工团驻地，后改为武警医院家属住房。

公馆建于 1936—1946 年，现存三栋建筑，均为砖混结构，甲栋二层，法国式别墅风格；乙栋一层，中国传统风格；丙栋为中西交融的建筑风格，欧式外廊。建筑风格的渐变，也折射出这座老公馆原主人的独特品味与文化认同。

这座建筑藏身大院之内，显得很神秘，有些超然物外。

20

花园山天主堂

位于武昌区胭脂路花园山 2 号。武汉市优秀历史建筑。

这座教堂坐落在武昌花园山南麓，原名“圣家大堂”。教堂主保是圣马利亚、圣约瑟和耶稣一家三口，故得此名。花园山天主堂，自落成开堂之日起，一直是湖北天主教的主教座堂。

这座教堂，由意大利传教士江成德设计，在原圣家小堂的基址上营建，于 1889 年建成，建筑整体为砖木结构，坐北朝南。教堂内部为巴西利卡布局，长 36 米，宽 18 米，矩形内空通体无障碍，可同时容纳近千人。其室内净高 20 米的顶部藻井花纹，全部用真金镶嵌。据说在“文革”期间，这些天花板上的金饰艺术品，被神父和教友用竹席等障碍物遮挡，这才使其得以幸存。

大堂正立面由壁柱划分为三开间，二层，屋顶为典型的希腊山墙造型。

主入口位于中心一间，门拱两层高，拱心为六瓣花窗，花窗中心部位，安置了一架用于观测日影进行计时的精巧西式日晷。其背面是唱诗班专用的后座高台。正立面的左右两间一层部分分设长拱壁龛，据说当年曾用宝石和黄金装饰壁龛中的神像，可见其信仰之虔诚。

大约三十年前，我的大学时代，曾来到这里来参加圣诞节庆祝活动，还听过唱诗班的天籁之音。

但是这座教堂由于地形的原因，入口空间显得比较局促，人群很难在门前集会和停留。不知最早教堂前面的场地是怎么解决人流聚散的，空间布置艺术，有很多前人的智慧，等待我们去重新发现。

21

天主教鄂东代牧区主教公署旧址

位于花园山2号。现为中南神哲学院。

天主教鄂东代牧区主教公署，是建在武昌花园山顶的意大利天主教教区的一部分。整个教区，由座堂、主教公署、花园山育婴堂及其教区房舍等，共同构成一个完整的教会建筑群。

建筑师出身的意大利天主教传教士江成德，曾在武汉主持设计和监造了多座教会建筑，包括1880年在英租界怡和街的汉口天主教医院和武昌鄂东代牧区主教公署等。1884年至1909年其长期担任天主教鄂东代牧区主教，并于1909年在他设计的这栋主教公署去世，由田瑞玉继任。

明位笃、江成德和田瑞玉三位主教任期内，天主教在湖北达到鼎盛时期，三人都驻守在鄂东代牧区主教公署，并将其作为鄂东天主教的总部。田瑞玉主教去世后，鄂东天主教总部迁到了汉口上海路天主堂。原来的主教公署大楼，先后被改为天主教武昌监牧区监牧公署、武昌代牧区主教公署、武昌教区主教公署。

主教公署右侧的武昌圣安多尼小修院，当年曾是鄂东代牧区的大修院，即“崇正书院”。1921 年，崇正书院被改为“两湖神哲学院”，其后迁往湖北荆州。后来在原址上，办过武昌圣安多尼小修院和中修院。1983 年 10 月，中南 6 省区天主教会联合创办的“中南神哲学院”，即在此成立。

建筑于 1883 年建成，当年建造主教公署时共花费了白银 8000 两。主教公署依花园山山势而建，坐北朝南，为砖木结构，地上两层，地下一层，平面呈“凹”字形，正中主楼呈东西向展开，外廊式布局，为晚期文艺复兴式建筑。立面为三段式构图，中部外凸，顶部山花，左右对称。一楼为连续拱券外廊，建筑中部外凸出的五间，以六根方柱分隔。顶部有三角形希腊山花，山花正中设有一座时钟和内置圆洞的三角形装饰图案，与旁边的圣家大堂正立面上的山花风格统一。

在我的印象中，教堂一般是不排斥外来造访者的。

然而这年正月里（2016 年 12 月 30 日），我来此处写生，却被门卫拦在外面，我只好说，那我就画一下外面吧。

22

花园山牧师公寓旧址

位于花园山半坡之上，昙华林90号。2010年12月被公布为武汉市第五批优秀历史建筑。

该公寓为瑞典主任牧师的府邸，始建于20世纪30年代，砖木结构，高二层，北欧建筑风格，大坡度屋顶，对称式平面构图。

从花园山沿着山道蜿蜒走下来，就来到了这幢建筑的背面，这里古树掩映，清幽的环境很打动人。

23
瑞典教区公馆旧址

位于昙华林 92—108 号。1993 年被公布为武汉市第一批优秀历史建筑。

该建筑建于 1890 年，是瑞典行道会在武昌传教基地的旧址。1890 年，基督教北欧信义宗瑞典行道会的传教士韩宗盛等 4 人来湖北传教，驻扎于昙华林。基督教瑞典教区，在昙华林中部螃蟹岬（古称城山）南麓，建造了一连片花园洋房，并将瑞典行道会华中总会也设在这里，之后，又在此陆续建成基督教道路堂、主任牧师楼、真理中学等，形成规模庞大的昙华林瑞典教区建筑群。

1938 年初，瑞典教会指派夏定川牧师，到昙华林主持教区工作。夏定川谙熟宗教、教育工作与外交事务及各种社会活动。瑞典当时是中立国，为躲避交战双方飞机轰炸，夏定川给昙华林瑞典教区布置了许多巨大的瑞典国旗图案彩绘，表明中立的立场和态度，此举不仅保护了教区，也庇护了昙华林当地的百姓。抗战年代，瑞典领事馆也曾迁到瑞典教区，1952年闭馆。

现在瑞典教区，保留有当年的门楼、主教大楼、领事馆以及神职人员用房、真理中学老斋舍等历史建筑。原来的基督教真理堂教堂已被拆，其他主要建筑保存完好。教区建筑为典型的北欧风格，砖木结构，二至四层，拱券式外柱廊。整个建筑群坐落于螃蟹岬山南，依山就势，错落分布，怡然自得。

这片建筑是典型的山地建筑。我来此攀走台阶，红顶石墙的建筑，上下参差，脑海中竟不时幻现起江西庐山的印象来。

24

嘉诺撒小教堂

即嘉诺撒（Canossa）仁爱修女会武昌圣堂，位于武昌区花园山4号。武汉市第二批优秀历史建筑。

1868年（清同治七年），意大利嘉诺撒仁爱修女会（1806年创立，总部在罗马），应天主教湖北代牧区主教明位笃之邀，派遣6位修女，来武昌昙华林，在花园山南麓创办嘉诺撒仁爱修女会，从事传教、医疗和慈善事业。1926年，北伐军即将攻打武昌城，嘉诺撒仁爱修女会将武昌的教产移交给了天主教武昌监牧区，武昌修女会的修女撤到了汉口，结束了嘉诺撒仁爱修女会在昙华林活动的历史。

1928年，美国俄亥俄州天主教地方修会，委派北美仁爱修女会来武昌接管了嘉诺撒仁爱修女会的教产。1929年，圣约瑟善功修女会成立并扩充规模，在武昌花园山南麓，创办了“武昌圣约瑟医院”（湖北中医院前身）和“花园山育婴堂”（武汉市儿童福利院前身）。

1951年，政府正式接管了昙华林这一带的教产。它是武汉市唯一尚存的修女礼拜堂。

教堂建于1888年复活节期间，古典主义风格，正立面为希腊山墙造型，入口处有突出门斗，壁柱分隔外墙，规模小巧，造型别致。

在近代历史上，意大利人选择在武昌城内的山顶建这样一座教堂，也是很有创意的。我很早就来看过这座建筑，那时它不仅规模小，也显得很荒败。

如今修葺一新，环境也整治得很好，古树掩映，花团锦簇。但每次来小教堂门都关着。我来画过它好几次，每次选择的角度就像这样，都不太理想。

25

翁守谦故居

位于昙华林 75 号。1993 年被公布为武汉市第一批优秀历史建筑。

翁守谦，福建人，曾为北洋水师官员，参加过中日甲午战争。在甲午战争中幸存下来的翁守谦，弃官隐居，后迁居武昌昙华林。

翁氏故居，属中西合璧式建筑，建造于 1895 年前后，砖木结构，二层，分前后两个部分，以院落隔开，临街为中国传统民居式样，后面部分为西式建筑式样，双坡屋顶，四开间，立面上下两层均开拱券窗，以壁柱分隔开间。院内尚存一口古井，屋后原有一座花园。

建筑经过了维修改造，外墙焕然一新，却也泛着不真实的光泽。如此这般被改造过的建筑，我都不太认同。

26

石瑛旧居

位于武昌昙华林三义村。2008年被列为湖北省文物保护单位。

石瑛（1879—1943），辛亥首义的功勋元老，其创建国立武昌大学（武大前身）期间，于1928年在武昌三义村买地建造了一栋二层小楼，1929—1930年和1937—1938年间曾在此居住，抗战初期，董必武、陈独秀、陶铸、李四光曾等多次来此造访。

石瑛旧居，现在是武汉市硕果仅存的一处辛亥首义先驱的旧居遗址，是记录中国近代革命与武汉城市发展历程的重要历史文化遗产。

这幢楼建于20世纪20年代，砖混结构，二层，平面为三合天井格局，西式石库门风格，红瓦屋顶，红砖外墙。外墙铭牌上面著有石瑛历史人物简介。

我来到这里的时候，建筑已经经过整修，清水红砖的外墙上了亮漆，局部泛着不真实的光泽，这与它的历史价值是不相称的。

这座建筑风格很西化，也反映了曾经留欧求学的石瑛其人的个性和生活习惯。

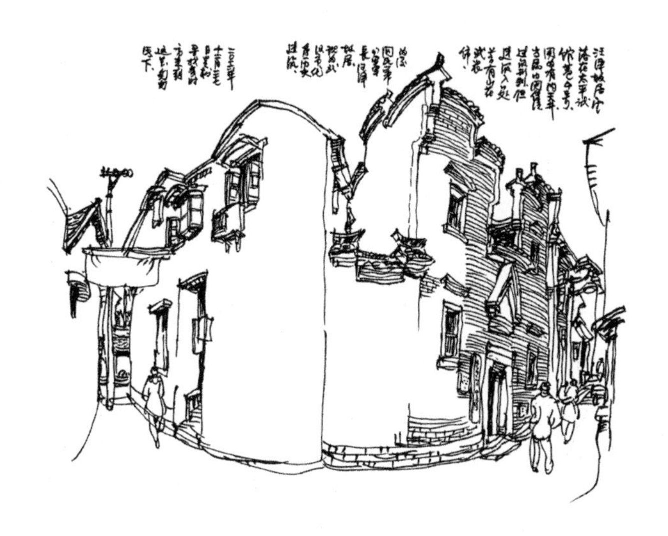

27

汪泽旧宅

位于武昌区太平试馆4号。1993年被公布为武汉市第一批优秀历史建筑。

太平试馆，位于武昌花园山西侧，是明清时期湖北省会武昌所设贡院附属的学子食宿场所，湖北官书局和横街头书市也在这一带，这里可谓武昌文脉的中枢，历史上书声琅琅、墨香悠长，不曾中断。

这栋清末民居，最早是国民党97军军长汪泽故居，现为被文创团队打造成武汉文化艺术品交易和展示品牌——【时间线 TIMELINE】的展示空间。

旧宅建于1910年，二层砖木结构，中式传统民居格局，宽三间，深三间，中间一进为天井，总建筑面积231.19平方米。立面为江夏民居风格，青砖清水砖墙，马头墙跌宕，仅中间大门上方有一个三角形山花门楣装饰，反映出近代建筑的色彩。

这座建筑基本上是中国传统民居风格，它夹在巷子里，画画的角度没法选。整体也被改造过，像新的一样。这里巷道很窄，来往的老人微笑地招呼我，这份市井里巷的从容让我有点喜出望外。

28

晏道刚公馆旧址

位于武昌区高家巷 17 号。武汉市优秀历史建筑。

晏道刚（1889—1973），湖北汉川人，早年投身辛亥武昌首义和北伐战争，曾任国民政府军事委员会委员长侍从室主任，西北“剿匪”总司令部参谋长等要职。西安事变时，其主张倒蒋，后来还加入民革地下组织并参与了迎接武汉解放活动。

晏公馆，建造于 1932 年，砖木结构、二层、四坡屋顶、西式建筑，二层有凹进的廓与阳台。尚存大门、卫兵室，将公馆围在一个小院中。

起先我并没有看出它的特别，现在这里是一所幼儿园。日知会旧址就在它的对面。这里的社区虽然老旧，可是气氛却很闲适、祥和。

对面一间临街平房门前，一位老太太在摆摊卖菜，正对着手机大声聊天，在静静的街道上还有回音。

29

日知会旧址

位于武昌崇福山街49—51号。武汉市优秀历史建筑。

广为人知的日知会旧址，原是美国圣公会圣约瑟礼拜堂附设的阅览室。圣约瑟礼拜堂于1890年建成，1920年扩建并增设中小学堂，1927年遭遇火灾，仅留下门廊，近年来人们在旧墙上发现“圣约瑟学堂”字样，才又寻回这段历史。

日知会，为清末湖北革命团体，1906年2月正式成立，因设在圣约瑟学堂内的日知会阅报室而得名，刘静庵为总干事，有姓名可考的会员有100余人，多为湖北新军、新学学生、新闻记者、宗教界人士，以新军会员居多。

这里还曾是贺龙所率二十军军部所在地。1927年7月上旬，时任中共中央军委负责人的周恩来，亲自来到贺龙所部驻地，与其进行历史性会谈。随后，贺龙接受中国共产党党组织的安排，率领二十军从武昌出发，参加八一南昌起义，从此走上了革命道路。

建筑为前后三进的院落式布局，包括临崇福山街平房一座，院内二层和三层楼房各一栋。平房正门上书“圣约瑟学堂”。

我第一次来到这里的时候，发现这里已经几为废墟。我询问坐在门口晒太阳的住户，这儿以前是什么建筑？他们回答说是华中师范大学的房产，别的都不知道。

第二次来这里，我确信它是日知会旧址，建筑和环境没有经过改造，红砖清水墙留下历史的斑痕，还保留有一点历史的原真性。

30

崇真堂

位于戈甲营44号。武汉市第七批优秀历史建筑。

崇真堂，是西方传教士在武昌创建的第一座教堂。它的兴建，是基督教传入武昌的开端，因此具有很高的历史文化价值。现在，这栋崇真堂还是英国伦敦会的杨格非牧师，在武汉兴建的教堂中，仅存的一座。

这座教堂，建于1864年，平面为拉丁“十”字形，单层，哥特式建筑。

教堂建筑造型简单，外观很朴素，房屋低矮，屋顶采用木质梁架，没有什么装饰，比较平易，除了那些尖券的窗户，完全不像是一座教堂。

据说这是武汉地区最早的一座教堂，实在让人意想不到。画中的院子是一家餐馆的后院，堆了很多口铁锅。

这正应了那句名言：上帝的归上帝，恺撒的归恺撒！

31
徐氏公馆旧址

位于崇福山街7—9号。武汉市优秀历史建筑。

这栋公馆原为徐姓大商人的私宅，中华人民共和国成立后被湖北省人民银行接收。1985年划归湖北省工商银行，现为工商银行家属楼和武昌区百货公司住宅楼。

公馆建造于1936年，二层砖木结构，平面为马蹄形，采用过街楼式门厅，尚有中式建筑细节，屋前围墙围成院落，总建筑面积811平方米，西式建筑风格，红瓦坡顶，顶部有阁楼和老虎窗。

这座藏身于街坊之中的老建筑，也让我找了很久。有两个外地人在旁边按照租房的广告找人，看见后面楼下我在画画，随着我的目光猛然抬头看见这座房子感叹：“哎，没发现这里还是一幢老房子呢！”

32

得胜桥街口

位于武昌老城北部，蛇山北麓，南北走向。

得胜桥是武昌城中少有的尚存古风的历史街区，是典型的晚清民国风貌。它的尺度偏小，保留了武昌北城门街道内的历史记忆和空间肌理，老街两侧不仅分布着老武昌特色的低矮商铺，还有好几家完整的老民居，深深的院落，高高的天井，典型的武汉江夏民居风格。

如今这里还和二十年前一样，保存着老武昌街坊的尺度和味道。

33

看得见黄鹤楼的得胜桥街

位于武昌城北，北端起于中山路，南端是中华路与粮道街的交点。

得胜桥，因纪念武昌起义成功而得名，是古代武昌城北部的边缘，早年这里曾经是一片湖泊，现在这里看不见“桥”了，只剩下因桥而得名的街道。得胜桥街，是武胜门正街与得胜桥的合称。其街道长不过 800 米，宽不足 6 米，南端起于粮道街、中华路交点，北至中山路积玉桥，曲曲折折地，走过了 600 多年的时间刻度。

得胜桥街，是直通明清武昌城北门的老北街。1937 年武昌城定型后，北门最早称草埠门。1535 年（嘉靖十四年），更名为武胜门，此街随之称为武胜门正街，清末又改称得胜桥街，沿用至今。其北段穿过凤凰山与螃蟹岬叠加的谷地，汛期常被积水淹没，老百姓为了出行方便，下通沟渠排水、上架路桥通行，因此这里有“三步两座桥，走桥不见桥”之说，故街以桥称。

明代武胜门正对武昌城南北中轴线上的南门——保安门。古代军队讲究出“武胜”（或“得胜”），归“保安”（或“安定”），城门因此命名，这也是明清两代朝廷军队在北京城出德胜门、归安定门这一规制的武昌版本。这条路曾是兵马、粮草、战车出入武昌城的主要通道，如今街上仍遗留下马道门、戈甲营、正卫街、常平仓、全安巷等与军事相关的地名，显示其车辚辚、马萧萧的前世因缘。

古代武昌城，向北只有一个出口——武胜门，地理位置十分优越，商贾纷纷聚集于此，城外很快生成筷子街、箍桶街、砖瓦巷等行业街巷，城内沿街商铺鳞次栉比，酒楼、客店、货栈、书摊、药铺等生意兴隆，市民生活和商业活动在这里绵延600余年生生不息。

只是现如今，这里道路窄狭，人流十分拥挤，故从早到晚，熙熙攘攘，古貌痕迹时隐时现，颇具古镇风貌。

得胜桥的南端正对着蛇山，不足一公里长的街道，街宽最窄处只有4米，是典型的晚清民国老街的尺度。从得胜桥的北口进入，走着走着就可以看见蛇山之上的新黄鹤楼（1985年重建）。

34
荆南街

位于武昌区粮道街胭脂路社区。

这片建于20世纪50年代的荆南街住宅区中，分布有中国著名书画篆刻家曹立庵和中国著名作家刘新元两位先生的故居，为人称道。

这条街，尺度较小，虽临近闹市却十分僻静。1997年5月，第一次来这里，当时我是沿着这条小街，去找同学就读的湖北金融专科学校（如今这座学校已经并入湖北经济学院），中途偶遇，才画了这幅街景。

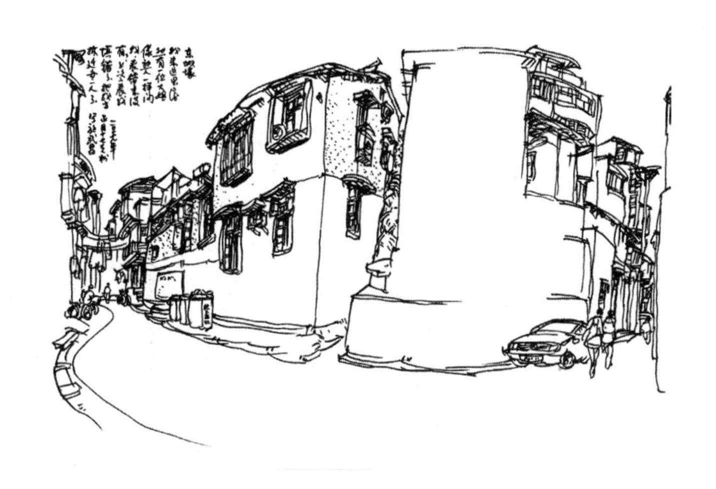

35

东城壕民居

在得胜桥北端以东，东西走向，位于武昌区粮道街胭脂路社区。

此地原为武昌古城外的堑壕，又名东壕，因其位于古城北门武胜门以东而得名。1927 年古城墙拆除之后，人们搬来城壕之处居住，称东城壕。这里民居多依山而建，巷道顺着山体弯曲，尺度狭窄，前后绵延开来，渐渐聚拢人气。

我正画画时，一位中年妇女俨然一副本来就认识我的口吻，径直走过来对我说："哎，把表退给我，我昨天填错了，要重新填。"——她显然是把我当成拆迁办的人了。

36

基督教武昌堂

位于武昌民主路221号。现在是湖北省基督教协会和湖北省基督教三自爱国运动委员会（简称湖北省基督教两会）以及中南神学院驻地。

教堂建筑，始建于1921年，三层砖木结构建筑，面积380平方米。房屋原为武昌基督教青年会会所，中华人民共和国成立后，被收归国有，一度用作武汉市文化局办公楼，1984年武汉市政府落实宗教政策，将房产退还基督教两会（湖北省基督教协会和湖北省基督教三自爱国运动委员会），由此创立基督教武昌堂。1985年7月，中南神学院在此建立。

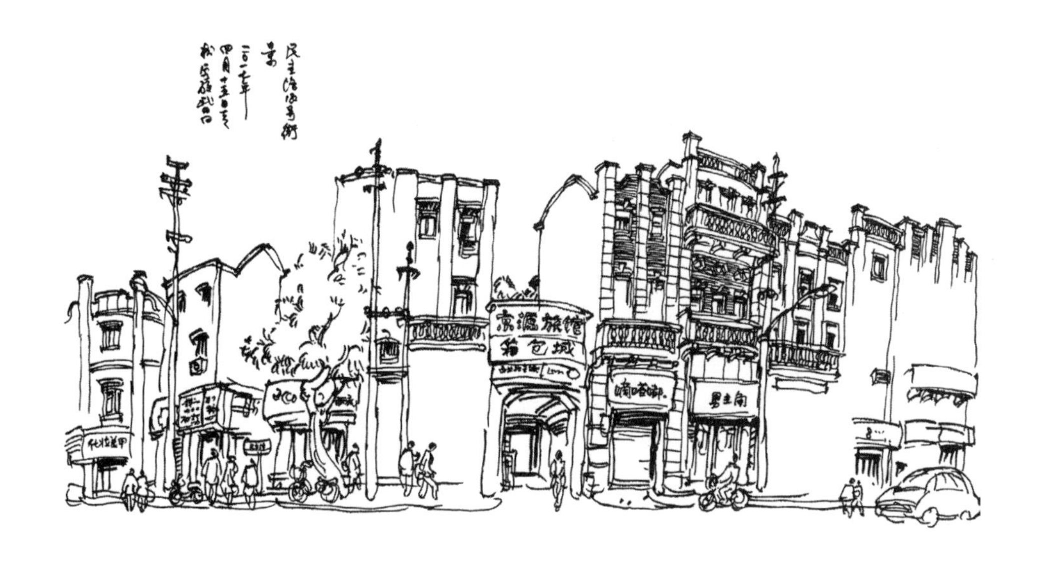

37

民主路商号

位于武昌民主路 182 号。

这是一处联排的民国时期三层商号建筑，有近代装饰艺术派建筑风格的影子。此处商号建筑多为五开间，分隔墙面的壁柱呈退台式轮廓，突出的阳台栏杆与线脚以及牛腿细节很丰富。

武昌民主路，在蛇山以北东西向展开，北端起自临江大道长江大桥桥头，南端直抵洪山广场，全长约 4.9 公里。过去这条路是武昌城内直通汉阳门和忠孝门交通线，也可以说是老武昌的中轴线。汉阳门，既有公交又有轮渡是武汉最重要的水路交通枢纽，1574 年（万历二年）这里就开通了通往汉口的渡船——扬子江渡（清代称大江渡、汉阳渡），1927 年城门拆了，汉阳门的名字却一直流传下来。

1920 年秋，陈潭秋、董必武等 7 人在民主路（古称抚院街）成立了武汉共产主义小组，1920 年 11 月 7 日又在武汉中学成立武昌社会主义青年团（1922 年更名为武汉社会主义青年团），武汉革命的种子，就是在这里生发的。

首义片

——城楼、红楼间回荡的首义交响

首义片已绘老房子分布图

首义片，街区北倚蛇山、东到首义路、西临复兴路、南抵起义门，面积174公顷，以首义文化及蛇山景观为特色，有武昌起义军政府旧址、孙中山铜像、辛亥革命武昌起义纪念碑等文物保护单位，属革命文化街区，武汉市历史地段。

这里的历史建筑呈点状组团分布，街区已经不能成片。但是留下了三座重量级的历史建筑，在全国范围都属于20世纪经典历史建筑。

它们风格各异，一个是中国人设计的武昌城楼（起义门），是典型的中式传统风格建筑；一个是日本人设计的武昌红楼（即原湖北咨议局），典型的欧式建筑；一个是中国人设计的湖北省立图书馆，为中西合璧风格建筑。

这里的建筑，不仅见证了辛亥革命的壮怀激烈，还承载了武昌百年建筑文化的历史变迁。

1
司门口大成路街景

在武昌江滩旁、蛇山黄鹤楼脚下，平湖门与解放路及司门口之间。

大成路的得名，显然与附近清代武昌府文庙内这座大成殿有关。文庙属古代官方祀典建筑，即专门由官方出资修建，有一定的规模与建制，是一座城市必不可少的组成部分。武昌文庙位于今大成路武汉市第十中学内，大成殿毁于“文革”时期。残存的棂星门牌坊、泮池和石碑等明清遗物，也因兴建商业住宅楼被挤占空间，消失于20世纪90年代。

武昌这样一座督抚级别的城市，没有保留下文庙以及相关遗迹，对城市的文化品味是一次重创，老武昌曾分布着大大小小的坛庙，现也几乎无一幸存，对今人了解和研究古代城市格局造成很大缺憾。

大成路周边大片区域，原系民国时老武昌的核心区域，它与繁华的解放路—司门口商业区相邻，仍然保留着老城的街巷肌理，街边巷尾老建筑也不少见。这张图就是大成路口建于民国时期的一幢三层转角建筑。它巧妙地利用了地形，平面为“V”字形，三层檐口升起巴洛克风格的山花，很有特点。

大成路在武昌一侧长江江滩边上，它因为历史的断层，身世已经很少有人知晓，但是这里的文化氛围却十分浓郁，大成路与解放路、司门口相邻，与黄鹤楼、武昌红楼也只有一街之隔，武汉音乐学院同样近在咫尺，这里的惬意是唾手可得的。

1997年开始，大成路已经粗具规模，这幅画是两年后的1999年画的，如今这里已经是武昌最大的夜市，动静之间，跳动着城市的脉搏。

2
武昌解放路商铺

位于武昌老城西部，南北走向，晚清民国风貌。

解放路，原名长街，除明代一度改称过“大街”外，宋、元、明、清诸代一千多年均惯称“长街”相沿不改，自古以来就是武昌最古老而又繁荣的一条商业街。

明清两代湖广藩司衙门（俗称藩署）设置在长街附近。在清代，这条路两侧分布着许多的公馆式建筑，多为前厅、中堂、后厅和厢房构成的三四进格局。

1935 年长街扩修时，将原来仅六七米的街面拓宽一倍，改青条石路面为水泥路面，更名为中正路。路边的公馆大多被拆，代之以两层砖木结构房屋，在这里开起各色商店，其中绸布店、银楼、典当铺、药材铺、钱庄、刻章店等密密麻麻。并且，始于明末清初的武昌总商会、劝业场、商业陈列所以及著名的维新百货、柏华楼文房店、刘有馀堂药铺等，也在这条街上，足见当年盛况。当时的人们把买东西，通俗地称作“上长街”。

中华人民共和国成立后，民国时期改名中正路的长街，又被更名为解放路，沿用至今。

图上这种商铺，底层为商店，楼上储货或住家，还有一点吊脚楼的余韵，具有鲜明的武汉老商铺特色。如今的解放路一带，这种商铺已非常少见，但是它的历史价值不容小觑。

3

圣米迦勒堂

位于武昌复兴路。武汉市优秀历史建筑。

美国圣公会，在近代湖北是最有实力的一个基督教教派。早在 1868 年，主教韦廉臣等便来到武汉传教。圣公会，在新教中最为组织严谨、教义完善、仪轨成熟，每座教堂都设有主保。圣米迦勒堂，就是以主保米迦勒的名字命名的。大天使长米迦勒，以左手持剑、右手执秤为标志，艺术家创作的古罗马正义女神雕像就是以其为原型，其在基督教文化中是公平、正义的化身。坐落在美国华盛顿特区的圣米迦勒大教堂，是全球米迦勒信仰的圣地。这两座教堂相隔万里之遥，却有着千丝万缕的联系。

该堂建于 1918 年，砖木结构，二层，平面布局呈拉丁“十”字形，体形细长。现一层为办公用房，二层为礼拜大厅，中间大厅高耸，两侧为矮柱廊。

祭坛前有个约 1 米高的白玉受洗池。教堂有宽大的庭院，庭院里保留着浓荫遮蔽的老榆树，旁边配有牧师楼。

建筑为哥特式风格，两坡屋顶，屋面较陡。正立面为三段式构图，三开间，高三层，比例高耸。扶壁柱分隔开间，底层中间为尖券拱大门。二层中间为双排尖券窗，两侧开间各一个尖券窗。第三层为三角形山墙，中间为简化的圆形玫瑰大窗，两侧各一个圆形小窗。

从大天使长米迦勒，到正义女神，公平、正义的理念，由神学逐渐步入法学的殿堂，自上而下完成世俗化这一蜕变，最终为世人所接受而成为人间正道。这座教堂与正义观念之间的虚实转换，正是由建筑艺术，担当了桥梁。

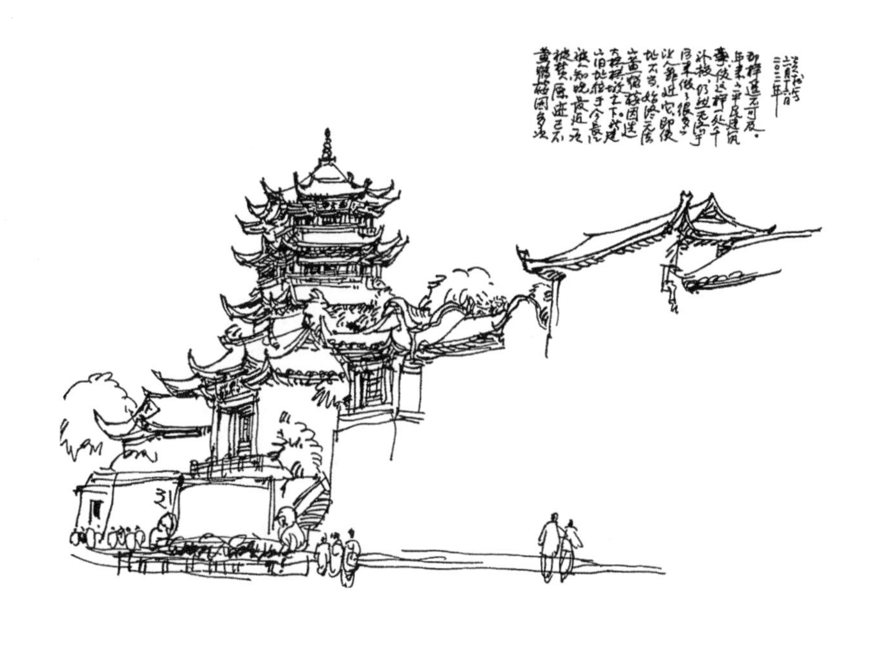

4

黄鹤楼一侧

位于武昌蛇山南麓，黄鹤楼东路视角。

黄鹤楼，最早建于三国东吴黄武二年（223），原址在武昌蛇山西段临近长江的黄鹄矶上，从三国直到晚清民国，其在原地几毁几建，沿革一千七百余年，成为武汉著名标志性建筑。

三国时期的黄鹤楼，只是夏口城一角处起瞭望戍守作用的军事瞭望台。晋灭东吴以后，三国一统，其很快就退去了军事价值，但因其特殊地理位置造就独特景观，这里逐步演变成文人墨客“游必于是”“宴必于是”的武昌文化地标。

唐代永泰元年（765）黄鹤楼已粗具规模。诗人崔颢在此写下《黄鹤楼》著名诗篇，李白在此写下《黄鹤楼送孟浩然之广陵》，历代文人墨客在此留下了千古绝唱，使黄鹤楼声名鹊起。

历史上，黄鹤楼原址一直在武昌蛇山黄鹄矶头。清代，最后一座古黄鹤楼建于同治七年（1868），毁于光绪四年（1884）的一场大火。旧址被1957年建设的武汉长江大桥武昌段引桥所占用。1981年，重建黄鹤楼时，新址选在了距旧址约1000米处的蛇山山顶之上。新黄鹤楼，由中南建筑设计院向欣然任总设计师，1985年落成，为钢筋混凝土结构，“外观以清楼为原型”，“改三层为五层，依此进行再创造，使气势更加恢宏，既有古楼遗风，更兼时代新意”。

黄鹤楼因为原物早已不存，所以新建黄鹤楼并非对原有古建筑的修缮；又因为未按照原来的样式、材料和工艺进行重建，而是加入了当代人的许多“创新”，所以也不应该算作对历史建筑的复原。但其毕竟开启了许多历史上被毁坏的文化名楼重建工作之先河，影响了后来的南昌滕王阁、杭州雷峰塔、山西运城鹳雀楼等古迹的恢复和重建。

后面这些复原后的历史建筑，和新黄鹤楼一样，都可以称作仿古景观建筑，但与历史建筑复原和保护修缮没有什么关联，也不必深究其中的得失。如果真要反思的话，我们不妨扪心自问，是不是能够接受一座木制的、三层高的、坐落在江边的色彩不鲜艳的、与周围高大的现代建筑相比毫不气派的老建筑立在那里？所以，归根结底来说，新黄鹤楼是这个时代的趣味所向和人心写照。

黄鹤楼——天下名楼，但却屡建屡毁，历经劫难，以一楼之盛衰即可领略大好江山的千年际遇，其历史地位何等尊贵。

如今的新黄鹤楼本体以及周围都是新建筑，不算是老房子。但是我还是把它画了下来，以此纪念这座在武汉历史上有着重大影响的建筑和名胜。

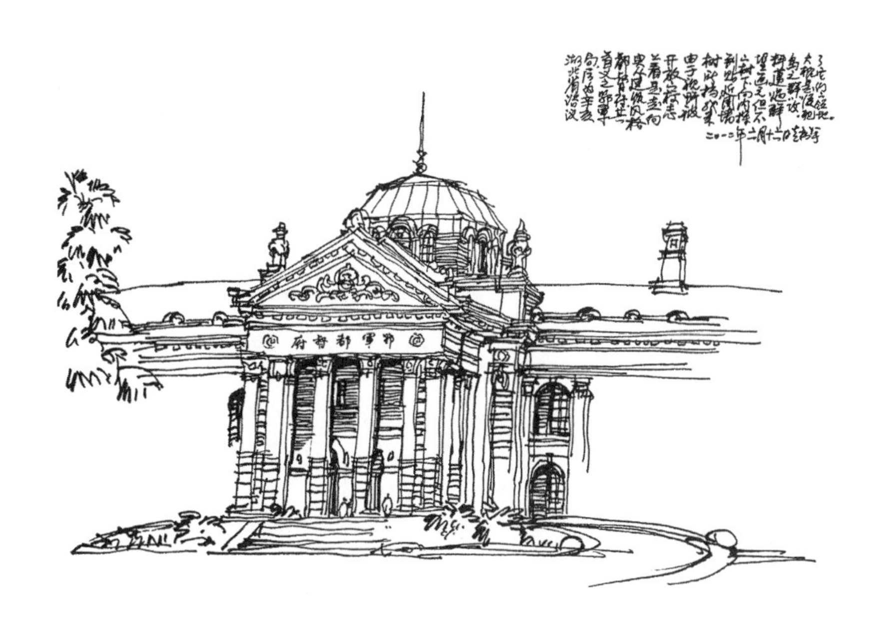

5

武昌起义军政府旧址

位于武昌区阅马场北端。1961 年被列入全国重点文物保护单位。现为辛亥革命博物馆。

武昌起义军政府旧址，最早是清末新政时期的湖北咨议局。1911 年 10 月 10 日，爆发辛亥武昌首义，次日，起义军在此组建中华民国军政府鄂军都督府，推举黎元洪为都督，宣告废除清朝宣统年号，建立中华民国。武昌因此被誉为“首义之区”。因这座建筑主体为红色，故俗称“红楼”。

湖北咨议局旧址建于 1909—1910 年，由日本建筑师福井房一设计，主建筑借鉴了欧洲古典主义风格，采用近代西方国家议会和行政大楼样式。建筑因功能不同分办公和生活两个部分，包括主楼、广场、两侧住房和议员公所以及后花园，平面呈“山”字形，前楼及两侧为门厅和办公室，后方中部为会堂。建筑立面为经典三段式构图，二层砖混结构。红砖清水墙列柱外廊。双坡红瓦屋顶，建筑中部升起盔顶塔楼，凸出的希腊神庙廊式二层门楼，前面希腊的山花与后面的盔顶塔楼是这幢建筑的鲜明特征。

这座建筑，这么早就被列入全国重点文物保护单位，我倒是没有料到。

6
起义门

位于首义南路。1956 年被列入湖北省文物保护单位。2013 年 5 月 6 日，被列入第七批全国重点文物保护单位。

起义门原名“中和门”，为武昌老城的东南门。1911 年 10 月 10 日夜，湖北新军工程营发动武昌起义，率先占领中和门并控制其左侧梅亭山冈上的楚望台军械库，次日凌晨攻克湖广总督府控制武昌城，并立即成立湖北军政府，推举黎元洪为都督改国号为中华民国，各省纷纷响应，由此掀开中国近代史新的一页。

为纪念辛亥武昌首义，中和门改称起义门。因近代城市迅速扩大，明清古城墙成为制约城市交通和限制城市内外交流的障碍，为了改善城市空间、适应现代生活，民国拆墙运动兴起，武昌古城墙于 1927—1929 年被拆除，仅保留起义门及一小段城墙。

武昌城门楼建筑，始建于明洪武年间，清代陆续有增补。起义门城楼为武昌古城十座城门（原为九座城门，后张之洞又开一通湘门）中仅存的一座，也是辛亥首义的见证。这座城门楼在 1949 年以前也已倾废，1981 年，政府拨款在原址对其进行了修复。2011 年，政府又按照古城墙图纸，原样恢复重修了一段 333 米城墙，并建成起义门及楚望台遗址公园。

1999 年，我在此画画的时候，城门城墙周围都是旧街坊人家，并没有人关注这座城楼。

如今，旁边进行了规划拆迁，营造了新的景观，城楼重新凸显出来。对于这种焕然一新式的修复，我是持保留态度的。

古城城门城楼本身是和民居街坊合为一体的，现在这样它只是一个独立的景观，它和周遭市民的生动关系以及宝贵的历史信息因此被冲淡了，尤其是二环线高架从起义门前方穿过，遮挡了门前的视线，更是令人遗憾。

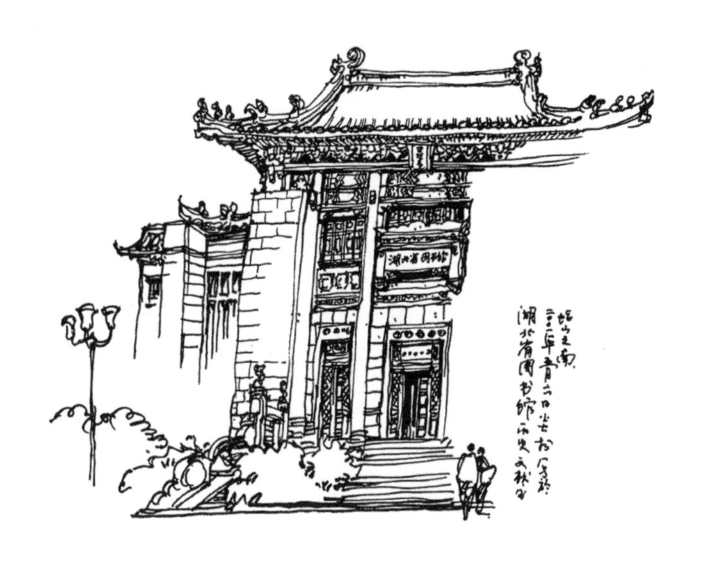

7

湖北省立图书馆旧址

位于武昌区蛇山南麓的武珞路45号。2002年被列入湖北省文物保护单位。2013年5月3日，国务院将其公布为第七批全国重点文物保护单位。现为武昌图书馆和图书博物馆。

湖北省立图书馆，1904年由张之洞创办，是中国最早的省级公共图书馆。建筑由中国设计师缪恩钊设计，建于1935—1936年，采用中国传统建筑的对称式布局和歇山碧瓦屋顶，整体为钢筋混凝土结构，外部均用水泥构件。

缪恩钊（1893—1959），毕业于清华大学，随后在美国麻省理工学院、哈佛大学土木工程系深造，与武汉大学新校舍总设计师美国人凯尔斯是麻省的同窗好友。1933年缪恩钊受邀设计该建筑时，凯尔斯也在武汉大学担任新校舍建设工程总设计师。因此，缪借鉴了凯尔斯对武汉大学的建筑设计理念和方法，建成的省立图书馆与武大图书馆风格相近，而又遥相呼应，堪称当年武汉中西合璧式图书馆建筑的双璧。

十几年前为了研究湖北省几座古城的城市格局和形态，我曾经多次造访省图查阅文献，不仅得到了很好的服务，还结识了几位热心武汉城市历史的老文化人。它的建筑设施功能现代而且便利，墙面平整而光洁，因此当时我并没有觉得它是历史建筑，只是觉得它与武汉大学历史建筑的风格比较相似。

当时，我并没有看出它在精神气质上可以与武汉大学历史建筑群相匹及，还以为它是一座20世纪八九十年代新建的建筑。

如今，再回头看，真是豁然开朗。

8

抱冰堂旧址

位于武昌蛇山南侧山腰处的首义公园内，西邻湖北省立图书馆旧址。武汉市文物保护单位。

抱冰堂，1909 年落成，现在是张之洞纪念馆。因张之洞自号“壶公”，晚年号“抱冰老人”，故称纪念馆为抱冰堂。1907 年担任湖广总督的张之洞奉召入京授体仁阁大学士，僚属为纪念他在鄂功绩，集资捐建抱冰堂，1909 年夏天建成后不久张之洞逝世，其后“抱冰堂”很快成为湖北一处名胜。

抱冰堂建筑北倚蛇山，坐北朝南，为穿斗木架结构，台基石砌，面宽三间，单檐歇山顶，檐下四周环绕外廊。早先堂内有楹联、石台、碑柱以及刻有“太子太保”字样的石碑。

1933 年 11 月 2 日，首义公园之父卢立群与朱世濂两位新人，在民国时期修复后的抱冰堂，举行了近代武汉第一次新式婚礼，一时引为美谈。中华人民共和国成立后，抱冰堂曾于1953年进行过修葺，2011年辛亥革命一百周年之际，政府又对其进行了全面的修缮。

我二十多年前造访过一次首义公园，留下交通混乱、建筑颓败、各处不通畅的模糊印象。如今重访，这里环境已经整治得十分优美，终于恢复了一段历史的旧貌。

9

蛇山烈士祠

位于武汉市武昌区蛇山南麓，湖北省立图书馆旧址东侧。武汉市优秀历史建筑。武汉市文物保护单位。

民国时称表烈祠，1938 年 2 月 5 日设立，最初是国民革命军二十五军十三师前师长万耀煌为纪念十三师阵亡或病故官兵所设。

1947 年 7 月 7 日，七七事变爆发十周年时，经过维修整理的表烈祠更名为“忠烈祠”，正式迎抗战阵亡烈士灵位入祠。抗战最惨烈的时期，几乎每一天都不断有保家卫国的将士牺牲，血肉筑成的长城，如今在这里化作英雄冢。

2011 年，为了迎接辛亥革命爆发一百周年，武汉市人民政府出资，对其进行了整体修缮，并更名为“烈士祠”，在其中统一存放辛亥首义烈士和武汉会战阵亡烈士的灵位。另外，还特别增设了武汉抗战展厅，现在这里是国家级的武汉抗战烈士祠。

由山下牌楼，登花岗岩垒砌的三层神阶（每层 18 级台阶）拾级而上，可见烈士祠建筑北倚蛇山，坐落在一块台地之上。其为中轴对称三合布局，中间大厅为重檐歇山屋顶，整体为仿中式宫殿风格，琉璃碧瓦、斗拱飞檐，整体为钢筋水泥结构，建筑外观庄严肃穆，透出一股英雄气。

10

高亚鹏旧宅

位于蛇山东段南坡，龙华寺西侧。武汉市优秀历史建筑。

高亚鹏为民国时期武昌富户之一，旧宅建于1920年代，砖木结构，架空地层。建筑面积约150平方米，德国乡村别墅风格。灰色机瓦坡屋顶，青砖外墙，每一面墙上都有四五个窗户，比例协调，尺度适中。

旧宅屋后有一个小巧的院落，屋前空出一块高大樟树掩映的草坪。

11

武昌蛇山边上的老房子

位于蛇山东麓，大东门北侧。

按照它们在武昌古城的位置，这里应该是老武昌大东门附近的历史建筑。沿着蛇山山麓，层层叠叠，勾画出江城难得一见的“山城”意象。

这幅画作于1999年，如今为了蛇山透绿工程，这里已经全部被拆除。

12
长春观太清殿

位于武昌大东门外东北角双峰山南坡，黄鹄山（蛇山）中部。1992 被列入湖北省文物保护单位。1983 年被国务院列为全国重点道教宫观。

长春观，位于武昌大东门东北角双峰山的南麓，而双峰山是蛇山的蛇尾巴。为什么要在这里建一个道观？古人认为这涉及风水的问题。古代的帝王或政权要在一个地方建一座城市，必须要得到天、地、山、川、日、月的庇佑。长春观所在的双峰山在历史上就是山川坛的位置，通过它来沟通天地，而且它所在大东门的东北角就是一个风水的位，是水口的位置，守门的庙宇建在这儿选址是非常了得的。

早在公元前 3 世纪，这里就开始有道教建筑出现。元朝时，全真派著名的代表人物丘处机来到这里修炼和传教，使它的规模进一步扩大，因为丘处机被称为长春真人，所以道观也被称为长春观。长春观有闻名于世的“三绝”：全国仅存一块“天文图”石碑、藏族风格和欧式风格的道教建筑、乾隆帝御赐“甘棠”石刻。

如何欣赏这组优美的中国古建筑群？长春观建筑群是道教的宫观格局。道教宫观格局总的来说分为两类：一类是全真派；一类是丹鼎派。丹鼎派一类的建筑非常少，但是它的建筑很独特，是围绕丹炉八卦分布的。长春观是全真派的格局，这个格局学习了佛寺格局。因为在历史上，中国的佛教建筑格局的出现先于道教建筑格局。

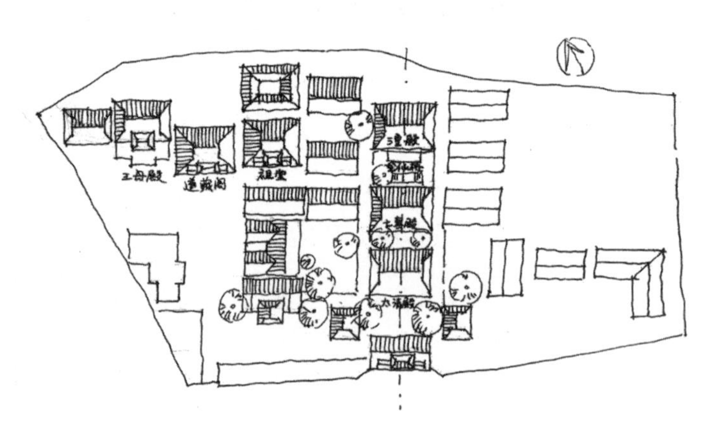

长春观总平面示意

长春观是三纵五进的格局，三纵就是中间有一纵，左右还有两纵，中轴对称，前后递进。道教建筑有一个重要的特色就是依山就势，它要把后面的建筑抬起来，有山就可以抬起来，没山就要堆起来。长春观模仿佛寺建筑，有东堂和西堂，东边有一个轴线，西边也有一个轴线，东边是接待群，素菜馆就在东边；西边也有一列，过去叫大士阁（今纯阳殿），这是一个文化现象。大士就是观音，为什么会在道教里出现观音呢？其实在道教的教义里面，观音后来通过太白金星的点拨皈依了道教，又称慈航大士（即慈航道人，是天道圣人元始天尊门下十二金仙中的第九位，也是唯一一位女弟子）。长春观是全真派，讲究的是三教合一，即儒释道合一，这就鲜明地反映了三教合一的思想。

长春观的建筑是历经劫难的，它建于元代，明代扩建，清代又继续扩建，规模甚至延伸到了洪山。但是长春观到现在为止仅剩的遗迹历史均不超过 1863 年，也就 100 多年。这是因为 1852 年清政府在武昌跟太平天国军打了一仗，太平天国来了之后首先要烧毁的就是这些庙宇。1863 年重建的建筑，在 1926 年北伐战争时期几乎又被烧光了。湖北督军萧耀南对江汉关和 1930 年长春观的建设都给予了资助。现在，长春观大部分老建筑，几乎都是 1930 年新建起来的。

长春观建筑风格是五间重檐歇山式。重檐就是一栋房子虽然只有一层，却有两重屋檐，一般把两坡顶叫悬山，四坡顶叫庑殿，把一个玄山罩在庑殿顶上面就是歇山。重檐歇山这种形式老百姓是不能用的，敬神、敬佛、敬道才可以用这种形式。它殿堂只有五间，这五间每间都很窄，这是第一个特色。第二个特色就是长春观的建筑代表了湖北的风格，就是有南方轻巧的屋檐起翘的形式，上面不用筒瓦用布瓦，这也体现了湖北特色。正面做牌坊门面，这是湖北固有的形式，后来复建的晴川阁（包括黄鹤楼）都是这样的形式，包括屋檐前面升起牌楼，两侧加了两个木质牌板，这个叫封檐，也是湖北特色。

清末钦差大臣湖广总督满族人官文，助建长春观，他十分崇信藏传佛教，工匠们受其影响，将藏族吉祥物大象及藏红花图案装饰于殿堂。

此外左宗棠手下的将官侯永德出家为道人后，曾来长春观任住持。他受西方思潮影响，在修建道藏阁的时候，力主结合欧式风格和中式风格，外檐用两层柱廊，屋檐上用水泥堆塑花饰，使之成为全国唯一的具有欧式建筑风格的道教建筑。

这样的历史文化背景，也使长春观成为道教唯一的带有藏族风格、欧式风格的建筑群。

长春观一进山门即为灵官殿,穿过灵官殿,左为鼓楼,右为钟楼,正面则为太清殿。这座建筑为五开间重檐歇山屋顶木架建筑，明间明显大于两侧开间，比例修长，形态俊朗，是典型的清晚期江南建筑。

13

长春观百草堂

位于长春观院内。

百草堂是长春观中一方宁静小院。古树掩映之下，小巧的尺度，精致的庭院小景，隔离了喧嚣，令人忘却了自己是置身在武昌大东门车水马龙的环境之中。

道家建筑也包括园林艺术，长春观有两棵古树，叫作珊瑚朴。珊瑚朴很神奇，这种树一般都有佛道的气息，去长春观不仅要了解道教的文化和道教的建筑，还要去感受道教营造出的这种清幽的氛围。

我以前经常去长春观画画，那种清幽超然的环境，让我印象很深。虽然外面车马人流喧闹嘈杂，但是道观内却是一方清静乐土。

14

大东门外看长春观

所在位置为武昌大东门面向长春观一侧。

这幅画作于1999年，画中是长春观整修之前的情景。明显看得到那时它的西侧有一些乱搭乱建的房子。从大东门方向看长春观的侧面显现其依山而建的轮廓，也可以看出这是一座规模和格局都十分规整的古观。

15

保安街

位于武昌起义门外。

这是老武昌城外保存得非常好的一片老街区，街区规模很大，街道两侧是两层的红瓦店铺，窄窄的街道，热闹的街口，它的形象几乎定格在了四十年前。

但是，黑瓦木板壁的商铺遗留下的寥寥无几，说明在解放初甚至民国时期这里已经被改造过，普遍“红瓦”化了。

农讲所片

——武昌城司门口遗存的红色底片

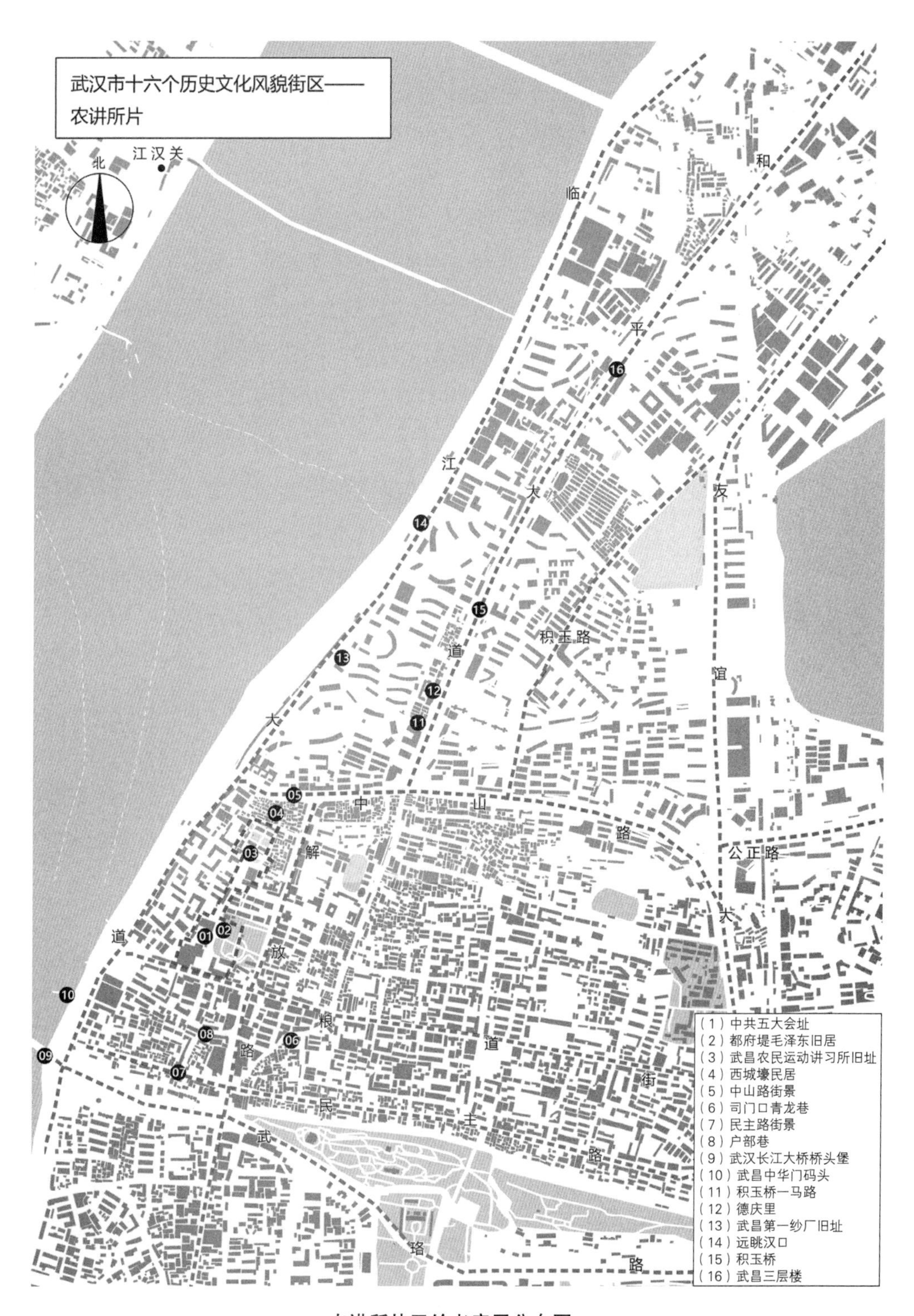

农讲所片已绘老房子分布图

农讲所片为西城壕以南、中华路以北、解放路以西、武汉潭秋中学以东区域，面积 4 公顷，有中央农民运动讲习所等文物保护单位 3 处，属革命文化街区，武汉市历史地段。

农讲所片区的历史建筑，被武昌老城的一条“都府堤大街”串起来。都府堤在武昌解放路以西，清代司湖衙门，在此筑堤，因其临近都督府衙门，故称督府堤（或都府堤）。清末，居民沿堤定居，形成都府堤大街，简称都府堤。街道南端起于自由路，北端终点为中央农民运动讲习所旧址，长 560 米，宽 6—10 米。此街 41 号是毛泽东在 1927 年上半年主持农讲所时居住的地方。此街的 10 号原为武昌高等师范附小，是 1924 年任中共武汉地委书记陈潭秋的旧居。1927 年 4 月 27 日，中共第五次代表大会第一次会议就在这里召开。

这里是典型的武昌老城。虽然古城城墙已经拆除，周围民居建筑群也已经七零八落，但是只要仔细去走访，还是可以找到许多老武昌的影子，还是可以嗅到许多老武昌的味道。

这个街区的名称也值得商榷，如果叫“农讲所——都府堤片”应该更能够全面反映它的特点和历史事实。否则，都府衙门建筑和周围民居群落都没有了，现在连这个名字也不保留，就太可惜了。

1
中共五大会址

位于武昌区都府堤20号的中华路小学校园内。2013年被公布为第七批全国重点文物保护单位。

这里原是国立武昌高等师范学校附小旧址，建于1918年，是一个校园建筑群，有七幢建筑，是国内中国共产党的党代会纪念馆中规模最大的一处。

它的大门是典型的欧式建筑，进入大门之后的院子里几幢教学楼则融合了许多的中式元素，如黑瓦、木栏等。

教学楼（中共五大会址）一侧还布置了中式园林，园中几株红梅正凌寒盛开。

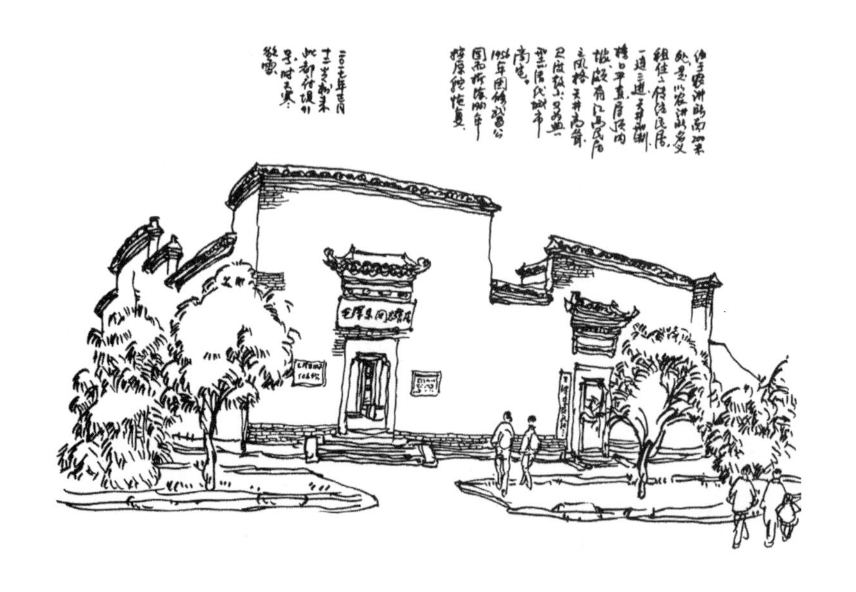

2
都府堤毛泽东旧居

位于武昌区都府堤41号。2001年被国务院公布为全国重点文物保护单位。

此一旧居是毛泽东当年在农讲所讲学时租住的一处武昌晚清民宅。原建筑1954年被拆除，1967年又按原貌重建。

复原后的毛泽东旧居，真实地再现了清末武昌城的民居形式，为典型的江南风格。三堂直进的小天井布局，清水砖墙的外表，平直的檐口，内坡的屋顶，方正的轮廓，这些特征很有一些江西民居的影子。

据考证，毛泽东实地考察湖南农民运动（1927年1月4日起至2月5日）结束后，回到武昌就是在这处租住的旧居中写成著名的《湖南农民运动考察报告》，同年3月发表后便迅速运用到农讲所讲学和中国革命的具体实践中，深刻影响了中国历史的进程。不经意间，总有历史的注脚，在发光发亮。

3

武昌农民运动讲习所旧址

位于武昌区红巷（原黉巷）13号。2001年被国务院公布为全国重点文物保护单位。

这里最早是张之洞创立的武昌北路小学堂，1927年被用来开办中央农民运动讲习所。农讲所，是国共第一次合作时期，毛泽东同志倡议并由其亲自主持的一所培养全国农民运动干部的学校。1963年，武昌农民运动讲习所旧址纪念馆正式开放。馆名“毛泽东同志主办的中央农民运动讲习所旧址”为周恩来手书。

校舍旧址坐北向南，由四栋砖木结构的房屋组成，占地面积12850平方米。其中前面二进建筑为中式传统建筑，高一层，歇山屋顶，外围一圈回廊，青砖外墙。后面二进建筑高二层，青砖外墙，以壁柱划分开间，上下两层均有拱券窗楣，西式风格建筑，是武汉市现存唯一的一处保存完好的晚清学宫式建筑。

天气预报说今天是雨夹雪，出门的时候，天气很冷，天上还飘着雪花。下了车向江边方向走，天居然渐渐放晴了。这里的环境已经经过整治，非常安静也非常整洁。

我向门卫借来一张小凳子，坐在院子里画画，这座建筑开间很多，总面宽将近200米，空间非常开阔，建筑配以各色植被，景色很美。但是，武汉的冬天的确很冷，手都冻僵了。

画完才想起进陈列室里面看看，没想到，除了前面一进建筑，里面还有三幢建筑和一个宽阔的操场——这里曾经是一座完整的学校。

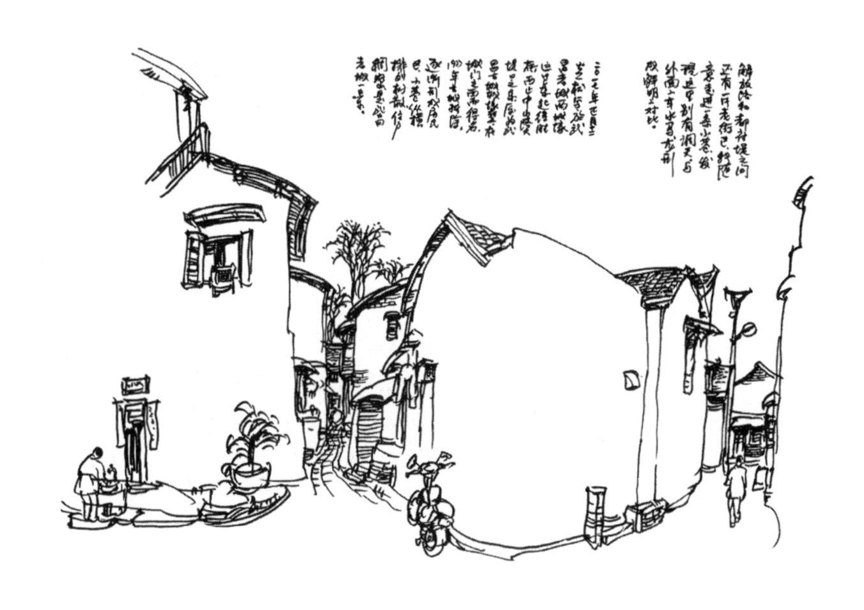

4
西城壕民居

位于武昌区中山路大堤口至积玉桥路段南侧，东起得胜桥，西至中山路大堤口之东。

这里以前是武昌古城北门外护城壕堑之所在，因其位于武胜门以西而得名。1927 年武昌古城拆除后，市民在这里自建砖木平房，初为平房，后逐渐加建为二层或三层，逐渐形成排列紧密、小巷纵横的居民区，成为武昌老城风貌的一部分。

我从解放路走到都府堤，发现这里还保留着成片的老街坊，很是好奇。

画完那几幢重点建筑，往回走的时候，随意走进这一条小巷，感觉别有一番天地，狭窄的空间里，晚起的妇人打开窗晒衣服，老人们在邂逅聊天。这是典型的老武昌街巷民居景观。

5

中山路街景

位于得胜桥以西。

中山路的历史，最早可追溯到 1927 年，其在武昌城墙被拆除的旧址上形成新的道路，与武昌城古城墙东线和南线重合，其前身则是明代遗存的沙湖堤。

这条路长 7.26 公里、宽 60 米，大体上环绕武昌旧城垣修建，之所以被命名为中山路，是要以此纪念中国民主革命的先行者孙中山先生。

6
司门口青龙巷

位于武昌区民主路司门口，穿插在民主路和粮道街之间。

青龙巷，建于明末清初，在中山路和民主路之间，正对司门口，传说此地有龙脉之气，因此得名。这里晚清民国时期是武昌红白喜丧用品和民间礼俗服务店铺集中的核心区，也是当时的民俗文化生活中心，比今天的户部巷更加有名。

这幅画作于 1998 年。后来我再去青龙巷，由于旁边新楼的建设，几乎淹没了小尺度的老街，感觉再也找不到这样一个角度了。

7

民主路街景

民主路位于武昌中部，沿蛇山北麓东西向伸展，一直到长江边。

历史上，民主路是联通武昌汉阳门和忠孝门（明前中期称小东门，嘉庆年间改名忠孝门）的大街，是武昌城的主轴之一。民主路、司门口一带明清以来就是繁华闹市，人气很旺，终年不散。

画中这一段民主路临近江边，两侧主要为欧式风格建筑。和汉口租界的建筑相比，它们尺度比较小，具有更加平实的风味。

8

户部巷

位于武昌最繁华的司门口，在民主路中段。

户部巷，最早始于明代，明清两代因其东临位于司门口的布政使司衙门（简称藩台衙门，隶属户部）故而得名。

原来的老巷子，已经面目全非。现在，政府对这里进行重新规划设计和包装打造，如今这里汇聚了众多的汉味小吃，被誉为“汉味小吃”第一巷。

但是，它的建筑外墙被敷以白粉到底，这个显然不是武汉传统建筑的风格，容易引起人们的误读，因此对这种做法我是不能认同的。

9

武汉长江大桥桥头堡

武汉长江大桥，位于武昌蛇山和汉阳龟山之间的长江之上，2013年5月3日武汉长江大桥被评为第七批全国重点文物保护单位，2016年9月又入选“首批中国20世纪建筑遗产”名录。

这是全中国第一座长江大桥，是新中国成立后通车的第一座复线铁路、公路两用桥，人称“万里长江第一桥”，是中国桥梁史上的里程碑。1957年长江大桥落成后，汉口、汉阳与对岸武昌的交通状况大为方便，更为重要的是其联通京汉、粤汉铁路极大促进南北中国的物资交换，因此当即成为武汉市的标志性建筑，毛泽东为此还酣畅淋漓地写下“一桥飞架南北，天堑变通途”这一脍炙人口的诗句，并迅速传遍大江南北。

武汉长江大桥，是新中国初期苏联援华建设的156项工程之一，茅以升任总设计师，于1955年9月动工，1957年10月15日正式通车，全长约1670米。

1955年，周恩来总理批准采用了唐寰澄的长江大桥美术设计方案，这一年他年仅29岁。后来，梁思成曾对清华大学建筑系的学生们说：“这次方案，建筑界败于年轻的结构工程师之手，在建筑思想上值得进行检讨。”

中国工程师唐寰澄设计的桥头堡方案，借鉴了黄鹤楼的“攒尖顶亭式”建筑风格，采用中国传统文化特征和元素，舍弃繁复装饰，推敲了细节和比例，简朴庄重，细腻耐看，经得起历史的考验。

10

武昌中华门码头

位于武汉长江大桥武昌一侧下游方向的长江边上。

从武昌江边曾家巷出去，就是中华门码头。中华门码头与汉口隔江相望。即便修建了长江大桥，除了陆路交通，很长一段时间里，武昌人还是习惯从这里坐轮渡过江到汉口集家嘴码头，这里曾经非常繁忙，如今这一切都悄然归于平静，至今码头上仍停泊着渡轮。

远处汉阳对岸的龟山电视塔、晴川饭店等建筑历历在目……原来的曾家巷端头坐落着一幢三层楼的木结构吊脚楼建筑，二十多年前我还为其画了一张速写，但是再也找不到了。

11

积玉桥一马路

位于得胜桥西北。

武昌积玉桥一带，早在19世纪末就开辟了曾家巷码头，清末时就已经发展成繁华商埠和武汉棉纺织业中心。武汉第一条被冠以马路之名的城市街道，就诞生在这里。当时张之洞在这里主持兴建了一至四马路，由南向北，从今天的和平大道并排通向临江大道。这四条马路共同见证了，以曾家巷码头和武昌第一纺纱厂代表的武昌积玉桥，过往堆金积玉的兴起、繁盛和落寞，迄今为止，年轮已逾百年。

红瓦、红砖、四坡顶，纵横组合，这里是老武昌难得一见的老街坊。

12
德庆里

位于得胜桥西北。

1914年，当时的汉口商务总理李紫云，邀请巨商程栋臣、程佛澜兄弟等人合股，在积玉桥一带筹建了武昌第一纱厂，一时成为巨商大贾。

德庆里应该是那时的纱厂宿舍。它的北面还有幸福里、汉成里。这样四四方方的弄堂式建筑，使得武汉的市井人家显得非常有秩序，但是，也让这里显得和现代生活十分不协调，主要是尺度太小，不太适合武汉人的脾气。

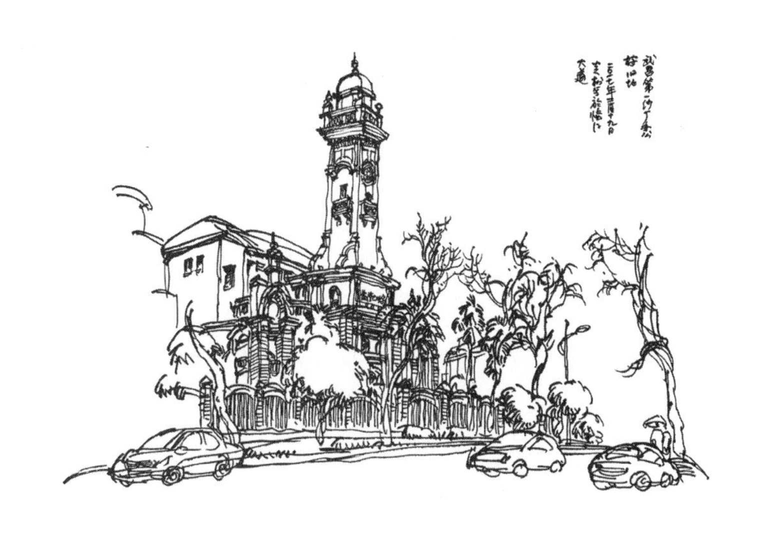

13

武昌第一纱厂旧址

位于武昌积玉桥街临江大道76号。武汉市文物保护单位。

清代末年，张之洞主政湖北，创办洋务和实业，相继建成了布、纱、丝、麻四局，形成了比较完整的近代纺织工业体系，使武汉成为当时华中地区最大的纺织业中心。

武汉华商李紫云创办的武昌第一纱厂，1915年开工建厂，1919年建成投产，其为武汉首家民族资本家创办的纺织厂，并逐步发展成为当时华中地区最大的纺织厂。时过境迁，1999年以武昌第一纱厂为前身的武汉第六棉纺厂破产倒闭。现在，武昌第一纱厂旧址，仍位于蓝湾小区院内，静静守在那里。

这座纱厂办公楼大楼，由景明洋行设计，汉协胜营造厂建造，为砖混结构，三层，西方古典风格。立面纵向三段式、横向五段式构图，严谨对称，蓝瓦屋顶，正面一二层凸出外廊，爱奥尼柱式分隔开间，正中入口略为凸出并建四层钟塔楼，塔楼在三层向四层处向中间收进，上下之间以蜗卷曲线过渡，正立面两端侧部做半圆形牌面，形似新巴洛克建筑。整个建筑虚实相间，细节丰富，百看不厌。

我是很晚才知道，在武昌江边坐落着这样一幢漂亮的近代欧式建筑，它与我1997年所画的汉口慈善总会钟楼的造型惊人地相似。于是我联想到江对岸的汉口慈善总会，疑心也是景明洋行的设计作品。

14

远眺汉口

于武昌江边。

站在武昌江边，眺望汉口城市轮廓线，对岸的江汉关因基址凸出在长江江边，其形象仍旧十分突出。在背后新建的高楼大厦映衬下，别有一种精致和华贵。

但我们仍可以看出，老汉口的城市天际线，已经湮没在新建成的高楼大厦的背景之下。至于新建的摩天大楼如何才能与历史建筑交相辉映、相得益彰，这方面的研究规划、设计施工及文化宣传，还任重而道远。

2017年11月1日，武汉成功跻身联合国教科文组织创意城市网络——设计之都，算是武汉人上下求索的一点新探索。

15

积玉桥

位于武昌老城北部，南北走向，是武昌城外一条的老街。

武昌城外的这片地区原为一片湖泊沼泽，据说这里早先曾有一座石桥，叫“鲫鱼桥”。后来人们将“鲫鱼桥”改称“积玉桥”，寓意“堆金积玉”。1931年，石桥被大水冲毁，1934年又在原址上建了一座钢筋混凝土结构的现代桥梁，1938年，桥因战事被炸毁，仅留一段桥基。现在人们仍然习惯以“积玉桥”作为这一带的地名。

积玉桥是得胜桥延伸出去的一条街，曾是武昌城外比较繁华的街道，建筑多为近代所建，屋顶用红瓦，如今一半已经拆除，并在原地建成高层小区，留下的一半也逐渐解体。

16
武昌三层楼

位于武昌区和平大道西侧427—429号。

据史料记载，今武昌和平大道和新河洲一带，最早是一片水塘荒地。清朝末年，新河洲开始有人居住和生活，因在武昌城北、长江边上得地利之便，这里逐步发展成集市贸易场所。1912年，以营造业发家的老板喻兴隆，在今天和平大道西侧427—429号，建造了一栋三层青砖木结构的楼房，在一楼开店铺、二楼设茶馆、三楼办说书场和皮影戏剧场，一时人声鼎沸，远近闻名。

当年，这座三层楼，在四周一片民房草舍间，鹤立鸡群，因而成为此处地标，人们遂以三层楼指代这一地区。中华人民共和国成立后和平大道拓宽道路时，原楼被拆除，但三层楼作为这一带的地名被保留了下来。

画上苦楝树下的人家，只是三层楼一带普通的民居，并非历史上那一座典型建筑。

洪山片

——古寺石塔构建的妙境梵音

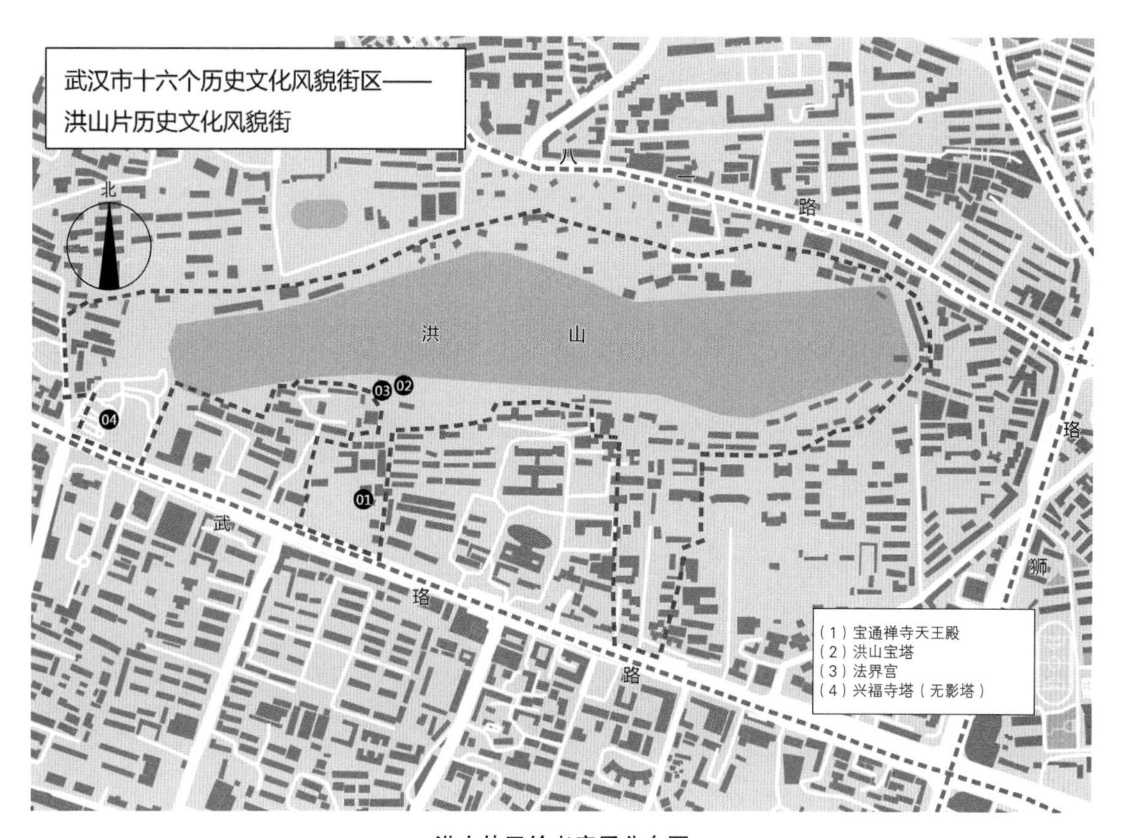

洪山片已绘老房子分布图

洪山片街区为武珞路以北、八一路以南的洪山附近区域，面积51公顷，以宗教文化和革命遗迹为主要特色，包括宝通禅寺、洪山宝塔、兴福寺塔、施洋烈士陵园等文物保护单位和历史遗迹，属革命文化街区、武汉市历史地段。

洪山，最早称东山，又名黄鹄山。南朝刘宋始建东山寺，唐贞观四年（630）尉迟敬德拓建后改称弥陀寺。南宋端平年间（1234—1236）荆湖制置使孟珙又将随州大洪山的幽济禅寺迁移到此，改弥陀寺为崇宁万寿禅寺，改黄鹄山为洪山，从此洪山之名沿用至今。

1
宝通禅寺天王殿

位于武昌洪山南麓。1992年被列为湖北省文物保护单位。

宝通禅寺，现为武汉佛教四大丛林之一，是武汉现存最古老的寺院。寺庙始建于南朝刘宋年间，初名东山寺，后名弥陀寺、崇宁万寿禅寺等，明成化二十一年（1485）定名为宝通禅寺，沿袭至今。

宝通禅寺在古代长期是享受朝廷供奉的皇家寺院，历朝历代都得到朝廷的资助和供养。历史上寺庙多次历经兵灾战火摧残，最近一次是天平天国战争。同治四年到光绪五年，清政府出资恢复重建，规模较以往大为缩减，寺内现存建筑多为当时所建。1983年，宝通禅寺被国务院确定为全国重点寺院和全国汉传佛教重点开放寺院。

宝通寺依山建筑，坐北朝南，入门即为一方大院落，院中有放龟池，通以小桥，过桥的台座上坐落着弥勒殿，殿后又有一院落，分三个台次，由中间台阶拾级而上，便是大雄宝殿，殿前空间有些逼仄，但两边有古树掩映，古雅盎然。

背倚洪山的宝通寺，环境非常清幽，过去曾有古树奇峰怪石和著名的三泉，后山有多株百年树龄的古朴树。“洪山之岭多奇石”，即东崖、云扃、杯樽、翠屏、栖霞、狮子峰、仙人石、寿字石。三泉即黄龙泉、白龙泉、乳泉。可惜的是，如今三泉均已湮没。

这座寺庙现存的建筑，大多数应该为同治年间重建，但后来有被多次改建、重建，整座寺庙分不清哪些是历史原物，风貌也不甚统一，有些令人惋惜。倒是弥勒殿（天王殿）前的两座石狮，看得出来是明代的遗物。

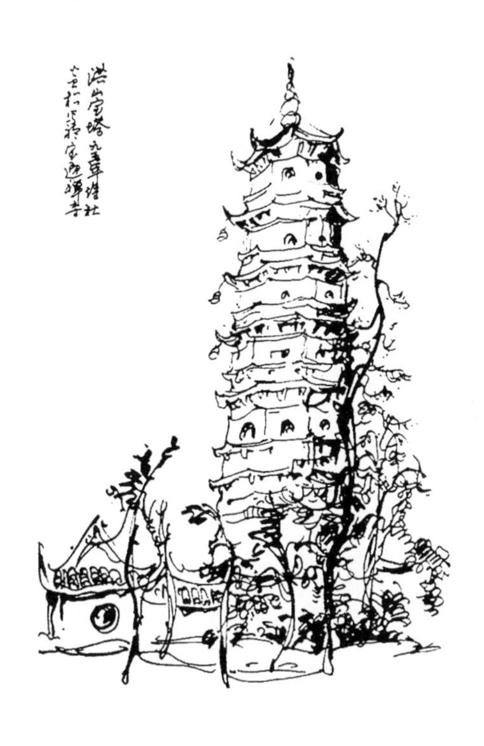

2 洪山宝塔

位于武昌洪山南坡、宝通禅寺东北面。1956年被列入湖北省文物保护单位。

洪山宝塔，位于武昌洪山南坡、宝通禅寺东北面，又名灵济塔，始建于元朝至元十七年（1280），最早是为纪念开山祖师灵济慈忍大师所建的，明成化二十一年（1485）该塔随寺名改称宝通塔，因坐落在洪山上，后人又称其为洪山宝塔。

宝塔于元代至元十七年动工，至元二十八年竣工，前后历时十一年。该塔七层八面，砖石仿木结构，通高 44.1 米，基宽 37.3 米，顶宽 4.3 米，沿塔基圆门内石级盘旋而上，可直达顶层。清朝同治十年至十三年，洪山宝塔进行过大规模的重修，塔身比原制增高 1.6 米。1953 年，人民政府也对洪山宝塔进行了全面的维修。

洪山宝塔是宝通寺中现存最古老的建筑之一，保存状况完好，是武汉市现存少有的元代建筑。著名的洪山菜薹，据说就因生长在洪山宝塔的塔影之下而闻名。相传黎元洪在北京做大总统时，对洪山菜薹仍念念不忘，曾派专人护送，在北京几番试种，还是武汉这片菜地生长的菜薹风味最佳，足见洪山水土条件之难得。

我在此写生的时候，寺里的僧人依然在那里种植菜薹，菜地面积不大，周围加了一圈矮矮的栅栏。

3

法界宫

位于武昌洪山南麓（1997 年改称海岛罗汉堂）。

1924 年 3 月，湖北督军兼两湖巡阅使萧耀南，邀请留学日本学习密宗的持松法师担任宝通寺方丈，持松法师便在洪山宝塔前修建法界宫，用以修习密宗、弘扬佛法。

法界宫建筑，仿唐代密宗金刚部“五曼荼罗”形式建造，屋顶覆盖黄色琉璃瓦，并以五亭结顶，寓意东南西北中五佛方位。现在，整个宝通禅寺上下，木结构的历史建筑基本不存，仅剩下这座法界宫，还比较完整地保留着历史建筑的风貌。

1928 年 6 月 3 日，前中华民国大总统黎元洪在天津逝世，黎氏绍基、黎绍业两子遵照遗嘱将其灵柩运回武汉，曾暂厝于宝通寺法界宫，并在此举行隆重国葬，后安葬于武昌卓刀泉南麓土公山的黎元洪陵墓。

就在黎元洪去世的第二天，关外爆发了“皇姑屯事件”，东北王张作霖伤重不治。6 月 12 日，阎锡山部接管天津，6 月 15 日南京国民政府当即宣布“统一完成”。国民党决议为首义都督、前大总统黎元洪举行国葬，并将之视为宣告国民党成为中华民国正统的重大政治活动，北洋政府的前朝元老和南京国民政府的新权贵们，都放下干戈，前去吊唁。

这场国葬规模浩大，从 1928 年 7 月开始，到 1935 年 11 月 24 日下葬结束，其间，在天津黎府吊唁三日，在北平北海公园举行公开追悼会，在武汉宝通寺停灵两年后举行的公祭是其最高潮。黎元洪的身后事，由此也成为凝聚全国人心士气的历史事件，而中心舞台就在宝通禅寺。

其实，早在 1911 年，武昌首义期间，鄂军都督府遭到清军炮击时，黎元洪就一度将革命军司令部设在宝通寺，继续指挥战斗，蓦然回首从终点又回到起点。

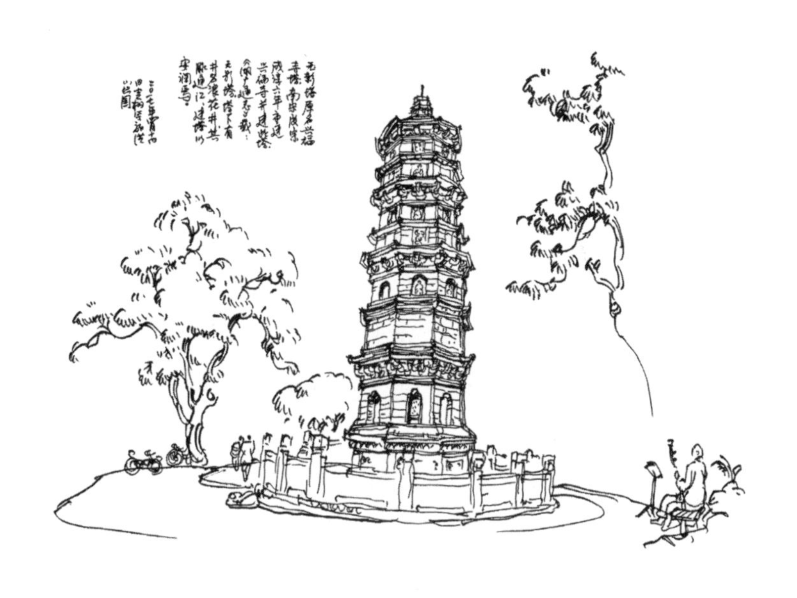

4
兴福寺塔（无影塔）

位于武昌洪山南麓，宝通禅寺西侧。2013年5月被列入全国重点文物保护单位。

兴福寺塔，位于洪山东麓的兴福寺内，是武汉最古老的历史建筑之一。至于无影塔之名的来历，传说是因为这座塔在原址上，每年夏至正午时分，塔身都没有影子，令人称奇。它和宝通寺内的灵济塔都位于洪山南麓，一大一小，一高一低，彼此映衬。

该塔始建于南宋度宗咸淳六年（1270），为仿木楼阁式石塔。塔高11.25米，底座直径4.25米，四层八面，每层有小佛龛，嵌罗汉、天王、力士等石雕和纹饰，四层屋檐，檐下施仿木的斗拱。底层南面佛龛内，端坐一尊菩萨，佛龛左侧“住大洪山胜象兴福寺重修”，右侧刻“咸淳六年岁次庚午四月佛曰知事僧宗杰题”，标明确切的建造年代，十分珍贵。

后因地质变化原因，无影塔的塔身出现裂痕，为了保护这座古塔，1962年文保单位将塔上每一块石头编号后，在洪山南麓复原重建。因搬离原址，无影塔无影的现象已无从考证。

在民间，对这座无影塔的来历，还有一个关于龙脉的传说。相传，古代武昌城外，有一条蛇形山脊，自南向北绕东湖、穿城垣，直抵长江南岸，与对岸龟山隔江相望，这就是著名的“江南龙脉”之地。历代统治者对龙脉十分忌惮，多次命人建楼、挖洞、镇塔，黄鹤楼在龙头之上、兴福寺塔就在龙尾之处，一头一尾遥相呼应。风水、龙脉本为封建迷信，缺乏科学依据，本不足为信，这龙头龙尾的龙脉传说，倒是给现代人多提供了认识武汉山水格局的新视角。

现在，宝塔坐落的地方已经开辟为洪山公园，园内绿树掩映，营造出闹市之中难得的一片安静的绿荫，古塔寂静伫立，穿越700年光阴与游人相遇，气象自是不凡。

珞珈山片

——中外英杰联袂打造的传世杰作

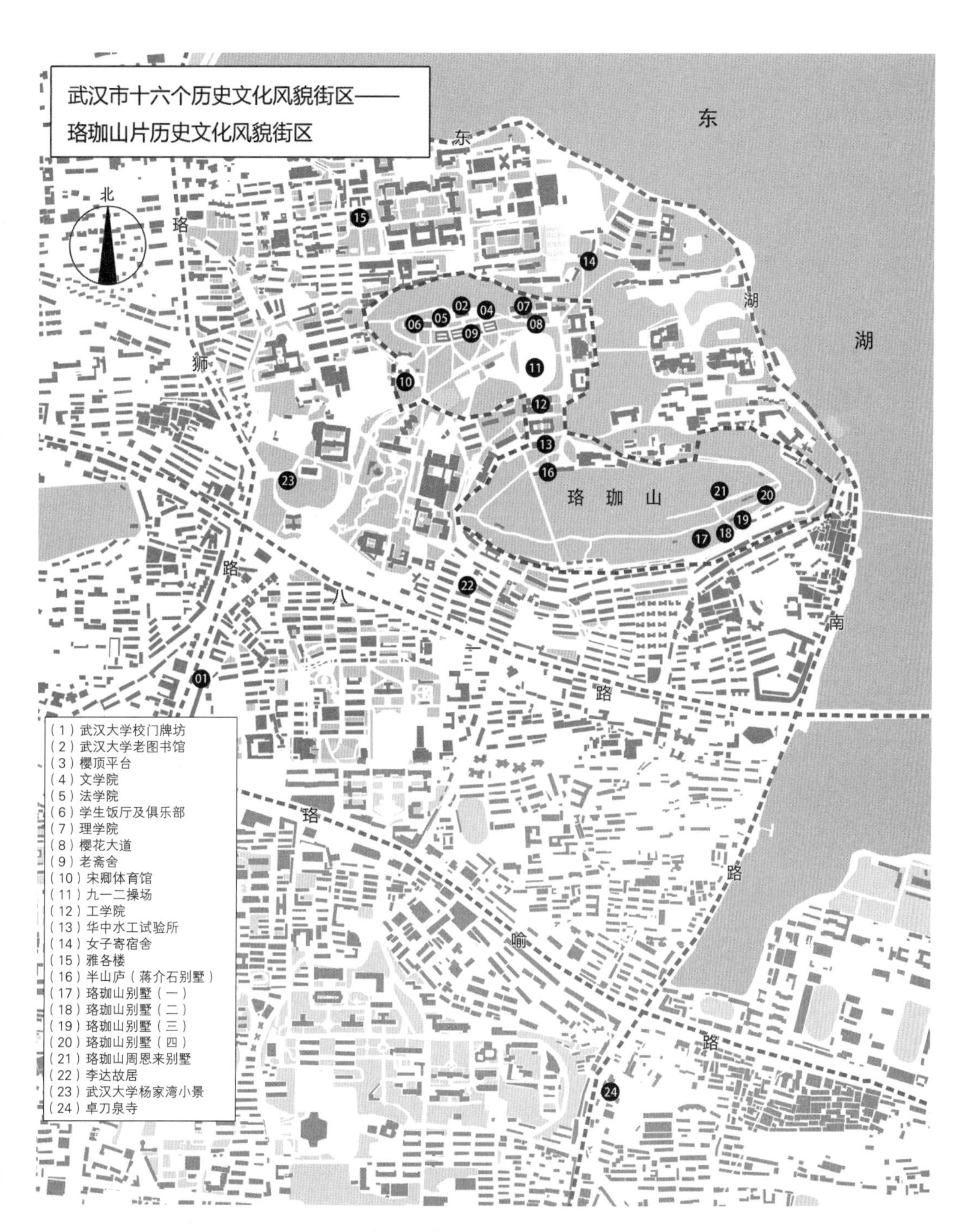

珞珈山片已绘老房子分布图

珞珈山片街区，为武汉大学校本部的珞珈山及武大樱园区域，面积65公顷，有武汉大学早期建筑群等众多文物保护单位、历史建筑及历史遗迹。现在大部分建筑保存完好，且仍在使用，其中被列为全国重点文物保护单位的有15处26栋，属近代教育文化街区、武汉市历史地段。

武汉大学的办学源头，最早可以上溯至1893年湖广总督张之洞奏请清政府创办的自强学堂。1902年自强学堂迁至武昌东厂口，改方言学堂。1911年方言学堂因辛亥革命停办。1913年北洋政府以原方言学堂的校舍、图书、师资为基础，改建国立武昌高等师范学校（也有学者认为武汉大学与方言学堂并无直接继承关系，校史应从国立武昌高等师范学校算起），1926年组建国立武昌中山大学，1928年定名国立武汉大学，1932年3月学校由东厂口迁至珞珈山，1949年新中国成立后更名为武汉大学，并沿用至今。

1929年2月，民国法学家王世杰成为国立武汉大学首位正式校长。他率先提出要把学校办成拥有文、法、理、工、农、医6大学院的万人大学。

1930年3月，国立武汉大学新校舍一期工程正式启动。1932年3月，学校由武昌东厂口迁入珞珈山新校舍，即今日坐落在珞珈山之武汉大学。武汉大学早期建筑构成的校舍，整体布局得山水之大势，兼收中西古今建筑文化之成就，蕴含深厚，气象不凡，是中国近代大学校园建筑的佳作与典范。

如果要评选武汉最好的老房子，我个人认为，非武汉大学建筑群莫属。它们坐落在美丽的东湖水畔、珞珈山麓，至今仍被用作国内一流大学校舍，呵护得当，花团锦簇。这个建筑群堪为天上的星星，而那些开创和建造这些建筑的王世杰、李四光、凯尔斯等先辈们，更是星光灿烂。

王世杰、李四光早年一起留洋时，两人就有一个理想，一定要在中国一个有山有水的地方建一所有味道的大学。后来，李四光归国后，被教育部聘为国立武汉大学建设委员会委员长，王世杰是武大第一任校长，他们为报效湖北做了不可磨灭的贡献。

李四光当年，为武大选址时，遭当地众人请愿反对，说祖坟山不能建大学，并扬言要挖王世杰的祖坟。王世杰力排众议，果断派学生把路边的坟茔一夜之间全部迁掉。对此，受过西方现代大学教育和公民精神洗礼的王世杰、李四光二人，都认为这个地方如果不建大学就是愧对后人。

随后，他们请来为清华大学做过设计的美国设计师凯尔斯主持设计武大建筑群。凯尔斯当年已经 58 岁了。他敬畏这座山，每天在山上转，一站就是几个小时。半年后凯尔斯拿出了武大新校舍规划设计图。这个坟山土薄缺水，不适合民居，他设计这样的建筑群可以说是化腐朽为神奇。

武大建筑群的设计有两条轴线：一条是南北轴；一条是东西轴。东西轴的主轴是东湖，但是没有实现。现在武大是南北轴，狮子山到珞珈山之间有一组对应的建筑。其中狮子山的建筑以老图书馆为核心，还包括文学院、法学院，它的东边是理学院，西边是学生餐厅。

以武大图书馆为例，其布局是南边有一条线，北边有一条线，中间有个八角形的地方空出来，类似一座“工”字形的楼，它是中国式、拜占庭式和罗马式三结合经典建筑。武大图书馆建筑特色，还因为其中夹杂了湖北元素。它采用集中式构图，中间是八角重楼，但又不是八角亭而是八角歇山。下面用四个歇山衬托起来，前面两个在功能上是办公，后面两个朝北的建筑是书库，前面两个四层，后面两个七层。正中一个厅堂，两边凸出去是厢房，厢房的建筑就类似于歇山的建筑，如此两端的两个歇山屋顶山面形成的正立面就是湖北特色，只有湖北的土家族建筑才是这样，凯尔斯太了不起了，用了半年的时间就读懂了中国建筑，读懂了湖北的民间建筑。

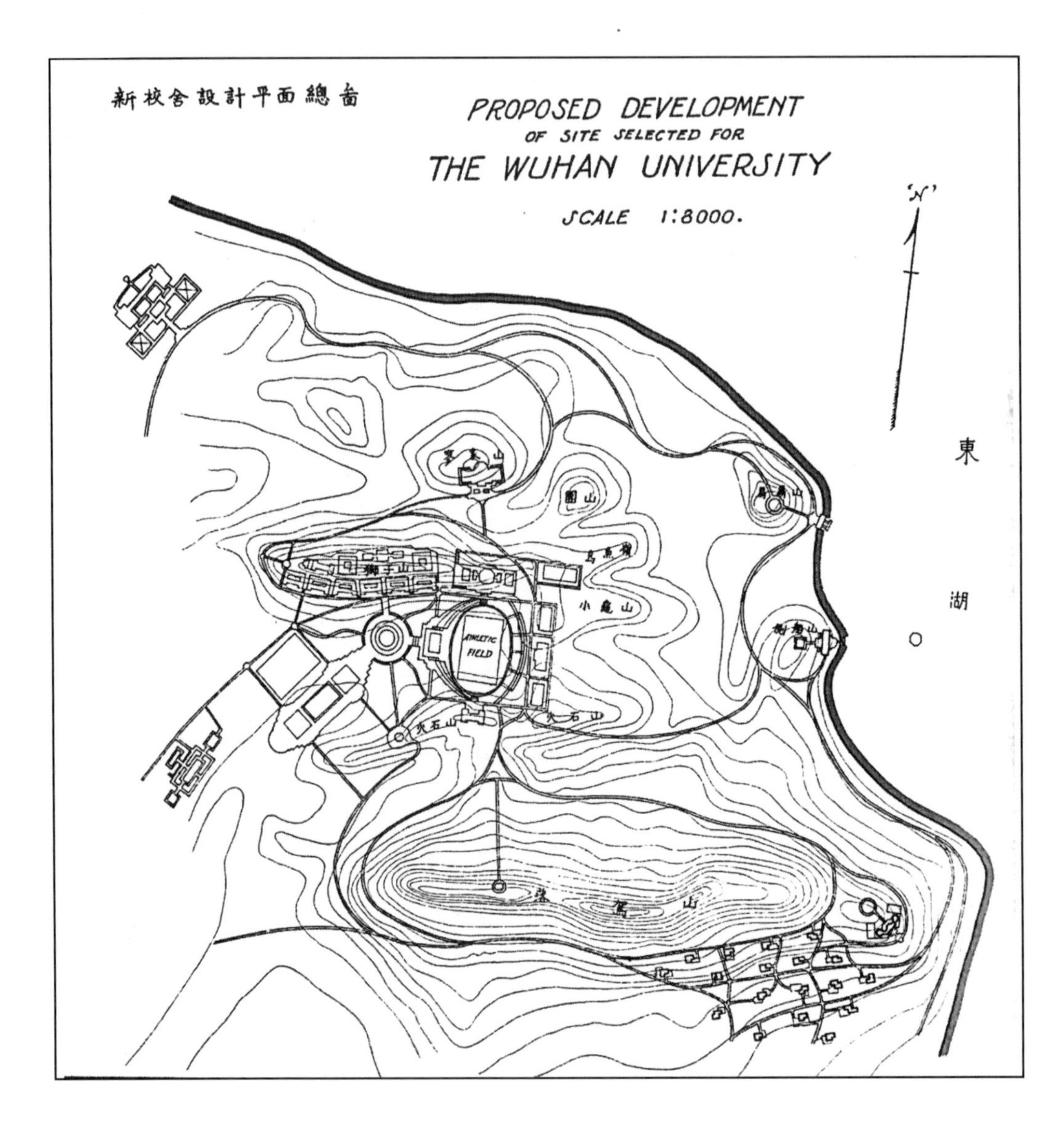

武汉大学新校舍设计平面总图

武汉大学早期建筑群，主要是 1930—1936 年间，在珞珈山校园一次性规划设计并连续建成的新校舍建筑群，共 30 项工程 68 栋建筑，面积 78596 平方米，耗资 400 多万银圆。此外，还包括部分 20 世纪四五十年代的建筑。这样浩大的建筑活动，在中国近代建筑史上是罕见的。

2001 年 6 月 25 日，武汉大学早期建筑包括：国立武汉大学牌楼、图书馆（老图书馆）、文学院（现数学与统计学院）、法学院（现质量发展战略研究院）、工学院（现行政楼）、男生寄宿舍（现樱园学生宿舍）、学生饭厅及俱乐部（现樱园食堂及大学生活动中心）、理学院、周恩来旧居、郭沫若旧居、半山庐、体育馆（宋卿体育馆）、华中水工实验所（现档案馆），以及后来建设的六一纪念亭和李达故居等 15 处 26 栋，以其丰赡的历史价值、珍贵的科学价值、精美的艺术价值，经专家评审，被国务院公布为第五批全国重点文物保护单位。

2016 年 9 月，武汉大学早期建筑又入选了“首批中国 20 世纪建筑遗产”名录，在 20 世纪整整一百年的中国建筑史当中留下浓墨重彩的一笔，这笔活着的历史建筑文化遗产至今仍在泽被武大莘莘学子，意义非比寻常。

现在，我们都认为武大的建筑群是中西合璧式的，但在 20 世纪 30 年代刚建成时，当时人们心目中的武汉大学根本就不是中国建筑，全部是欧式的，除了房顶的琉璃瓦这个“绿帽子”是中式的。所以武大，在人们印象中一直戴着一顶“绿帽子”。

我在这里要为武大“摘帽”了：武大的“绿帽子”全部都是孔雀蓝，并且孔雀蓝的琉璃瓦远远高于绿瓦，说“绿帽子”就弄错了，降低了武大建筑的档次。这是因为后来人们在维修时烧不出孔雀蓝这种颜色，于是就渗进了“绿帽子”。

此外，武汉大学的孔雀蓝屋顶，与校园内外遍布的绿色植被和高大树冠交相呼应，天人一色，共同造就了武大独有的自然天际景观，这也以引领了东湖风景区城市天际线的主色调和基本格局。而且，从当年凯尔斯所绘的《武汉大学新校舍设计平面总图》也可以看出，武汉大学最早是坐拥东湖（现在武大凌波门一带的东湖路20世纪60年代方才兴建）五分之一风景和水域资源。这样武汉大学，就尽得珞珈山之秀美、东湖水之灵动，有如此山水格局的大学，十分罕见。由此可见，武汉大学被坊间冠以“中国最美大学”之名，绝非浪得虚名。

武汉大学早期建筑群，兴建于20世纪30年代，与汉口的众多历史建筑几乎是同步建设的，建筑的设计和营造水平都是匹配的，这正反映出武汉城市大建设时期的真实风尚，由此也可以看出中国建筑吸纳西方风格从来都是比较积极的，承建公司主要是上海六合营造公司和汉协盛营造厂两家，正是那个时代的工匠精神成就了武大的百年基业，其精工细作、匠人风骨与时代风尚，在武大早期建筑的总体布局与细节刻画中不无体现，这正是其位列“首批中国20世纪建筑遗产”的价值所在。

1

武汉大学校门牌坊

位于武珞路街道口，武汉大学早期著名建筑之一。2001 年被列为第五批全国文物重点文物保护单位。2016 年 9 月入选“首批中国 20 世纪建筑遗产”名录。

1928 年 7 月，国民政府聘请李四光为国立武汉大学新校舍建筑设备委员会委员长，新校舍选址几经更易，最终于 11 月选定武昌城外远离闹市的东湖之滨和珞珈山、狮子山一带为新校址。

1929 年 3 月 18 日开始勘测规划，李四光勘测并确定了校园主轴线，还聘请缪恩钊为测量绘图工作的负责人，聘请凯尔斯担任新校舍建筑的总设计师。

武汉大学早期建筑，包括文、法、理、工四个学院大楼和图书馆、体育馆、学生宿舍、学生饭厅及俱乐部、华中水工实验所、珞珈山教授别墅（十八栋）及街道口牌坊、半山庐等，占地面积3000余亩，建筑面积7万多平方米，1930年3月动工建设，1937年基本完工，经历了7年的时间，工程造价400多万银圆。

其中，一期工程（1930年3月—1932年1月）：文学院、理学院、男生寄宿舍、学生饭厅及俱乐部、教工第一、二住宅区、运动场、国立武汉大学牌楼等共计13项。耗资150万银圆（因通货膨胀，实际耗资170万），中央政府与湖北省政府各支持75万，李宗仁拨款20万资助；二期工程（1932年2月—1937年7月）：图书馆、体育馆、华中水工实验所、珞珈山水塔、实习工厂、电厂、部分生活用房、法学院、理学院（扩建）、工学院、农学院（未竣工）等共计17项。中央政府和湖北省政府又各支持75万。余下部分，由委员们通过各种渠道筹得，如中英庚款、汉口市政府、湖南省政府、中华教育文化基金会捐资等。其他，如医学院、大礼堂、总办公厅等工程因经费不到位而未能建成。

武汉大学老牌坊，原是民国时期武汉大学的正门，位于武昌街道口。从这里到珞珈山有1500米距离，这是进入武汉大学珞珈山校区的必经之路。但当年这里和珞珈山一带都是一片荒野。校方向湖北省建设厅申请，修筑了从街道口牌坊到校园内的专用公路。

1929年2月，王世杰被教育部任命为武大首任校长。一上任他便投入到珞珈山新校址的圈定、勘测、规划以及新校舍的建设工作之中，1930年2月，这段宽10米、全长1.5公里的公路通车，并被命名为大学路。可惜现在这里已经改为劝业场，失去了原来的功能，大学路的名字也消失了。

1931年初，学校在街道口建了一座仿北方牌楼样式的木结构牌坊，为四柱三间、三滴水歇山琉璃瓦屋顶，檐下施有斗拱。但是牌坊柱子尺度比例小，使它整体看上去轻巧纤细有余而稳定厚重不足，1932年龙卷风吹垮了这座木牌坊。

1933年学校决定在原址上用钢筋混凝土建造一座新的四柱冲天式八棱柱、云纹柱头的仿石牌坊。牌坊正面（南）额枋上书写“国立武汉大学”六个字，但最初这六个字是出自谁的手笔至今依然无从考证，20世纪70年代，这六个字曾替换为毛体的“武汉大学”四个字（这四字取自1951年5月毛泽东回给武汉大学农学院学生陈文新的私信的信封上）。1983年校庆之际，又恢复了“国立武汉大学”六字，并采用了近代书法家曹立庵的书体。牌坊背面为武汉大学中文系教授刘赜（刘博平）书写的“文法理工农医”六个篆字，涵盖武大办学的完整学科。

1993年武汉大学百年校庆之际，武大深圳校友会及海内外校友集资在武汉大学现大门处仿照老牌坊建造了一座新牌坊。

画中这座校门牌坊，其实本就不是什么老牌坊，而是20世纪90年代初新建的。不过真正的老牌坊，也还保存在街道口那里。画中的牌坊后因为八一路下穿工程，被拆除了。这引发了社会上的争议与校友的质询，但事实上，老牌坊没有被拆，是1993年新建的牌坊被拆了。

说起画武大老建筑的事情，其实我几乎每年都会去樱顶上的武大老图书馆前广场，在那里画上一两张，大多数是给学生们做示范，画得很快，属于随笔性质的。然而，对校园早期建筑比较系统的写生，缘起于2010年胳膊骨折、2011年腰椎犯病好了之后的一个寒假，忽然想起，为什么不把身边的建筑好好画一画呢？

于是，一发不可收拾，才有了今天的成果。

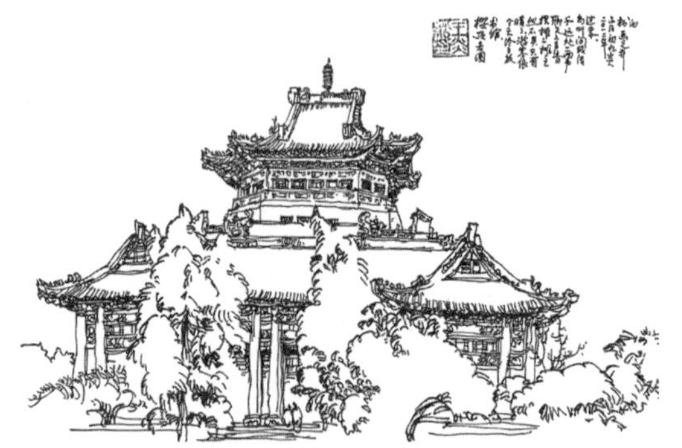

2
武汉大学老图书馆

老图书馆位于狮子山山顶，武汉大学早期著名建筑之一。2001 年被列为第五批全国文物重点文物保护单位。2016 年 9 月入选“首批中国 20 世纪建筑遗产”名录。

武大老图书馆北倚东湖，南望珞珈山，是狮子山上最高的建筑，其东西两侧分别为文学院和法学院，如此布局，凸显了老图书馆作为武汉大学的标志性建筑和大学精神之象征的特殊地位。这里不仅有藏书，有自习室，也是珞珈讲坛的驻地，既保存知识，又传播文明，是武大的根基所在。

老图书馆建筑，由美国建筑师凯尔斯等设计，上海六合营造公司中标承建，1933 年 10 月开工，1935 年 9 月落成，耗银圆 34.4 万元，建筑面积 4767 平方米。图书馆大楼，整体造型为中国传统殿堂式建筑风格。建筑平面呈工字形，由目录厅、检索厅、阅览厅、书库和服务厅五部分组成。建筑前部两翼为办公用房，高四层，后部两翼作为书库，高七层。其中书库使用面积约1186平方米，可藏书近200万册。

在武大，人们通常喜欢说，老图书馆建筑是运用了中国传统建筑的元素，蕴含了中国传统建筑的意境——其实这两方面都是打了很大折扣的。我们赞成设计者的创新和传承——但是客观地说，这里加入了许多西方建筑的风格元素，反映的是典型的西方拜占庭建筑的集中式构图和意境，而不是中国传统建筑中轴方向递进的意境，欣赏武汉大学历史建筑，不能回避这一点。

武汉大学早期建筑群，与其说是保留了中国传统的大屋顶建筑形式，不如说是化用了这种形式，然而毕竟这是一种仿品，给武汉这样一个地方城市带来了一批官式建筑形象，而且还覆以尊贵的孔雀蓝琉璃瓦，这在武汉历史上都是非常少见的。所以，仅就这种建筑风格的到来本身，在当时的武汉无疑也是一件大事。

老图书馆两侧，不仅有高大的银杏和黑松作为背景，还有女贞、茶花、玉兰和桂花簇拥，环境十分优美，但这种中国园林式的布景方式，显然又和这种拜占庭式格局的建筑不甚匹配。好在这些植被，也足已衬托老图书馆的古老韵味，得到师生和游客的认同。

自建成以来，武汉大学图书馆一直肩负着保存图书以供武大老师和学生借阅的基本功能，是武汉大学的文化圣殿。2013年武汉大学120周年校庆之际，这座老图书馆正式成为武汉大学校史馆。

多少年风吹雨打，在老图书馆的外表留下岁月的划痕，增添了古朴的意味，现在他就像一个满是故事的老者，端坐在那里，静静等候能读懂那些故事的人！

寒假里，校园中人迹不多，我登上狮子山山顶写生，那里笼罩在冬日的浓雾之中，只听见过冬的寒鸦鸣叫，还有准备收摊的小贩在打电话：“你在下面等我，我收拾了就下来”——这正是情景生动的山中对话。

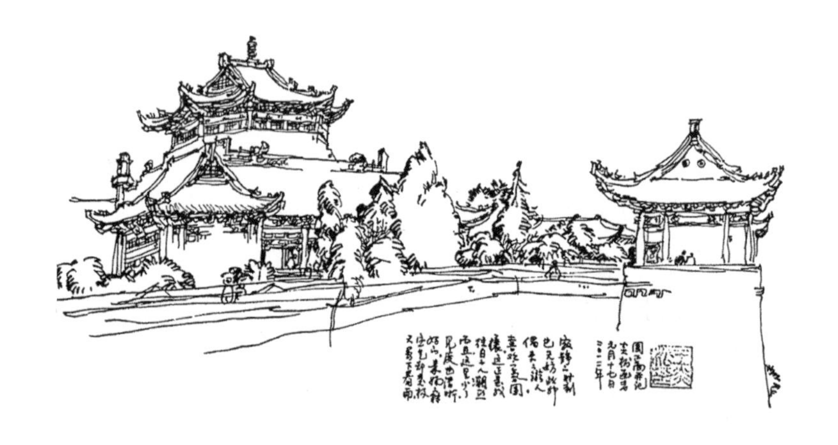

3

樱顶平台

老斋舍的平屋顶，也称“樱顶”。

樱顶（这个词运用不当，但貌似已经约定俗成），钢筋混凝土构建的平屋顶与图书馆前区连成一片，形成一大广场，有效地拓展了图书馆、文学院和法学院前方的公共活动空间。

樱顶之上，有三座孔雀蓝琉璃瓦覆盖的中式歇山亭楼，上翘的屋檐，四面都有五只屋脊兽昂首向天，镇守着身下的老房子，细节十分生动。

樱顶平台建筑群，营造的空间氛围也是少见的——这并不是说中国古建筑群没有如此规模的空间组合，而是在山顶上造成那么一片君临天下的感觉，这个和中国传统建筑群一般“窝”在山谷“接地气”的感觉是不一样的——即使是武当山金顶那样的建筑群，也没有如此大面积的一片平台加山顶来衬托主体建筑的中心感——这里包括建筑布局和构图的特点，中国古建筑群一般注重按照轴线进行前后递进的排列而很少运用十字中心构图。

4
文学院

位于狮子山山顶，老图书馆东侧，武汉大学早期著名建筑之一。2001 年被列为第五批全国文物重点文物保护单位。2016 年 9 月入选“首批中国 20 世纪建筑遗产”名录。

文学院大楼，是狮子山建筑群中的第一栋建筑，这里曾是国立武大历任校长的办公室。

建筑由凯尔斯等设计，汉协盛营造厂中标承建，于 1930 年 4 月开工，1931 年 9 月落成，总造价 17.68 万元，建筑面积 3928 平方米。文学院是武汉大学最早建成的建筑，王世杰校长当时就在这刚刚建成的唯一一栋大楼里办公——在他眼中，樱顶是没有老图书馆的。需要指出的是，这座建筑当时汉协盛并没有严格按设计图施工，因此屋角起翘比较夸张，后人还讹传是为了造成“文采飞扬”的效果——后面建成的老图和法学院就汲取了这个施工教训，按照原图建设，没有再随意起翘。

文学院和法学院，分别位于图书馆的东西两侧，在是中国传统文化中这种布局可以称“东西堂”。两院平面格局和外形基本一致，平面为方形四合院，高四层，大楼四面为直立的清水墙体上，四角各加有四个一米宽的大壁柱，并略有收分。琉璃瓦庑殿式（盝顶）屋顶，四角有翘而尖的南方式飞檐。

根据现在通行的描述，文学院的屋顶采用夸张翘角，寓意文采飞扬；法学院的屋顶的四角则是平角，寓意法理正直。

实际上这是讹传，在凯尔斯为武汉大学绘制的建筑设计图纸上，两座建筑是对称的，造型风格完全一致。屋角都是平的，并未明显翘起。

由于文学院最早建设，施工方没有严格按图施工，而是根据工匠作业习惯将屋角做成了南方式的夸张起翘上挑形式。法学院的屋顶，则是后来设计师再三叮嘱遵图纸施工的结果。

5
法学院

位于狮子山山顶，老图书馆西侧，武汉大学早期著名建筑之一。2001 年被列为第五批全国文物重点文物保护单位。2016 年 9 月入选“首批中国 20 世纪建筑遗产”名录。

建筑由凯尔斯等设计，上海六合营造公司中标承建，1935 年 8 月开工，1936 年 8 月落成，工程造价 18.06 万元，其中湖南省政府资助 12 万元，建筑面积 4.13 平方米。法学院也为四合院回廊式建筑，内部房间划分与文学院稍有不同。墙体一如文学院，琉璃瓦庑殿式（盝顶）屋顶，设计图纸上南立面有凸出的门斗，后来没有建成。

说它是庑殿顶，其实是不准确的，因为它中间围有天井，建筑有四条正脊，四面屋顶都是一样的，中间有平顶，按照古建筑屋顶的分类，也可以说它是盝顶，不同的是盝顶中间是平顶，没有凹进的天井，不过外形上看是一致的。

盝顶是中国古代传统建筑的一种屋顶样式，顶部有四条正脊围成平顶，下接庑殿顶。

法学院四角飞檐平而缓，更显端庄稳重，现在人们习惯说它寓意法理正直、执法如山。实际上，它只是照图施工而已，无意间，与东面的文学院错改的上翘屋檐形成了形象上的对比反差，这样的“歪打正着”倒也平添了不少的谈资和典故。

6
学生饭厅及俱乐部

位于狮子山山顶，法学院西侧，武汉大学早期著名建筑之一。2001 年被列为第五批全国文物重点文物保护单位。2016 年 9 月入选“首批中国 20 世纪建筑遗产”名录。

武大老学生餐厅是珞珈山最早完工的建筑之一。抗战期间，蔡元培、胡适、张伯苓、张君劢、周恩来、董必武、陈独秀、蒋介石、汪精卫、陈立夫、李宗仁、陶德曼、司徒雷登等中外要人都曾在餐厅二楼的俱乐部（学校临时礼堂）演讲。

建筑由凯尔斯等设计，汉协盛营造厂中标承建，1930 年 8 月开工，1931 年 9 月建成，建筑面积 2727 平方米，耗银 12.27 万元。建筑坐落狮子山山顶西端，东西方向长方形布置，钢筋混凝土结构，二层，上层为俱乐部，下层为饭厅。设计时在传统的歇山顶上又增加二层亮窗和马头墙屋面，形成独具特色的三重檐式歇山顶，抬升了屋顶部分学生俱乐部的活动空间，并且改善了采光效果。

建筑房梁上有三层画着戟的图案，寓意“连升三级”，雀替上的蝙蝠和铜钱图案，寓意“蝠（福）到眼前”，这些都是具有中国民俗特色的装饰。在饭厅的西侧厨房部分，升起一面高大的山墙，借鉴了当地民居的典型山墙造型。锅炉房的背后还供奉着一尊灶神，专门设有神龛。

这座建筑运用了许多的中国传统民居元素。它的山墙被设计得层层内收，大约是为了消除大屋顶形成的重量感和威压感。上层俱乐部从山墙进入，显得很别致。

凯尔斯在设计这一组建筑的时候，显然对中国传统建筑的形象和元素做了非常细致的研究，他甚至深入到了一些地方民居的细节，同时又能够把控和协调整个校园建筑群的风格，这一点尤其令人钦佩。

7
理学院

位于狮子山东侧，武大早期著名建筑之一。2001 年被列为第五批全国文物重点文物保护单位。2016 年 9 月入选“首批中国 20 世纪建筑遗产”名录。

建筑由凯尔斯等设计。整体建筑分两期建造。主楼和前排附楼为第一期工程，由汉协盛营造厂中标承建，1930 年 6 月—1931 年 11 月建成；后排附楼为第二期工程，由袁运泰营造厂中标承建，1935 年 6 月—1936 年 6 月竣工，为二层钢筋混凝土结构，建筑面积 10120 平方米，总造价 45.54 万元，其中汉口市政府资助 17 万元。

大楼坐落在狮子山东麓，面向珞珈山，背靠东湖，与工学院大楼相望。建筑沿着山岭东西横向展开，东西两端南面分别为一座中式四坡庑殿顶的附楼，中间是十字形平面的拜占庭风格的主楼，三者之间以两个中式连廊连接。

十字形平面的主楼，东西南北四面每个体块之间采用斜墙连接，形成八角面墙体，中心部位升起拜占庭式直径 20 米的钢筋混凝土穹隆屋顶，主楼的东西分别凸出半圆形，屋顶为半个穹隆屋顶。南面主入口前还放大了一个门前平台。理学院大楼多变的造型和突出的穹隆屋顶形象，与南面工学院的四方体造型及其中式的玻璃四坡屋顶形成鲜明的对比，既是富于变化的造型设计，又暗合了东方文化天圆地方的传统观念。

十多年前，我曾经陪同一位德国专家在这里寻找武汉大学老建筑的文化元素，他盛赞这个穹顶，认为它不仅代表了大学会堂建筑的功能特点，也树立了一种神圣的形象。其对凯尔斯本人更是充满了敬仰。

但是这座建筑，即便在今天都让人感觉十分另类，不一定与武汉当时当地的文化与风土协调，那么反过来说，它当时能够在珞珈山落成，于设计者和主持建造者是多么的需要勇气。

这也引起我的思考，新的文科区建筑群设计，刻意增加所谓的“中国元素”，其实算得上是一次时代风尚的“倒退”。

8

樱花大道

位于武汉大学早期历史建筑老斋舍下方，狮子山南麓。

老斋舍，由凯尔斯和史格斯设计，1930年3月开工建设，于1931年9月竣工。整体由自西向东一字排开的四栋宿舍组成，共有300多间房屋。四栋宿舍，由三座罗马券拱门连为一体。拱门下的入口修建多层登山阶梯，通向狮子山山顶，为了突出入口标志性和导向性，在拱门上部建造起顶部单檐歇山式亭楼。各层宿舍朝向通往两侧的登山阶梯开门，门楣上有小木板分别刻有该楼层的名称，借中国古代千字文中的“天地玄黄，宇宙洪荒。日月盈昃，辰宿列张”等命名为“天字斋”“地字宅”……十六字宅等。

为营造良好的日照条件，宿舍依狮子山南坡顺山势而建，按照山体高度的不同层次，上下共分四层，在不同标高处，沿等高线建成不同层次的房屋，各排房屋底层地面坐落在不同高度上，但屋面则在同一平面上，形成“地不平天平”的格局，钢筋混凝土平屋顶与老图书馆的门前区连成一片，形成一个位于“山顶”的大平台，可以供学生以及游客们登临眺望对面的珞珈山以及两山之间的谷地。建筑主体外墙敷以水刷石和青砖，与山体浑然一体。根据凯尔斯绘制的规划总图，他还曾打算将老斋舍向西扩展，一列六栋宿舍，后来建成的是四栋，其巧妙地顺应了自然地势的变化，同时借助山势构成气势磅礴的立面效果，这是非常精彩的建筑设计作品。

老斋舍南面是一片山坡，山坡下一弯池塘（即今天的鉴湖），当初的山坡间林木稀疏，从鉴湖看老斋舍建筑群，宛如“临水楼台”。如今树高林密，遮挡了池塘与老斋舍之间的视线，只能隐约看见高出树梢的屋顶部分，于是成了“林上楼台”了。

每年春天樱花盛开的时节，宿舍南面的樱花大道游人如织。这当然不是设计者的初衷——这当然是一个有趣的问题。

现在，还不知道凯尔斯是否也为这一组建筑设计了园林植物布景，但后来这里被日本侵略军种植的樱花所点缀，绝对不是他所能预料想到的，按照我的理解，这条道路应该叫斋舍大道。

9

老斋舍

武大最早的男生寄宿舍，俗称老斋舍，位于狮子山南坡，武汉大学早期著名建筑之一。2001 年被列为第五批全国文物重点文物保护单位。2016 年 9 月入选“首批中国 20 世纪建筑遗产”名录。

每年 3 月，看樱花的人们蜂拥而至，其实武汉大学的樱花无论规模和品种都不是唯一，来武大的人可能是因为仰慕这里的学府氛围，确切一点说是樱花与建筑的完美搭配。而樱花大道旁的老斋舍（男生寄宿舍）是最好的赏樱景点之一。

拾级而上，老斋舍有 300 多间房屋，单个房间尺寸为 3.3 米宽、4.5 米长，使用面积为 13 平方米。落成之初，单身教职工住“天字斋”，女生住“地字斋”，其余为男生宿舍。宿舍每层都供应冷热水沐浴、盥洗及冲水厕所，这在上个世纪的三十年代，条件是相当“贵族化”的。

如今，这里仍然承担着学生宿舍的功能。对于这里面每天进进出出的学生，我有一点是好奇的。因为我相信，活动空间会影响人——那么这组别致的斋舍建筑影响的是哪些人？又是如何影响的呢？我不记得有人专门研究过。

民国期间毕业于斯的学子们，他们的体会可能更加分明和真实吧——因为这实实在在是一组民国建筑，代表了王世杰和李四光这一批人的思想和精神——这里原先被称为白宫——住在这白宫里面，中国的学生，住着西方人设计的西式古堡，这在全中国也是罕见的，整整四年，不仅仅是一种体验和回忆，对他们的眼界、他们的审美、他们的人生、他们的价值观，必是有所造就。

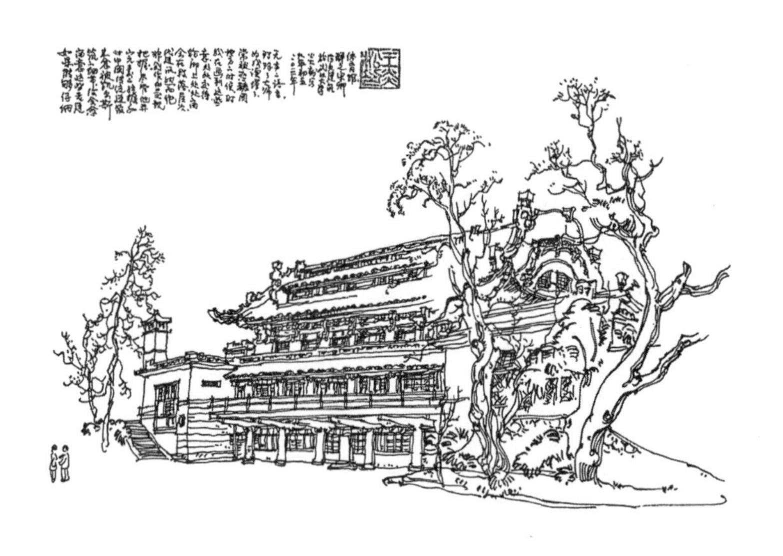

10

宋卿体育馆

位于狮子山南麓，武汉大学早期著名建筑之一。2001 年被列为第五批全国文物重点文物保护单位。入选“首批中国 20 世纪建筑遗产”名录。

1928 年 6 月，黎元洪（字宋卿）病逝于天津，其生前有意归葬武汉，国民政府决议举行隆重国葬，1934 年 4 月灵柩抵达武汉，后在宝通寺停灵。黎元洪之子黎重光（绍基）、黎仲修（绍业）以其父生前看中落驾山（当时尚未改名），与校方协商，碍于“校内永不建新坟”未得许可。但是，绍基、绍业两子仍将黎元洪生前筹建“武汉大学”（江汉大学）的基金十万大洋（中兴煤矿股票），全部转捐给武汉大学修建体育馆，并以黎元洪之字“宋卿”命名为“宋卿体育馆”。校方还承诺在馆内设立“宋卿前大总统纪念堂”和“辛亥首义文献保管处”，用以纪念黎元洪并保存辛亥首义珍贵史料，但这一计划因抗战爆发未能实现。

宋卿体育馆由凯尔斯等设计，上海六合营造公司中标承建，1935 年 10 月开工，1936 年 7 月竣工，建筑面积 2748 平方米，工程造价 12.31 万元，是当时中国规格最高的大学体育馆之一。建筑呈东西向布局，坐西朝东，南北长约 35.05 米，东西宽约 21.34 米。体育馆四周环绕有回廊，钢筋混凝土立柱，屋顶采用三铰拱钢架结构，大跨度空间和别具一格的山墙、屋顶造型、绿色琉璃瓦随三绞拱变化转折，三重檐歇山顶，轮舵式的山墙由中国传统建筑造型演变而来，体育馆内部宽敞明亮，采用了只有宫廷或者高规格庙宇才采用的斗拱设计，既表现出现代新型大跨度结构的建筑技术，又保存和发扬了中国传统建筑的特色。

1938 年，在宋卿体育馆还发生了民国抗战史上的一件大事。是年 3 月 29 日至 4 月 1 日，中国国民党临时全国代表大会，在国立武汉大学体育馆和图书馆召开，会上制定了著名的《抗战建国纲领》，号召全国军民团结抗日，并推选蒋介石为国民党总裁（称蒋介石为“总裁”即从这时开始）、汪精卫为副总裁，由此确立了国民党的领袖制度。

这座以黎元洪字号命名的体育馆至今保存完好，反倒让后人感受并铭记黎公的恩泽，这也从侧面说明了当年黎家公子和校方的明智。

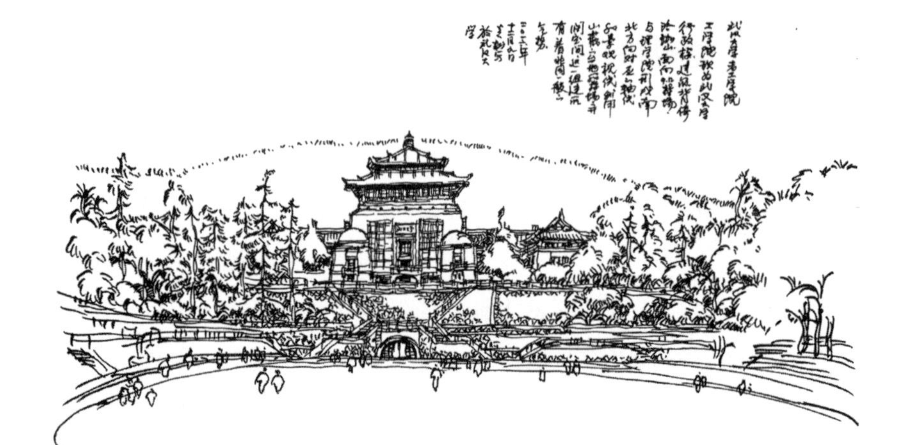

11
九一二操场

老工学院大楼背倚珞珈山，面向九一二操场。2001 年被列为第五批全国文物重点文物保护单位。2016 年 9 月入选“首批中国 20 世纪建筑遗产”名录。

珞珈山北麓的工学院与狮子山南麓的理学院，遥遥相望，共同构成校园南北方向的轴线。九一二操场坐落在两山之间，形成开阔空间，拉开视距，又有山体相依，更衬托出这两座建筑的气势。

1937 年 12 月，蒋介石就是在这片操场上检阅“军事委员会军官训练团”，并发表抗战演说：“我们退无可退，忍无可忍，退亦死，忍亦死，大家只有干一场……”

1958 年 9 月 12 日，毛泽东在操场上接见了武汉地区的高校学子，其后得名九一二操场，现在这里主要用于举办武汉大学每年的新生军训、校运动会、毕业典礼等重大活动。

1987年，一个刚入校不久的武大计算机系大一新生，无意间在图书馆看到一本《硅谷之火》，被其中一篇乔布斯在硅谷创立苹果公司的创业故事打动，激动之情久久难以平静，就在这片操场上，沿着400米跑道走了一圈又一圈，开始思考怎么才能塑造与众不同的人生……

这名武大新生，就是后来的小米科技创始人——雷军。

而这里，就是当年的梦想诞生之地！

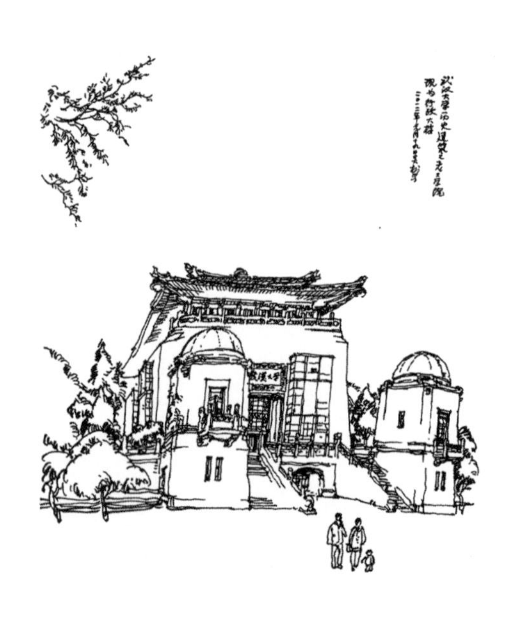

12
工学院

位于珞珈山北麓，为武大早期著名建筑之一。2001 年被列为第五批全国文物重点文物保护单位。2016 年 9 月入选“首批中国 20 世纪建筑遗产”名录。1952 年全国高校院系调整后，武汉大学工学院被撤销，学校便将工学院大楼改作行政办公大楼，并一直使用至今日。

大楼由凯尔斯等设计，上海六合营造公司中标承建，1934 年 11 月开工，1936 年 1 月完工，建筑面积 8140 平方米，总造价 40 万元，其中中英庚款董事会资助 12 万元。

建筑呈对称布局，包括一主四辅五栋建筑，主楼为四角重檐攒尖四坡顶的正方形大楼。大楼北面正门门前设有一小型平台，左右为两座罗马式碉楼。建筑采用钢梁屋架，底层凹进一个地下层，屋顶玻璃采光，形成了一个明亮的“玻璃中庭”。这样的设计，当时在世界范围都是非常领先的，这也使这座工学院大楼成为中国最早采用共享空间风格的建筑之一。环绕主楼的是四栋群楼，原先分别是土木工程、机械工程、电机工程和矿冶系以其附属的研究所、实验室等系所办公楼，均为东西朝向，矩形内廊式平面布局，单檐歇山式，琉璃瓦屋面。

在武汉大学早期校舍规划项目中，原有“总办公厅”这个建筑，但未能建成。最早武大校长们都在狮子山上最先建成的文学院大楼办公——直至今日。现在，学校仍然选择将老工学院大楼作为行政大楼，而始终未再想兴建一座专门的行政办公大楼，这也算是一种传统吧。

在今天看来，这座建筑的风格与品质，依然不显得落后，认真品读不难发现设计细节折射的匠心——但是它仍然存在一个门前场地不够开阔的缺陷——对照凯尔斯当年绘制的设计手稿，我发现他把门前画得凸出了一块，后来实施的时候应该是地形限制没有余地了，才导致这块“扩大”场地的消失。

13
华中水工试验所

位于工学院的南面，背靠珞珈山北坡，为武大早期著名建筑之一。2001年被列为第五批全国重点文物保护单位。2016年9月入选“首批中国20世纪建筑遗产”名录。

大楼由凯尔斯等设计，上海六合营造公司中标承建，1936年4月落成，建筑面积2197平方米，工程造价9.80万元，由湖北省政府与国立武汉大学共同出资兴建。建筑坐落于珞珈山北麓，坐南朝北，高两层，平面为工字形，分三段，中间部分为一层，做试验大厅，弧型钢梁屋架，地面设有环形水道，两侧为两层。正立面中间部分设重檐，入口位于中间。两端垂直于中间大厅，为中国传统歇山屋顶，屋顶均为覆盖琉璃瓦。建筑竣工仅两年，武汉沦陷，侵华日军将这一科研基地作为马厩使用，抗战胜利后恢复为水利实验和研究场所。

14
女子寄宿舍

位于侧船北山麓的团山，为武大早期建筑之一。现在是外籍教师宿舍。

女子寄宿舍，由德国建筑师理查德·萨克瑟设计，永茂隆营造厂承建，1932年建成，与男生寄宿舍（老斋舍）同为国立武汉大学时期学生宿舍的历史遗迹。当时，女生宿舍被称为月宫，又因建筑造型向两翼展开，形似蝴蝶，故雅称“蝶宫”。民国期间，武大女生虽少，却培养出许多人才。老校长王世杰有言赞曰：“武大女生，有声闻于社会，而我亦深庆延揽师资之得人。”因此这座建筑，历史上曾经非常出名。

建筑为西式风格，主体三层，“L”形平面，每间宿舍两个床位，主入口在转角处，拱券式大窗。月宫曾被用作单身教师宿舍，长期得不到维修，以其破落阴森而被学生排斥，没有像狮子山上的那些建筑那样的受人追捧。

现在，人们阅读这些建筑，都赞美它们是中西合璧风格的杰作。我觉得这样做还是有一点脱离了那时的语境。因为这一组建筑群在当时人们眼里，“纯粹”是欧式建筑。尤其对武昌来说，它肯定是与当地的中式地方建筑大相径庭。

不过，对于当时这样一座锐意学习西方的大学来说，倒是恰逢其时，恰逢其“式”的。对比这一时期建筑设计领域的探索，也令我对当下的仿古建筑感到讶异，在传承中国传统文化和融合西方文化方面，为什么我们又走了回头路。

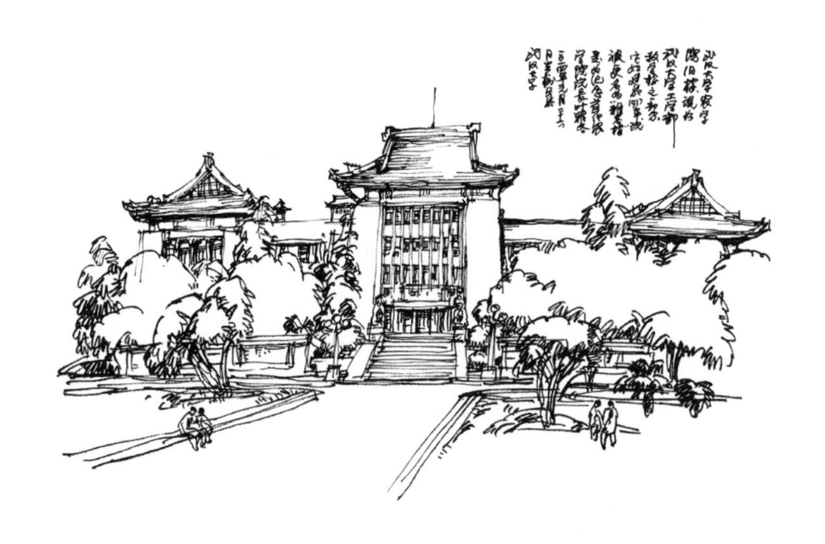

15
雅各楼

即武大老农学院，位于狮子山北的廖家山，为武大早期建筑之一。武汉市优秀历史建筑。

1936 年，武汉大学正式成立农学院，叶雅各被任命为首任院长。农学院大楼，即以叶雅各的名字命名。

叶雅各是林学专家，教学之余，喜好骑毛驴游走，考察植被，1921 年无意间发现武昌城外、东湖附近的落驾山（珞珈山从前的名字）。而武汉大学新校舍选址珞珈山，就是叶雅各于 1928 年向李四光提议的：“武昌东湖一带是最适宜的大学校园，其天然风景不惟国内各校舍所无，即国外大学亦所罕有。”二人骑驴观景，李四光见状后大赞：“叶先生，你为我们中华民族做了一件大事，这样一个修建大学的好地方恐怕全天下都难找到。”这才有了李四光和叶雅各骑驴为武汉大学选址的佳话。

之后，文学院第一任院长闻一多先生将“落驾山”改名为“珞珈山”。从此，珞珈一词便成为中国最美大学的雅号，更是妙笔生花的点睛之作。

雅各楼，由我国著名设计师、武汉大学本校建筑工程师沈中清设计，主体三层，中西合璧式风格。南立面为五段式构图，中间为主楼，主楼正中三间升起四层中国传统歇山式屋顶楼阁。两侧两座配楼，屋顶也为歇山式，山面朝南。三者彼此以平顶相连。三个中式歇山式屋顶纵横交错，翘角飞檐，与狮子山建筑群有形式上的呼应，但不同于那些孔雀蓝琉璃瓦屋顶，农学院用的是黑色机瓦。墙面开窗强调竖向线条，简洁明快，细部采用中式装饰符号。农学院的西南角坐落着两栋建筑，曾经是农学院的农艺实验室，竣工于1937年。农学院主楼，则因抗战延期，直到1947年方才建成。

这里原先还是我曾经就读的武汉水利电力学院的行政楼，配楼现在是武汉大学科技发展研究院。武汉水利电力学院前身是武汉水利学院，1954年武汉大学水利学院从武汉大学分离，成立武汉水利学院。2000年武汉水利电力大学主体部分并入武汉大学，组建了现在的武大工学部。

16

半山庐（蒋介石别墅）

又称单身教授宿舍，位于珞珈山北麓山腰，为武大早期著名建筑之一。2001 年被列为第五批全国文物重点文物保护单位。2016 年 9 月入选“首批中国 20 世纪建筑遗产”名录。现为武大校友会驻地。

半山庐，于 1932 年开工，1933 年竣工，两层砖木结构，高 7 米，别墅依山而建，门前平整开阔，外表素雅，尺度小巧，整体环境与氛围舒适宁静。

这是珞珈山北面的唯一一座别墅。1933—1937 年，其为接待来武汉大学任教的知名单身教授的高级公寓。1938 年，武汉会战时期，武汉成为抗战期间临时首都，蒋介石及其夫人宋美龄就在此下榻。

这座建筑的确有一些中国文化的细节和符号，但如此便说它是中式建筑，恐怕有些牵强。因为它既不是木架结构，也没有天井庭院等布局。

17
珞珈山别墅（一）

位于珞珈山南麓，为武大早期建筑之一。2001 年被列为第五批全国重点文物保护单位。2016 年 9 月入选“首批中国 20 世纪建筑遗产”名录。

珞珈山别墅群，是指珞珈山东南山腰上的原民国教授住宅群，即国立武汉大学时期的第一教职员住宅区，俗称“一区十八栋”。名义上说是 18 栋，实际上有 21 栋。整体为英式乡间别墅风格。最初共建有 8 个单栋和 10 个双栋，可住 28 户；抗战期间，侵华日军拆毁了其中 1 个单栋别墅；抗日战争胜利后，又加盖了 3 个单栋和 1 个双栋，于是山上的别墅也就最终定格为 21 栋 32 户，但习惯上仍称“十八栋”。

这些别墅在珞珈山南麓自上而下依山势列为三排，各别墅之间通过登山的石级与山边小径相连。每栋建筑均按照英式田园别墅风格营建，红机瓦、青砖墙，圆拱方窗，楼前屋后均以绿植掩映。

“十八栋”由上海六合营造公司、武汉汉协盛营造厂等承建。汉协盛还为武汉营建过不少著名建筑，武汉现存最经典最优秀的近代历史建筑，很多都是出自汉协盛之手，其为近代武汉城市建设做出了巨大的贡献，更有学者说武汉市欠汉协盛一座纪念碑，此言不虚。

在大学校园修别墅，在当时的中国无疑是一种创举。

时任校长王世杰当年修建“十八栋”，是为了给来国立武汉大学任教的名师以优待和礼遇，正所谓“种下梧桐树，引得凤凰来”。其决心之大、诚意之足，令人钦佩，由此大师云集珞珈山——当时落户于此的一代名师就有葛扬焕、桂质廷、刘博平、苏雪林、熊国藻、杨端六等，在这里演绎“凤凰于飞，和鸣锵锵”，这才显出珞珈的大学气象。

对于珞珈而言——山不在高、林不在深。在我读书的年代，这里尚留有少数野趣的斑块，已属难得——今天的珞珈山和校园内外经过整修，方便了散步的人们，却又减退了大自然赋予的那一点点灵秀之气。

18

珞珈山别墅（二）

位于珞珈山南麓，为武大早期建筑之一。2001 年被列为第五批全国文物重点文物保护单位。2016 年 9 月入选“首批中国 20 世纪建筑遗产”名录。

山上的别墅，建造时依山就势，基本上不改变原来的地形，坐落在山的南麓海拔约 110 多米的地段，虽然靠近东湖（湖在山的东北边），但是并没有敞开面向东湖，加之有密林掩映，避开了冬季的北风，同时，南面的阳光，正好照进林间的别墅，而高高的树冠也遮挡了盛夏的艳阳。这些都得益于王世杰和叶雅各等武大创校先驱的远见与卓识。

学校规划兴建之初，珞珈山还是武昌城外的荒山秃岭，学校建设的开拓者之一，毕业于美国耶鲁大学森林学院的叶雅各，对“十八栋”建筑群进行了道路与园林的规划和建设，通过樟、栎、松、柏等树种的搭配，选点分片栽种以及设置防火道，这些植物配置和道路园林规划措施，不仅实现了植物与建筑的相互映衬，还有效地控制了森林火灾和虫害，其远见卓识成就了武大的美景和人居环境。直到今天，这里尚未发生过森林虫害——武汉大学老一辈学者的倾心奉献还在泽被后人，珞珈草木处处体现大师的匠心，令人不由心生敬畏和感恩。

诚然，它的砖瓦已经陈旧。但如今在这里，我们能品读出历史与环境空间的共鸣，还能享受沉浸其中的惬意，不知道是不是因为经过岁月这双妙手的打磨，才有了这种奇异效果。

19

珞珈山别墅（三）

位于珞珈山南麓，为武大早期建筑之一。2001 年被列为第五批全国文物重点文物保护单位。2016 年 9 月入选“首批中国 20 世纪建筑遗产”名录。

老“十八栋”的内部设计格局相似，一般四层。一层设置厨房及杂物用房，二层辟为书房、客厅与餐厅，三层用做卧室，四层安排杂物间。电话、冰柜等配套设施一应俱全。厨房的炉膛内装有盘状水管，可为三楼洗浴间供应热水，在当时的中国，这样的条件可谓是十分先进和高档了。

武汉大学早期建筑的每块砖瓦上，均标示着生产厂家。比如，老斋舍所选用的砖瓦，大多定制于汉阳阜成厂。如今，每一块砖瓦之上中、英文标注的“汉阳阜成厂造”及厂家商标等纹饰依旧明晰。正所谓“物勒工名，以考其诚”（出自《吕氏春秋》），早在两千多年前春秋战国时期的秦国，对工匠及其生产的产品就有这样严格的制度规范。这是什么？这正是中国传统的“工匠精神”——面对这些，我们领略的不仅仅是文化的传承，还有一份对品质的精益追求。

当年“十八栋”规划建设的目标，见证了民国教育家们做事的气魄和求贤的精神。如今这些建筑被遗落在密密的树林之间，不复往日的风采，需要人在茂密的树林间去一一寻找，许多建筑已经没有前代学者的痕迹和气度，令人唏嘘。

20

珞珈山别墅（四）

位于珞珈山南麓，为武大早期建筑之一。2001 被年列为第五批全国文物重点文物保护单位。2016 年 9 月入选“首批中国 20 世纪建筑遗产”名录。

依山而建的“十八栋”别墅群之所以闻名，不仅仅因为它开风气之先的欧式风格，还因为这里曾经居住着代表武大文化、精神和气质的知名学者。

据武大校史记载，珞珈山别墅群，从西向东、自下往上依次罗列：第 4 栋曾居住有范寿康、刘乃诚、陶因、钟心煊等；第 5 栋曾居住有郭霖、蒋思道；第 6 栋曾居住有高翰、缪恩钊；第 7 栋曾居住有李儒勉、陶延桥；第 8 栋曾居住有刘正经、皮宗石、王星拱；第 9 栋曾居住有吴维清、席鲁思、余炽昌、查谦等；第 10 栋的人气最旺，曾居住有陈鼎铭、方重、刘炳麟、汤佩松、吴于廑和查谦等；第 11 栋曾居住有刘秉麟、周鲠生；第 12 栋曾居住有方壮猷、徐天闵和张有桐；第 12 栋曾居住有叶雅各；第 14 栋曾居住有邵逸周，但后来变更作招待所；第 16 栋曾居住有葛杨焕、皮宗石；第 17 栋曾居住有陈华葵周如松夫妇、杨端六及外籍教师；第 18 栋曾先后入住过王世杰、王星拱和周鲠生等三任校长；第 19 栋及第 20 栋曾居住有高尚荫、黄叔寅、刘永济、汤藻真等人，但具体归属则迷失在历史云烟中；在第 20 栋与 21 栋间，原本还有一栋别墅，抗战中被毁；第 21 栋曾居住有许崇岳。

在"十八栋"建筑群西侧续建的四栋别墅里，第 1 栋曾为杨端六与袁昌英夫妇居住；第 2 栋曾居住有陈源（陈西滢）与凌叔华夫妇、刘乃诚、刘永济和朱祖晦；第 3 栋曾居住有桂质廷（桂希恩之父）和查谦；第 15 栋曾居住有高尚荫、查谦。

当年，从位于珞珈山南麓的"十八栋"步行至狮子山大教学区，用时需半个多小时，为此学校还专门开通了往返于教室和宿舍之间的公车。这些举措在今天看似寻常，但在当年，却是全国罕有。

围绕"十八栋"，还发生过很多逸闻趣事——民国期间教育部认定的 45 位"部聘教授"之一、知名的西洋文学家兼红学大家吴宓（与吴宓同等身份的学者，整个武汉大学也不过 4 人）就职于武汉大学期间，非常希望能入住"十八栋"。但因当时"十八栋"已无空闲，吴宓没有如愿，这是导致他最终离开武汉大学而转投北大原因之一。

民国时期，凌淑华、苏雪林和袁昌英等三位被誉为"珞珈三杰"，她们都曾入住"十八栋"。凌淑华是文学院院长陈源先生的夫人，鲁迅先生对凌淑华撰写的小说曾有过极高的评价；女作家苏雪林是武汉大学文学院的教授，曾被冰心推崇备至；袁昌英是著名翻译及剧作家，创作过话剧《孔雀东南飞》剧本，被武汉大学聘作外文系的戏剧教授。这三位才女，为珞珈山增色不少。

抗战爆发后，国民政府将武汉作为战时首都。"十八栋"中的教授多随学校迁走，空下房屋迎来了周恩来、康泽、黄琪翔、郭沫若等国共两党的要员入住，一时间，国立武汉大学可谓名人荟萃。

如今，这里早已人去楼空，历史人物的传奇皆似一场烟云聚散，空留下当年王世杰校长带领师生种植的树木，与同样是当年“种”下的别墅，一起相伴相长，如今它们都已经和珞珈山的山体紧紧相连了。

21
珞珈山周恩来别墅

珞珈山东南麓，一区 27 号，为武大早期著名建筑之一。2001 年被列为第五批全国文物重点文物保护单位。2016 年 9 月入选“首批中国 20 世纪建筑遗产”名录。

这栋别墅，在武汉大学人称“十九号楼”，由汉协盛营造厂承建，1930 年 11 月开工，1931 年 9 月竣工，建筑总面积为 196 平方米，工程总投资约为 1.5 万元。砖木结构，高三层，英式田园别墅风格，平面为两单元，红瓦青砖。南立面按照左右单元凸出阳台，一层由两个拱形门洞分隔。

1938 年，武大师生西迁四川乐山。国民政府将武汉作为战时首都，迁至武汉大学珞珈山校园。在那段岁月里，从南京转移至此的国民政府军政要员纷纷进驻珞珈山。是年 5 月，时任中共长江局副书记的周恩来，被安排住珞珈山一区 27 号。周恩来与邓颖超经常在这栋别墅里接见民主人士，同爱国将领诚恳交流，共谋抗日救亡国家大计。10 月下旬，武汉沦陷前夜，周恩来夫妇和随行人员一道，在炮声中离开了武汉。1938 年 10 月 25 日，《新华日报》头版头条刊发周恩来口授的社论——《告别武汉父老》：“……我们只是暂时离开武汉，我们一定要回来的，武汉终究要回到中国人民的手中。”

我读书时来看过它们，直至 20 世纪末，珞珈山上的这批别墅建筑尚未得到妥善的修缮和利用，任其荒废。它们逐渐被重视，还是最近十来年的事情，从它们的命运，我们似乎可以窥见时代变换的讯息。

22

李达故居

位于珞珈山山麓。2001 年被列为第五批全国文物重点文物保护单位。2016 年 9 月入选“首批中国 20 世纪建筑遗产”名录。

李达，湖南零陵人，1890 年生，是中共主要创始人和早期领导人之一，1920 年与陈独秀一同创建上海共产主义小组，1921 年 9 月创建人民出版社，是马克思主义理论家和传播者，被毛泽东誉为“理论界的鲁迅”，中华人民共和国成立后长期担任武汉大学校长和中国哲学学会会长，一生完成 21 部专著、31 部译著，可谓著作等身，对马克思主义中国化研究功不可没，1966 年 8 月逝世于武汉。

1952 年 11 月，李达出任武汉大学校长，学校专门为其修建了一个小园子，即李达故居，包括一座廊式平房和规模不大的院子。建筑为一层，砖木结构，十字形平面，黑色机瓦，灰砂墙面。

23

武汉大学杨家湾小景

杨家湾原在国立武汉大学老校门内（今新校门西侧），与中科院武汉分院小区相通。1955年改为新村湾。

老杨家湾的住户，多是城市游民和普通生意人与手艺人，沿续了自武汉大学成立以来一贯附属于一座大学的市井里坊生活，它也曾是武汉历史的一部分，现已被整体拆除。

24

卓刀泉寺

位于洪山区伏虎山西麓。1959 年被列入武汉市文物保护单位。

卓刀泉，西临桂子山，东靠伏虎山，是武昌城东边的古驿道关口。传说东汉建安十三年（208），蜀将关羽曾驻兵武昌伏虎山，当时缺水，关羽以刀卓地，水涌成泉，故名卓刀泉。

宋代时，此地因泉而建寺，名“御泉寺”。清咸丰初年，太平天国与清军大战于武昌，御泉寺建筑大部毁于战火。现存的卓刀泉寺建筑，为在 1916 年重修的原址上复建的，部分为 2011 年新建，中古建筑风格。

卓刀泉，坐落在庭院中，井深三丈，泉水“冬温而夏冽，其色淡碧，味甘如醴，饮之可疗疾”。明洪武五年（1372），朱元璋第六子楚昭王朱桢，饮泉水后称赞其甘甜可口，亲书“卓刀泉”三字，刻于石栏之上。

1988年，我上大学的时候，曾经造访过卓刀泉古寺，还喝过这口“卓刀泉”中的水。画这幅画是在1998年，算是十年之后的再访了。

青山「红房子」片

——钢铁洪流凝固的红砖旧忆

青山“红房子”片已绘老房子分布图（自绘）

青山“红房子”片，位于武昌青山区，主要包括红钢城八、九街坊和红卫路五、六街坊局部，面积 41 公顷。青山“红房子”，是“一五”计划时期建设的武汉钢铁公司下属职工的大型生活社区，社区被路网分隔为 16 个街坊，规模庞大，属工业文化街区、武汉市历史地段。

1954 年，毛泽东批准建立武汉钢铁公司，选址青山，选调东北钢铁企业的干部职工等来自全国 10 多个省的 5 万多名工人和 7 万多名家属，集中落户武汉青山。

武钢作为苏联援华建设的 156 个项目之一，在工厂布局、管理流程和建筑风格上，带有强烈的苏联风格，可以说是复制了苏联的新西伯利亚模式。当时，为早日让工人们在青山落户并投入武钢的生产生活，便在武钢厂区周边就近兴建了配套的武钢职工住宅区。1956 年，八、九、十街坊建成，后来又陆续兴建共计 16 个街坊。街坊为苏式风格布局：住宅楼规则排列，向内合围形成大院，内部设置附属的幼儿园、学校，周边和庭院以绿树和植被点缀。它们的造型和布局基本一致，双坡屋顶，三层楼房，两间房，配置一套厕所、厨房，组成十几平方米的一户职工住宅。由于采用红砖、红瓦，后来青山人习惯称呼它们为“红房子”。当年，数万工人从红房子里进进出出。武钢也因为这些红房子而得名“红钢城”，声名远扬中外。虽然说是苏联风格的厂区职工住宅楼，但是八、九、十街坊，从空中俯瞰却恰似大红的“囍”字，浓郁的中国风，却也填补了中国人的精神家园。

今天，城市中所见到的红房子，一般是 20 世纪 50—70 年代兴建的，在武汉的武钢、武重、武船等老牌国企厂区均可见到，其中青山“红房子”最是壮观。红房子，因红砖得名，多是新中国建设时期工业建筑中的厂房和宿舍，代表了红红火火建设新中国的工业化进程，这些将中国由农业国转变为工业国的建筑遗迹，在沈阳、重庆、长沙等地均有分布，在此基础上中国才有了独立的比较完整的工业体系和现如今大国崛起的筋骨。

1

和平大道建设七路路口街景

位于青山区“红钢城”。

青山区“红房子”尺度都很大，它们平行于街道，面宽大都超过百米，看上去明显变化不够丰富。即使这样的路口，识别性也不强。但这正是“红房子”片区的典型街景。

2

青山“红房子”院落

位于青山区“红钢城”八街坊。

八街坊，建于1956年。这里的空间尺度很大，院落宽广，属于大集体建筑特征，虽说主要是苏联风格，建筑细节却不乏中国元素。那里如今房屋已经陈旧，但是结构结实，院落宽敞，树木葱茏，倒是一处宜人的去处。

郊区

——山水一程，古建遗珍

长

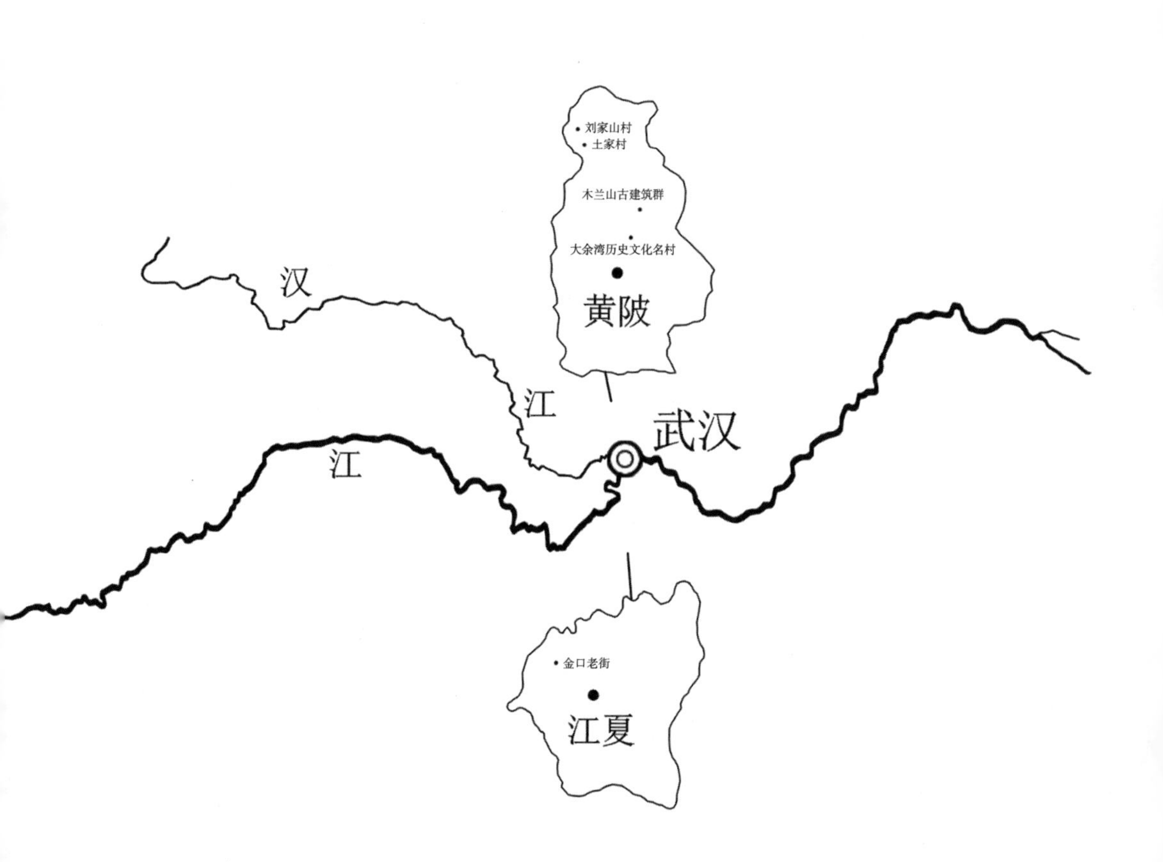
刘家山村
土家村
木兰山古建筑群
大余湾历史文化名村
黄陂
汉
江
江
武汉
金口老街
江夏

武汉经典历史建筑，不唯武汉三镇独有，市郊及周边山野和古村落中也散落着不少值得一看的珍宝。而且，由于古建筑与周围自然环境的和谐共生，其中无论是木兰山古建筑群、大余湾历史文化名村，还是江夏金口老街……皆尽得山水灵秀之气，这对于体味东方建筑文化和空间艺术的智慧与高妙，是不言而喻的，对于填补中国人精神家园的空缺，更是一剂良方，这才是真正的文化传承。

身临其境，远非临摹鱼所能比拟，所以不如走进这广阔天地，一探究竟！

大余湾历史文化名村

——古村石构、大别余风

大余湾村，位于武汉市黄陂区木兰乡双泉村大余湾。大余湾明清建筑群，2002年被列入湖北省文物保护单位。2005年，大余湾村被批准为国家历史文化名村。

据大余湾村谱记载，明朝洪武二年（1369），江西余姓大户，从婺源、德兴一带迁徙到今天的木兰川（木兰山东麓、王屏山西坡的山谷地带）定居，在此地务农经商，积累财富之后，即购置田产、兴修祠堂、开办私塾，福荫族中子弟，以图家族兴旺、代有传承，逐渐才有了这处明清古村落遗址。

同时，大余湾附近雕匠、画匠、石匠、木匠等民间技艺也远近闻名，尤以窑匠居多，有“十汉四窑匠”之说。大余湾村的古建筑建设，充分利用了这些技术和工艺，具有很高的艺术价值和民俗价值。因此，大余湾村于2005年被正式批准为国家历史文化名村。

村落布局呈向心形，池塘相串，小巷纵横，布局比较完整，村中保留数十栋石砌老屋，形制相近，彩绘木雕，一派明清建筑风貌。

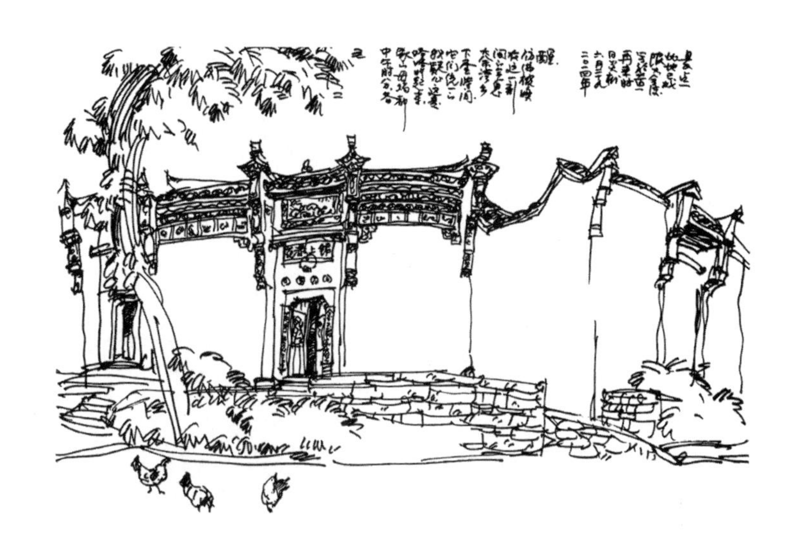

1

大余湾民居

位于大余湾村中偏西。

大余湾村民居，反映了武汉市北部大别山余脉聚落的基本特点。村中建筑以整齐的条石砌墙，檐下彩绘，大门内凹成槽门，属于大别山区域的风格。

2
大余湾真诚药局

位于大余湾村中偏东。

村中建筑多为小天井形制，两进一天井。硬山屋顶，两厢山墙对外，穿斗结构，小青瓦屋面，墙体砖石砌筑，一部分建筑用大块方正的条石砌成，檐下施黑白彩绘。这基本上代表了大别山余脉黄陂地方民居的特点。

木兰山古建筑群

——一峰独秀、石寨峥嵘

木兰山古建筑群位于武汉市黄陂区木兰山上。木兰山，海拔 582.1 米，方圆 78 平方公里，东据木兰湖、南望木兰川、西临滠水河、北枕大别山，山上木兰树遍布，故称木兰山。木兰山古建筑群，属武汉市文物保护单位，2011 年又被列入湖北省第五批重点文物保护单位。

1

木兰山全景

木兰山建筑群坐落在武汉市以北距离城区 50 公里的木兰山上。1988 年，木兰山建筑群被列入武汉市文物保护单位。2011 年又被列入湖北省第五批重点文物保护单位，2014 年被批准为国家 5A 级旅游景区。

木兰山古建筑群，始建于明代万历三十七年（1609），包括一天门、南天门、木兰坊、木兰殿、二天门、三天门、金顶坊、玉皇坊、玉皇宫等建筑，木构屋架，黑瓦石墙。过去这里曾遭到破坏，木兰山上的古建筑均只留下残迹，如今陆陆续续恢复起来的建筑，虽未完全依据原样修旧如旧，但大致遵循了石砌外墙、木构屋架的风格。

远远望去，沿着山道，古建筑分层而立，与耸立的山体共同营造出道教道场独特的气势。

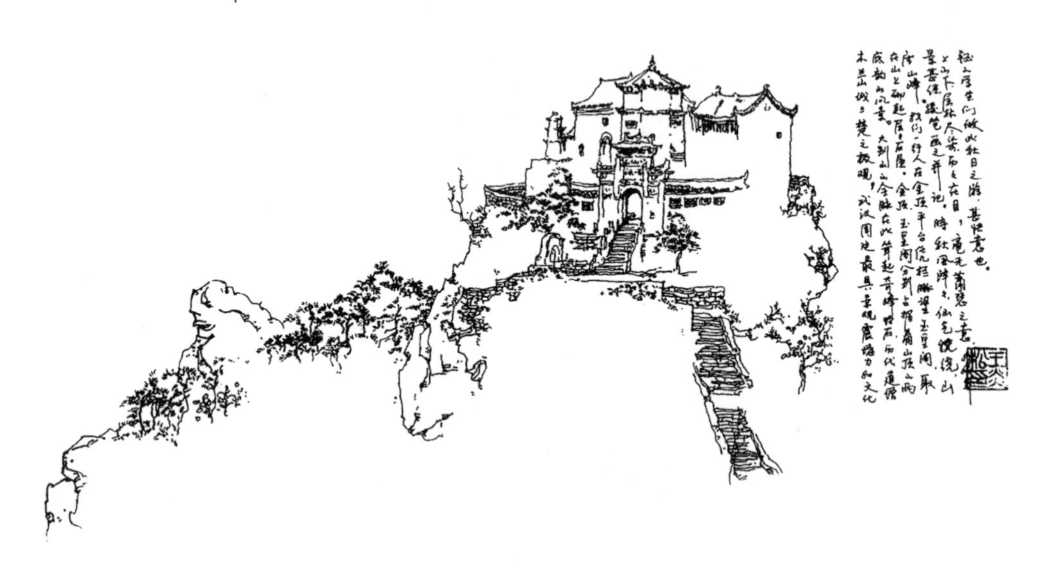

2
木兰山玉皇阁

玉皇阁独占木兰山的一座山头，石砌的围墙和建筑、木质的梁架，代表了当地“木庐干砌”的建筑风格。

木兰山的金顶和玉皇阁分属两座山头，遥相呼应。

这幅画是从金顶向玉皇阁方向看过去的场景，玉皇阁这一组建筑的特色在于条石砌筑的建筑、条石砌筑的塔，与石头的山体浑然天成。

刘家山村

——银杏树下、高山古村

刘家山村，坐落在武汉黄陂蔡店乡。村落整体海拔达 873.7 米，是武汉市辖区内海拔最高的古村落。刘家山人最早是从江西筷子巷迁徙至此的移民。村落依山而建，村居分散在溪谷左右，石墙灰瓦，周围古银杏林掩映，竹林茶园环绕，环境优美。

清朝道光年间，刘家山人刘炳士考中进士，官至刑部侍郎，道光皇帝曾御赐一匾上书“木本水源”，现该匾尚存。

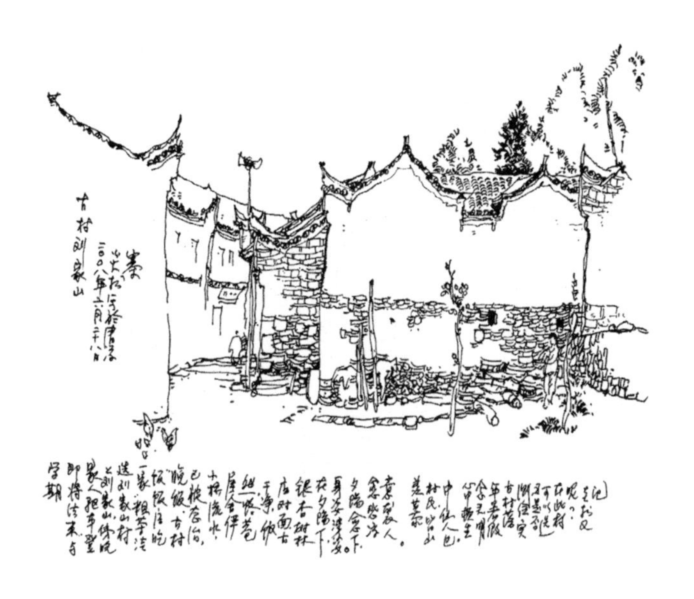

1
刘家山村小街

位于刘家山村中。

古村依傍一弯湖水分为两部分，村落主体在湖的东侧，对面山上古老的银杏成林，东侧村中已经形成一条巷道，村中民居沿巷道分成前后两排。建筑的规模不大，小天井形制，为一进天井、上下厅堂、硬山搁檩建筑。

这里的天井小巧精致，墙体用石头砌筑，别有山区建筑的特色。

2

刘家山村老房子

位于刘家山村中古银杏林旁。

古宅为两进一天井式，天井前后的上下厅堂依据地形产生高差。它的大门内凹一个空间，并斜向开门，是风水中所谓的“歪门”。门楣上悬着“老房子”的木匾。

如今这里经营着一家餐馆。夏日，门口平台被浓密的银杏枝叶遮住，带来荫凉。秋天，山后一片金黄，门口也落下一地金黄，景色非常美。

土家村

——入乡随俗、土司一脉

1
大富庵民居

位于武汉市黄陂区北部，在蔡店乡西南的大别山余脉峡谷之中。

据统计，黄陂区现有土家族 1814 人，分别聚居在蔡店乡田家湾和大富庵两个村庄。

据文献记载，当地田家族人，是 1735 年清雍正“改土归流”后，从恩施宣恩迁徙而来。田家湾和大富庵的田家，都是土司的后人。

通过研读历史文献，我发现，这里的田家人是正宗的土家族土司后裔。随着历史的更迭，这两家土家村的居民早已淡忘了自己的来历和祖先的身份。只是外村人一直称他们为“田苗子湾”。

十多年前的一个冬天，我曾经造访过深山之中的大富庵林场，夜宿林场职工宿舍。清晨起来到外面散步，旁边不远就是田姓的土家村庄，村民正在家中酿酒。这里的土家族已经融入了当地的生活，村落的风貌一如大别山脚下的汉族村庄，坐落在山腰间的台地上，建筑为坡顶、土木结构，大门凹进，石质门框，外墙以土墙石基为主，一片灰黄的色彩，已经不再是阁栏峥嵘的土家族吊脚楼群了。

这幅画就画于十几年前那个冬天，只匆匆几笔，时隔多年，所幸还保留了下来。

金口老街

——黄金口岸、古镇遗风

江夏金口老街，位于武汉市江夏区金口古镇，地处长江南岸，金水河长江入口处。古称涂口，因地处涂水（今金水）入江口得名。

西汉高祖六年（前 201），置江夏郡，设沙羡县，治涂口。因此地多沙滩而得名，这是武昌设县开端。

东吴黄龙元年（229），孙权建沙羡城。

隋开皇九年（589），江夏县治，迁址郢城（今武昌区），金口有 800 年武汉县治史。

唐宋之际，涂口发现金矿，遂改名金口，沿用至今。

此地，因水陆交通便利，带来贸易繁荣，素有“黄金口岸”之称。清同治八年（1869）朝廷在此设金口镇。后湾和后山两条老街，便是当年的历史遗迹。

1

金口老街街景

位于江夏区金口镇，是武汉地区难得的古镇老街资源。

我对金口古镇长期得不到重视感到不解。三十年前的一个寒冷的冬天，我就随同学到过他的老家金口，那时金口尚不属于武汉城区。撤县建区归属武汉市之后，我以为那里会得到保护与利用，然而并没有。这也说明武汉这座城市捡起它的历史文化资源，还有相当大的工作量。

与长江以北的黄陂地区的建筑相对照，这里的青瓦、青砖、白檐、阁楼、板壁、深出檐……是典型的江南建筑风格。

后　记

2017年春节，我回老家陪父母过年，前后连续十天。天气虽然不好，每天坐在一楼朝南的大窗下，面对着院子里的绿意，听着这里的鸡鸣鸟叫，倒也能让人安静，终于整理出来这份初稿。说是整理，是因为这个稿子实际上是把我自1995年以来行走武汉三镇的钢笔写生做了一次比较全面的汇总和分类，并不是一时间创作出来的。能够积累两百七十多幅写生画作下来自然是很令人欣慰的，然而遗憾的是，二十二年过去，除了画作，当年的所思所想，绝大多数都已经归入岁月的尘封之中了。

再回过头来看这件事，它远非凭借个人兴趣的探访和记录那么简单。

从对武汉的了解来说，作为一名客居武汉的外乡人，我远不是一个熟知武汉老掌故和能够穷尽武汉老房子细节的人。仅仅因为在武汉工作，闲来四处走走，因为带着本子和画笔，所以断断续续留下了这些写生的场景，从来都没有全面、系统、深入地透视过这座城市，更不用说关注到每幢老建筑，因此，这里面必然错过了很多值得画的建筑。

从写生画作来讲，它们不是一次性完成的，前后跨度二十多年，我也从二十来岁到了今天的年近半百，随着年龄的增长，看待事物的眼光和角度也慢慢改变。特别是我坚持实地写生，这一点本身也带来麻烦——写生时的取景内容、角度和笔墨取舍、重点详略，主观上变化很大。而且，一年四季，也有阴晴雨雪，景色与风光也是千变万化，如何能完全真实地反映出武汉老房子的面貌？有人建议我可以回来画一些照片，我拒绝了，这一点我是非常坚持的，我不情愿画照片，因为我以为画照片是和现场没有交流的，没有画面生气的，而且也是特别功利的一种手段，这与我画武汉老房子的初衷是相违背的。

从文字记录来讲，我不是历史学者、民俗学者，也不是文学工作者、新闻工作者，还没有专门研究过武汉老城和老房子。作为一名建筑系教师，仅从我作为游客的观察和个人感悟，尽量借助简单平实的语言，记录下碎屑般的、片段化的经历与感受。

我虽然居住和生活在武汉，但是多年以来我的足迹和关注点主要在武汉以外的古城和古村落，在江南四明山、在江西才子之乡、在徽州、在土家、在客家——2016 年以来这份关于武汉老房子画稿的整理，让我有蓦然回首之感，把眼光和思绪拉回到身边这座城市，认识这座近现代时期在中国发展势头劲猛的城市，它的建筑遗存非同一般，它的经济实力非同一般，它的组织能力和创造能力非同一般。

当年开始陆陆续续画武汉这些街巷和老房子的时候，我并非没有产生过要走遍武汉三镇、画遍老武汉角角落落的念头，然而时光荏苒，年轻的心一直在漂泊驿动，一直等到现在，等到慢慢淡忘当年那份初心的时候，才有了这个定力从整体的高度来俯瞰和收拾这些岁月的划痕——二十二年，串起来一个年轻人走向中年的平凡足迹，也终于慢慢把武汉这座城市的印象串联了起来——我把这份心情和收获总结为回归。正是这种归来的感觉，支撑着我要么过江造访老汉口、要么“进城”去逛老武昌，这件事既然做起来，真是“还由不得你去浅尝辄止”。

武汉的老房子散落在汉口、汉阳与武昌三镇，分布情况非常不均匀，其中汉口最多最丰富，武昌其次，汉阳最少。就建筑风格和建筑质量的代表性，也首推汉口。举个例子，我粗略统计了一下，汉口街口建筑转角部分竖起标志塔亭的有超过 20 幢，武昌和汉阳则几乎没有。

大学时期我住在武昌，作为一个“武昌人”，对汉口是有隔膜的。虽然到过汉口，但是从来没有对汉口的老建筑发生兴趣，读研究生期间偶尔到汉口写生老建筑，到如今的二十多年，也多缺乏专注。

如果不现场写生，我宁可放弃这件事，因为我并不是一个美术编辑，我做的工作一定是亲临现场的观察和阅读。

所以这一次这件事情对我来说，就是回归——没想到这次的归来，俨然在江西的乐平、黎川、金溪、南丰时一样，我像一个天真的孩子来到梦想的乐园，风里来雨里去，一路走，一路画，一发不可收，虽然说我向来行走在热闹的外面，这次也一样。对我来说，还是观察、阅读和学习。不过讲实话，只有这一次，我和汉口之间仿佛一下子没有了隔膜。当然，时至今日，不管对这些优秀的历史建筑，还是它们背后的故事，我仍然只是阅读了一个皮毛，因此难免会有很多地方存在史料不详的问题、甚至出现张冠李戴的谬误，也请方家批评和谅解，并给我指出来，补充我的学习。

对于认识一座城市，对于观察一件事物，为什么要经历几十年？为什么不能一眼看清？想来这都是正常的吧！试想如果老天没有给你安静的心、没有给你耐烦的心、没有给你纯粹的心，你又能看清楚什么呢？

2017 年 7 月 23 日

于武大校园